直饮水
调水工程研究

珠江水利科学研究院　李杰　马志鹏　著

中国水利水电出版社
www.waterpub.com.cn
·北京·

内 容 提 要

新丰江水库是华南地区的优质水源地,本书主要围绕新丰江直饮水工程这一主题进行相关理论和技术方面的探索。主要内容包括:流域基本情况介绍;直饮水的需求、规模、布局及管理模式论证;并从水资源、生态环境、社会经济等方面给出新丰江直饮水工程的影响分析。

本书可供水利、生态及相关行业的科研与管理人员参考使用。

图书在版编目(CIP)数据

直饮水调水工程研究 / 李杰,马志鹏著. -- 北京：
中国水利水电出版社,2016.10
ISBN 978-7-5170-4822-0

Ⅰ. ①直… Ⅱ. ①李… ②马… Ⅲ. ①饮用水－调水
工程－研究－广东 Ⅳ. ①TU991.2

中国版本图书馆CIP数据核字(2016)第247048号

书　　名	**直饮水调水工程研究** ZHIYINSHUI DIAOSHUI GONGCHENG YANJIU
作　　者	珠江水利科学研究院　李杰　马志鹏　著
出版发行	中国水利水电出版社 （北京市海淀区玉渊潭南路1号D座　100038） 网址：www. waterpub. com. cn E－mail：sales@waterpub. com. cn 电话：(010) 68367658（营销中心）
经　　售	北京科水图书销售中心（零售） 电话：(010) 88383994、63202643、68545874 全国各地新华书店和相关出版物销售网点
排　　版	中国水利水电出版社微机排版中心
印　　刷	北京博图彩色印刷有限公司
规　　格	184mm×260mm　16开本　12印张　285千字
版　　次	2016年10月第1版　2016年10月第1次印刷
印　　数	0001—1500册
定　　价	**98.00元**

前　言

随着中国的经济快速发展，人民的生活质量也越来越高，对饮用水水质也提出了更高的要求，人们都希望喝上更优质的水。直饮水，是指满足没有污染、符合人体生理需要（含有人体相近的有益矿物质元素）、pH值呈弱碱性这三个条件的可直接饮用的水。

东江流域是香港、广州、深圳、东莞、惠州等地的主要饮用水源，新丰江水库（又称万绿湖）是东江饮用水源的核心"枢纽"，是东江流域最大的多年调节水库，水质常年稳定在Ⅰ类，是难得的好水源。然而，新丰江水库所在的河源市为保护这"一泓净水"拒绝引进一些污染企业，在财政非常困难的情况下，投入巨资加大库区及周边集雨区域的生态环境基础设施建设。限制了当地人民生活水平的提高和经济的发展。河源市至今仍是广东省最贫困的地区之一，与东江下游的繁荣和发展形成了强烈的反差。

早在1995年河源市委市政府就提出了将新丰江水库优质水资源用管道直接输往珠三角的设想，希望能将河源市的水资源优势转化为经济优势。这一设想得到了广东省委省政府的高度重视，但因需水量过大等原因未能上马实施。2007年以来，河源市根据实际情况，重新调整思路，把向目标城市供应生产生活用水变为向其提供生活直饮水，以减少万绿湖的取水量。每年只需引水5亿~6亿 m³，就可以解决广州、深圳、东莞等城市居民的直饮水问题，这一新的工作思路得到了许多水利专家的赞许，普遍认为这是万绿湖优质水资源开发利用的崭新思路。2008年汪洋书记、黄华华省长、黄云龙常务副省长、李容根副省长分别作出重要批示，要求广东省发展和改革委员会（以下简称广东省发改委）和广东水利厅组织力量研究论证提出意见，同年12月，珠江水利委员会珠江水利科学研究院联合中国水利水电科学研究院、暨南大学、尼尔森市场调研公司对新丰江水库直饮水项目进行论证。项目主要从"受水城市直饮水需求分析""新丰江水库水资源供需平衡和可靠性分析""新丰江水库直饮水项目影响评价报告""新丰江水库直饮水项目技术经济可行性研究""新丰江水库功能调整及管理体制研究""新丰江水库直饮水项目建设对河源市经济社会的带动作用"六大方面进行了研究论证。2009年，暨南大学与北京工业大学开展了"新丰江直饮水项目运营模式与项目风险研究"及"新丰江直饮水项目长距离输水工程水质稳定性研究",研究认为该项目的总体风险不高,都处在可控范围内,相关风险通过相应的避险措施可以得到有效化解,不会影响项目的顺利进行及投资收益。同时在设计、施工、运行管理时注意一些可行的相关要点,则可确保新丰江水库直饮水工程通过长距离管道运输后仍可以保持优良水质进入受水端。

本书主要围绕新丰江调直饮水工程这一主题进行相关理论和技术方面的探索,编排和内容介绍如下:

(1) 第一部分为基本情况介绍。第1章介绍东江流域的基本情况,如东江流域自然概况、社会经济情况、水资源开发利用状况,以及流域上主要水利工程、水土流失概况;第2章介绍水源地及受水城市基本情况,如直饮水工程的基础、水源地的经济发展情况、水库移民的问题、受水城市供水布局及规划,并对受水源地与受水城市的水质进行对比。

(2) 第二部分为调水工程介绍。第3章通过调查受水城市居民消费意向,分析直饮水的需求规模;第4章介绍东江的来水量情况,分析在满足东江下游各城市的取用水量的情况下新丰江水库的下泄量要求;第5章重点对新丰江水库直饮水的可供水量进行分析,通过水库调节计算,对水库的供水保证率进行验算;第6章介绍新丰江直饮水工程的布局设想;第7章通过水质化学和生物学稳定性的实验室研究模拟长距离输水工程实验,对环境因素、水力因素、水中营养物浓度、颗粒物浓度的分析与计算,验证水质经长距离输水到达受水地区的变化;第8章介绍了新丰江水库功能调整构想以及直饮水工程的管理体制方案;第9章分析了新丰江直饮水工程实施的风险以及保障管理措施。

(3) 第三部分为工程的影响分析。第10章通过分析直饮水工程对新丰江水库多目标功能和规模的影响及对东江流域水资源供给能力和水量分配方案的影响来评价了直饮水工程对东江流域水资源分配格局的影响;第11章通过评价对东江中下游水文情势的影响、对水体功能的影响、对环境的影响及水土保持的影响来分析工程对流域生态环境的影响;第12章通过工程对河源市经济的带动作用及对受水城市现有供水布局和供水方式的影响来分析工程对社会经济的影响。

在本书的纂写过程中,感谢暨南大学、北京工业大学、尼尔森市场调研公司提供的相关资料。本书的主体内容是在新丰江直饮水项目论证的基础上形成的,由珠江水利科学研究院李杰、马志鹏主笔完成,王琳、董延军、郑江丽、黄伟杰、郭瑜等参与完成部分章节的编写工作。在本书的出版过程中,得到了珠江水利科学研究院及相关部门各级领导的大力支持和帮助，全书由熊静、严黎校核编排。在此，向所有支持和帮助过我们的领导、同事及所有参考文献资料的作者表示由衷的感谢！

由于直饮水工程研究本身的复杂性，加之时间仓促和受水平所限，书中难免有不妥及错误之处，敬请读者批评指正。相关建议可联系电子邮件 zhipengma@163.com。

作者

2016 年 4 月

目 录

第1章 东江流域基本情况

东江发源于江西省寻乌县桠髻钵山，干流全长562km（其中江西省境内长127km，广东省境内长435km），流域总面积35340km²，多年平均水资源总量为331.1亿m³。东江直接肩负着梅州、河源、韶关、惠州、东莞、深圳、广州以及香港等地近4000万人口的生产、生活、生态用水。

1.1 自 然 概 况

1.1.1 地理位置

东江是珠江水系三大河流之一，东江流域位于东经113°52′～115°52′、北纬22°33′～25°14′之间。发源于江西赣南，流经龙川、和平、东源、河源、紫金、博罗、惠阳至东莞石龙进入珠江口。东江干流全长562km，其中在江西省境内长度127km，广东省境内435km，平均坡降为0.35‰，石龙以上干流长520km，广东省境内393km。流域总面积35340km²，其中广东省境内31840km²，占流域总面积的90%，石龙以上流域总面积27024km²，广东省境内23540km²。东江流域地势东北高、西南低，山区、丘陵和平原各占流域面积的7.5%、78.1%和14.4%。

1.1.2 河流水系

流域干流发源于江西南部的寻乌县桠髻钵山，向南流入广东省境，在老隆以北，和由江西省来的定南水相汇，到河源再汇入新丰江，至惠阳境，又有秋香江、西枝江等主要支流注入，折向西流再汇沙河石马河等至石龙，分为南北二支北干流经石龙北至新家埔汇坛江，在江口又纳馁福水，然后注入狮子洋，而南支则由石龙南到峡口会寒溪之后即分支河汊，并与北干流互通，继向西南流，也注入狮子洋。

东江在江西省境内主要为寻乌水与定南水，流域面积3524km²，占全流域面积的12.9%。寻乌水为东江源头，发源于寻乌县三标乡桠髻钵山，由北向南，经龙岗圩、澄江、吉潭、留车在斗晏水库下游出江西进入广东省，沿途汇入的支流有剑溪、龙图河、篁乡河。定南水为东江一级支流，发源于寻乌县三标乡大湖崇村，自东北向西南流入安远县濂江乡大坝村，经定南县东南流入广东省，沿途汇入的支流有新田水、柱石河、鹅公河、下历水、老城河。

东江上游寻乌水在龙川县合河坝与定南水汇合后称东江，流经龙川、东源、源城、紫金、惠阳、惠城、博罗至东莞石龙后，分南北两水道流入狮子洋，经虎门出海。广东省境内东江（不含东江三角洲）总面积23715km²，占东江总面积87.1%。集雨面积大于100km²的主要支流有贝岭水、新丰江和西枝江等。东江主要支流情况见表1-1，其中流域内集水面积1000km²以上支流有七条。

1

表 1 - 1　　　　　　　　　　　　　　东江主要支流情况表

河　名	注入地点	注入点距河口距离/km	河流长度/km	流域面积/km²
谢村水	寻乌谢村	463	30	206
李村水	寻乌李村	444	43	458
定南水	龙川合河	392	114	2280
浰江	和平大堤	348	88	1710
蓝口水	河源蓝口	293	49	432
红岗水	河源红岗	292	60	449
新丰江	河源县城	236	156	5980
柏埔水	紫金石公神	226	57	454
古竹水	紫金古竹	205	34	340
秋香江	惠阳江口	188	117	1680
公庄水	博罗泰尾	167	69	1280
西枝江	惠阳县城	114	176	4120
坛江	坛城孙家埔	28	189	3160
馁福水	坛城江口	26	52	683

1.1.3　水文气象

东江流域属亚热带气候，高温、多雨、湿润、日照长、霜期短，四季气候较明显。流域属季风区，春夏多为东南风，秋冬多为西北风，7—10 月为台风盛季。

东江流域气温较高，年平均气温 20～22℃。年内最高气温出现在 7 月，平均气温 28～31℃；最低气温为 11 月，平均气温 11～15℃。年气温变化不大，但区域性气温变化仍较大，东北部山区冬季间或有冰雪。

流域多年平均降水量 1795mm，但时空分布不均，空间分布是西南多，东北少，年际变化较大，年内分配也不均匀，每年 4—9 月的雨量占年雨量的 80% 左右。多年平均蒸发量在 1000～1400mm 之间，平均约为 1200mm。

东江流域境内 1956—2005 年多年平均水资源总值为 331.1 亿 m³，其中地表水资源量为 326.6 亿 m³，地下水资源量为 83.4 亿 m³，重复水资源量 78.9 亿 m³。东江及其主要水文站经过水量还原后的天然年径流量特征值见表 1 - 2。

表 1 - 2　　　东江及其主要水文站天然年径流量特征值（1956—2005 年）

水文站	年平均值 /亿 m³	C_v	C_s/C_v	不同频率对应径流量/亿 m³			
				50%	75%	90%	95%
河源	149.8	0.37	2.0	143.2	109.9	84.4	62.8
岭下	243.3	0.19	2.0	236.2	192.5	158.6	129.7
博罗	240.7	0.31	2.0	233.2	186.9	151.1	120.5
麒麟嘴	40.2	0.33	2.0	38.9	30.9	24.7	19.5
东江流域	326.6	0.31	2.0	316.4	253.6	210.0	170.0

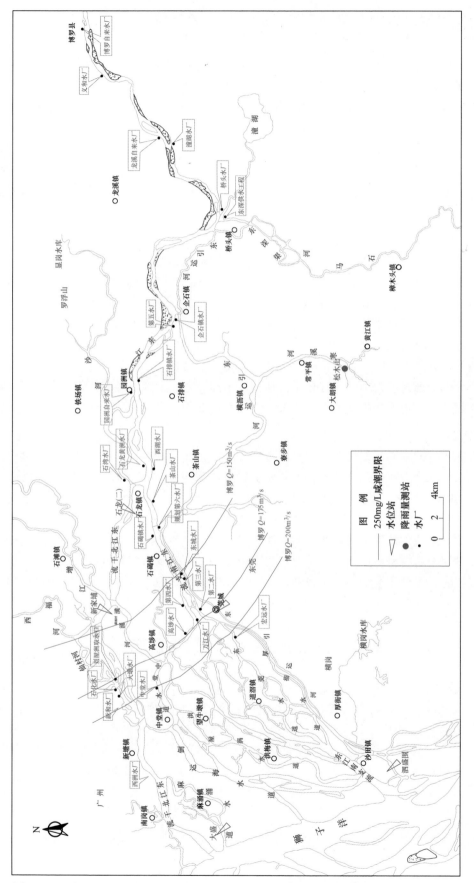

图 1-1 东江下游咸潮界限与水厂位置图

由于流域内的地表水资源量完全由降水补给，故地表水资源量变化趋势和高低值区分布与降水量是一致的，呈现西南多，东北少的格局。流域平均径流深的变化由东北向西南递增，大致以 1000mm 将整个流域划分为高值区与低值区。小于 1000mm 的有东江上游区、东江中游区和东江三角洲东莞区，为径流低值区，其余为径流高值区。

流域径流年内分配不均匀，以博罗站为例，博罗站集水面积为 25325km^2，多年平均径流量为 240.7 亿 m^3，最大年径流量为 374.4 亿 m^3（1975 年），最小年径流量为 50.5 亿 m^3（1963 年）。4～9 月天然径流量多年平均值（1956—2005 年）占全年径流量的 76.2%，最大年径流量是最小年径流量的 6.9 倍。

1.1.4 地质

新丰江水库直饮水工程主要穿过河源—惠州断陷构造盆地。盆地东西边缘均受 NE—SW 向断裂带控制。盆地西面为低山区，岩石主为花岗岩，岩性紧密、坚硬，含水性微弱，透水性很弱，稳定性良好。盆地内部为白垩系紫红色砾岩、砂砾岩、砂岩、泥质胶结，局部夹页岩，硬度中等，含水性弱，透水性弱，在干燥条件下稳定，在潮湿状态下易松散。盆地东面也为低山区，地层属前白垩系，岩性为黄褐色与灰白色砂岩和页岩。砂岩的硬度中等，含水性较弱，透水性较弱。页岩硬度较小，含水性较强，透水性弱。

工程大部分通过盆地内的紫红色岩层地段，小部分通过盆地东缘和西缘的前白垩系地层和花岗岩地段。地质条件满足工程要求。

1.1.5 咸潮

东江三角洲的咸潮界跟博罗站的来流量密切相关。根据 2004 年广东省水文局惠州水文分局在东江三角洲的三次较大规模的水文测验成果可知，当东江博罗站下泄流量为 150m^3/s 时，250mg/L 的咸潮界在南支流东城水厂—潢涌村—大坦—北干流仙村运河口一线；当博罗站下泄流量为 175m^3/s 时，250mg/L 的咸潮界在南支流莞城—万江水厂—高埗水厂—北干流刘屋洲一线；当博罗站下泄流量为 200m^3/s 时，250mg/L 的咸潮界在南支流南城区—官桥村—中堂水厂—北干流大塘洲一线。距离口门较近的泗盛围站，由于离虎门较近，基本常年受潮汐动力影响，咸潮界进退该河段较为容易，只有洪水期，博罗流量超过 400m^3/s 时，泗盛围的含氯度才较小。东江下游咸界与水厂位置见图 1-1。

1.2 东江流域社会经济概况

1.2.1 行政区划

东江流域跨广东、江西两省。广东省境内包括河源市及所属的东源县、紫金县、龙川县、和平县、连平县；韶关市属的新丰县；惠州市及所属的惠东县、惠阳市、博罗县、龙门县；东莞市；深圳市所属的龙岗区；广州市所属的增城市、白云区罗岗镇和黄埔区南岗镇以及兴宁市的罗浮镇。江西省境内的赣州地区的安远、定南、龙南、寻部 4 个县。

1.2.2 农业

流域的耕地大部分分布在上、中游的河谷台地和小盆地，下游有部分三角洲冲积平原。耕地面积 28.65 万 hm^2，其中水田 23.5 万 hm^2，现有灌溉的耕地 24.77hm^2，占耕地的 86.44%，主要农作物为水稻，其次是甘薯、花生、黄豆和甘蔗等；水果以荔枝、香蕉、龙眼等著称。2007 年东江流域广东省境内农业总产值为 292 亿元。广州农业产值最大，为 135 亿元，河源农业产值在这 5 个行政区域中处于中等地位。

1.2.3 工业

流域的工业主要有森林工业、水电、建材、水泥、化工、电子、制衣、塑料等。矿产有铅、锌、钨、锡、铁、煤炭及稀土类矿等。

2007 年东江流域广东省境内工业总产值为 8309 亿元。深圳工业产值最大，为 3230.1 亿元；河源最小，近 157.1 亿元。

1.2.4 地区生产总值

根据 2008 年《广东统计年鉴》，东江流域广东境内水资源利用各分区的社会经济情况见表 1-3。

表 1-3　　　　东江流域水资源利用分区社会经济基本情况（2007 年）

分区	年末常住人口/万人	城镇人口/万人	工业产值/亿元	农业产值/亿元
河源区	281.82	113.07	157.1	42.55
惠州区	387.5	240.17	611.5	76.53
广州区	1004.58	825.46	2592.5	135
东莞区	694.72	591.90	1718.1	34.05
深圳区	861.55	861.55	3230.1	4.34
香港区	地区生产总值 16126 亿港元；人均地区生产总值 232836 港元			

东江流域经济发展存在明显的地域差异，河源市 2007 年地区生产总值 328 亿元，人均地区生产总值 11710 元，为这几个区域中最小；2007 年地区生产总值最大的为广州市，达到 7109 亿元；2007 年人均地区生产总值最大的为深圳市，达到 79645 元。由于上游河源市的几个县原有的经济基础差，而东莞市、深圳市、广州东部及惠州市具有很强的经济实力，这种经济差异还会在相当长的时期内存在。

1.3　水资源开发利用状况

东江流域水资源较丰富，流域水资源受降雨分布不均的影响，地区分布不均。单位面积产流量 104.9 万 m^3/km^2，其中东江三角洲惠州区最大，其值为 121.3 万 m^3/km^2，东江上游区则最小，其值只有 82.3 万 m^3/km^2。流域多年平均水资源总量是 331.1 亿 m^3。其中地表水资源量为 326.6 亿 m^3，地下水资源量 83.4 亿 m^3。

1.3.1 水功能分区

东江水系共划分 74 个一级水功能区，其中水库一级功能区 45 个，湖泊一级水功能区 1 个。保护区 12 个，其中 1 个属于自然保护区水域，即东江干流枧城保护区，是珍贵的鼋资源自然保护区；大型供水水源地及输水线路和水库保护区 3 个，即东深供水水源地和东深供水渠保护区、新丰江水库保护区；其余为源头水保护区。保护区水质保护目标均为Ⅱ类。缓冲区 3 个，长度为 14km，即寻乌水赣粤缓冲区、安远水赣粤缓冲区和东江干流博罗—潼湖缓冲区。保留区 11 个，其中 3 个为水库保留区。见图 1-2。

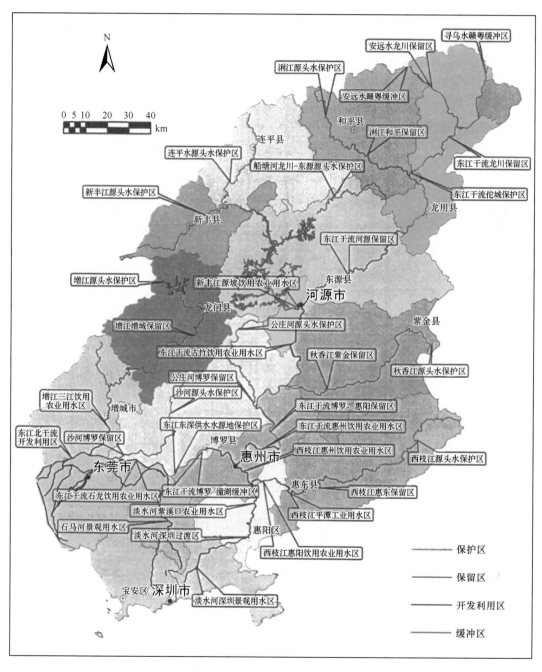

图 1-2　东江流域水功能区划图

1.3.2 供水工程

东江流域内建有新丰江万绿湖、枫树坝、白盆珠、天堂山、显岗 5 宗大型水库，总库容 174.29 亿 m^3，建有 48 宗中型水库，总库容 11.07 亿 m^3；小型水库 6826 宗，总库容 10.77 亿 m^3。仅新丰江、枫树坝、白盆珠三大水库已有总库容 170.48 亿 m^3，控制流域面积 11740km^2，占石龙以上流域面积的 43.4%，具有相当强大的径流调节能力。因此认为，东江流域的水资源是相当丰富的，这是解决东江流域有关水资源矛盾的一个坚实的物质基础。但是，东江水资源除了本流域的工农业生产和城镇生活用水外，还担负着流域外供水的繁重任务（包括向广州、香港、深圳和大亚湾地区供水），因此，满足各用水部门日益增长的用水量的任务还是相当复杂的。

1.3.3 取水工程

东江流域主要取水项目见表 1-4。

表 1-4　　　　　　　　　　主　要　取　水　项　目

序号	单　　位	年取水规模 /(万 m^3/a)	最大日取水规模 /(万 m^3/d)	最大取水流量 /(m^3/s)	取水口位置河段
1	东莞市自来水公司（第二水厂）	7776.0	30.00	3.47	
2	东莞市东江水务有限公司（第三水厂）	34127.5	110.00	12.73	东江南支流东城区樟村油码头 300m
3	东莞市东江水务有限公司（第五水厂含 A、B 厂）	21717.5	85.00	9.84	东江干流南岸企石镇黄大仙庙西侧 400m
4	东莞市东城自来水公司（东城水厂）	12690.0	50.00	5.79	东江南支流东城区下桥村河段
5	惠州市自来水总公司（谭屋角取水口）	10950.0	30.00	3.84	东江干流惠州水口镇谭屋角河段
6	惠州市自来水总公司（江北水厂一期）	7300.0	20.00	2.78	东江干流惠州市汝湖镇下游 3km 虾村河段
7	广州市自来水公司（西洲、新塘水厂）	38083.0	120.00	12.08	增城市新塘镇东江北干流刘屋洲岛
8	深圳市东江水源工程管理处（东部供水工程一期、二期）	72000.0	197.26	26.00	东江廉福地取 22m^3/s；西枝江取 4m^3/s
9	广东粤港供水有限公司	242300.0	663.85	100.00	东江东莞市桥头镇河段
10	广东粤电枫树坝发电有限责任公司	392000.0	1073.97	246.00	东江枫树坝水库
11	广东粤电新丰江发电有限责任公司	497285.0	1362.42	533.50	东江新丰江水库
	全部合计（含水力发电）	1336229.0	3742.49	956.03	
	不包水力发电合计	448644.0	1306.10	176.53	

根据广东省水利厅及地方各级水行政主管部门在东江流域（广东省境内地表水）历年取水许可审批项目统计分析，东江流域共计批准 1466 宗取水项目，总批准水量（河道外，不含水电）约 72 亿 m^3（297m^3/s），其中河道外 915 宗，水电项目 551 宗。按分级审批权限划分，省批准共 16 宗，批准水量 54 亿 m^3/a，地方批准水量 17 亿 m^3。

1.3.4　水资源利用现状及规划

以水资源利用率表示水资源利用程度。2005 年东江流域（含东江三角洲）水资源利用量为 89.85 亿 m^3（含香港），按照多年平均水资源总量，水资源利用率为 27.1％。按国际通行标准，河流的开发利用率不应超过 40％，说明东江流域仍有开发利用的潜力。

根据《广东省东江流域水资源分配方案》，梅州、河源、韶关、惠州、东莞、广州、深圳、东深对香港供水在正常来水年（90％）水资源分配量分别为：0.26 亿 m^3、17.63 亿 m^3、1.22 亿 m^3、25.33 亿 m^3、20.95 亿 m^3、13.62 亿 m^3、16.63 亿 m^3、11 亿 m^3，合计为 106.64 亿 m^3，利用率为 32.2％；在特枯来水年（95％）水量分配为 0.22 亿 m^3、17.06 亿 m^3、1.13 亿 m^3、24.05 亿 m^3、19.44 亿 m^3、12.85 亿 m^3、16.08 亿 m^3、11 亿 m^3，合计为 101.83 亿 m^3，利用率为 30.8％。此方案以东江流域内三大水库纳入水行政主管部门统一调度管理为条件。

1.4　主要水利工程

东江流域三大控制性水库为：新丰江、枫树坝及白盆珠水库，总库容 170.48 亿 m^3。目前东江流域三大水库功能已调整为防洪供水为主，但尚未纳入水行政主管部门统一调度。

新丰江、枫树坝、白盆珠水库详细情况见表 1－5。

表 1－5　　　　　东江流域三大水库的技术经济指标情况表

项　　目	新丰江	枫树坝	白盆珠
所在河流	新丰江	东江干流	西枝江
集水面积/km²	5734	5150	856
多年平均流量/（m³/s）	193.6	141.0	34.8
年径流量/亿 m³	60.03	40.05	11.00
库容系数	1.08	0.31	0.33
调节性能	多年	年	多年
坝顶高程/m	124.0	173.3	88.2
正常蓄水位/m	116.0	166.0	75.0
总库容/亿 m³	138.96	19.32	12.20
正常蓄水位库容/亿 m³	108.00	15.35	5.78
兴利库容/亿 m³	64.91	12.50	3.85
死水位/m	93.0	128.0	62.0

续表

项　目	新丰江	枫树坝	白盆珠
死水位库容/亿 m³	43.07	2.85	1.92
装机容量/万 kW	30.25	15.00	2.40
保证出力/万 kW	9.20	3.80	0.79
年发电量/(亿 kW·h)	9.02	5.55	0.86
灌溉面积/万亩			17.47

1.4.1　新丰江水库概况

新丰江水库（图1-3）位于东江支流新丰江上，是东江水资源的调配中心。新丰江大坝坝顶高程124m，坝长440m，宽5m，是世界上第一座经受6级地震考验的超百米高大坝，是由我国自行设计、自行施工、自行安装的大型水电站。本工程于1958年7月15日正式动工，1959年10月20日下闸蓄水，1960年6月15日第一台机组开始试运行，同年10月25日并网，接着2号机组，3号机组，4号机组相继并网发电。电站装机30.25万kW，其中三台7.25万kW水轮发电机组，单机最大过流118m³/s，一台8.5万kW水轮发电机组，单机最大过流136m³/s。设计保证出力（$P=97\%$）11.9万kW，设计多年平均发电量为11.72亿kW·h，实际投产后至1994年年底，多年平均发电量仅为9.02亿kW·h，未能达到设计负荷。

图1-3　新丰江水库大坝

新丰江水库属完全多年调节水库，控制集雨面积5734km²，水库总库容为138.96亿m³，水库面积370km²。按千年一遇洪水设计，万年一遇洪水校核。防洪限制水位是由广东省三防指挥部确定的：4—5月为113m，6—7月为114m，8—9月为115m，9月底10月初为116m，发电消落水位112m。在防洪限制水位113m至5年一遇洪水位时，凑泄东江博罗站流量 9000m³/s；20 年一遇洪水位至 100 年一遇洪水位，凑泄东江博罗站流量 10400m³/s；100 年一遇洪水位以上，水库敞泄。

新丰江水库对调节东江中下游洪枯流量和水资源时空分布不均匀起到了控制性的作用，其效益是多方面的：①防洪削峰，减少内涝；②调节枯水流量，合理配置水资源；③发电调峰，提供清洁廉价电力资源；④净化水质，提高水环境容量；⑤改善航运，减少咸潮危害等。新丰江水库库容大，进库水量大，水质优良，调节能力强，作为俯瞰东江下游甚至珠三角地区优质饮用水源，具有很高的战略和经济价值。

1.4.2　枫树坝水库概况

枫树坝水库（图 1-4）位于东江上游的河源龙川县枫树坝镇，距龙川县城约 65km。水库主坝型为混凝土宽缝、空腹重力坝，最大坝高 95.3m，坝顶高程 173.3m，坝顶长度 400m，坝底宽 87m，坝顶宽 6.5m，主要保护龙川等县镇 11 万人、20 万亩耕地。主要泄洪方式为坝顶溢流，大坝特点是空腹坝内电站。工程于 1970 年 8 月动工兴建，1973 年 10 月建成蓄水，电站装机 15 万 kW，年发电量为 5.55 亿 kW·h。

图 1-4　枫树坝水库大坝

水库控制集雨面积 5150km²，水库总库容 19.32 亿 m³，正常库容 15.35 亿 m³，死库容 2.85 亿 m³，多年平均流量 141m³/s，设计洪水流量 11100m³/s。

1.4.3　白盆珠水库概况

白盆珠水库（图 1-5）位于惠东县境内，西枝江上游。水库工程主要由主坝、副坝、电站及过坝运输码头等部分组成。主坝建于白盆珠峡谷处，采用混凝土空心支墩重力坝结构，坝顶高程 88.2m，坝顶宽 6.0m，最大坝高 66.2m，坝顶长 240m。该工程始建于 1959 年 10 月。电站装机 2.4 万 kW，年发电量 8600 万 kW·h。

库区有石涧、黄瑶、三坑、横坑、马山、宝口、高潭等近 10 条支流流入水库，控制集雨面积 856km²，总库容 12.2 亿 m³。其中正常库容 5.78 亿 m³，死库容 1.92 亿 m³，

图1-5 白盆珠水库大坝

有效库容 3.85 亿 m³，调洪库容 6.45 亿 m³。

1.5 东江流域水土流失概况

按全国水土流失类型区的划分，东江流域主要为花岗岩山地丘陵侵蚀区和沿海及珠江三角洲丘陵台地侵蚀区。花岗岩山地丘陵侵蚀区多为山地丘陵，海拔多数在 400m 以下，土壤以花岗岩风化发育的红壤为主，由于人为活动频繁，水土流失严重，尤以花岗岩风化壳崩岗侵蚀区为甚；沿海及珠江三角洲丘陵台地侵蚀区主要指花岗岩山地丘陵侵蚀区以南的地区，特点是平原面积大，山坡坡度和缓，相对高度多在 60～80m 以内，易于开发利用，也是人为水土流失高发区域。

基于全国第二次土壤侵蚀遥感调查成果数据和崩岗调查成果数据显示，项目所涉及的东江流域各市县共有水土流失面积约为 2857.83km²，占土地总面积的 7.08%，其中水力侵蚀为 2281.41km²，占流失面积的 79.83%；重力侵蚀面积为 56.10km²，占流失面积的 1.96%；工程侵蚀面积 520.32km²，占流失面积的 18.21%。水力侵蚀中的轻度流失面积 1700.28km²，占流失面积的 59.50%；中度流失面积 457.13km²，占 16.00%；强度流失面积 88.85km²，占 3.11%；极强度流失面积 26.01km²，占 0.91%；剧烈流失面积 9.14km²，占 0.32%。

东江流域水土流失面积占土地总面积的比例低于珠江流域水土流失面积占土地总面积的比例（14.19%），说明东江流域水土流失整体现状要优于珠江流域。东江流域水土流失以水力侵蚀为主，其中面蚀分布广泛，部分地区存在沟蚀，大量的陡坡耕地和荒山荒坡是水土流失的主要来源，水土流失分布与人口的分布基本一致，主要分布在干支流沿岸、盆地和坪坝周边地区。水土流失面积所占比例大于 10% 有河源市源城区、龙川县、和平县、深圳市宝安区与龙岗区，这些地区水土流失比较严重；广州番禺区与花都区、博罗县、新丰县、深圳市市辖区水土流失面积所占比例均低于 3.5％，水土流失面积最小，水土保持较好。

东江流域水土流失问题一直得到广东省人大、政府、政协等多方关注，1990 年，广东省第七届人民代表大会第二次会议通过《关于整治和开发利用东江上游水土流失区》议案（第 10 号）。1995 年，广东省第八届人民代表大会常委会第十七次会议通过了《关于批准省人民政府整治韩江、北江上游和东江中上游水土流失议案办理结果报告的决议》并同意省政府继续治理东江、韩江、北江的水土流失区，从 1996 年起，又用 5 年时间，按原来议案办理方案要求的原则和方法，安排专项资金和周转金，继续解决水土保持工作中存在的问题，巩固以前的整治成果。

东江流域内各级政府先后投入近 2 亿元，开展以小流域为单元的水土保持综合治理工程，共治理水土流失面积 1422km^2，其中建设基本农田 1160hm^2，种植经果林 9422hm^2，水保林 52782hm^2，种草 6674hm^2。但东江上游预防保护区内现存大量的花岗岩崩岗尚未得到治理，在汛期强降雨作用下，崩岗迹地以及新崩岗会形成大量的侵蚀泥沙，掩埋农田、道路，侵入河渠，淤积河道，给人民的生产、生活甚至生命财产安全造成危害。目前，在预防保护区内现存崩岗约有 2 万个，这些崩岗是水土流失的最严重策源地，有极大的危害性，亟须投入专项资金进行综合治理。

第2章　水源地与受水城市基本情况

2.1　新丰江水库直饮水工程的提出

新丰江水库（又称万绿湖）是东江流域最大的多年调节水库，水库集雨面积 5734km²，总库容 138.96 亿 m³，兴利库容 64.91 亿 m³，年均入库水量 60.03 亿 m³，占东江干流（石龙断面）水量的 1/4。新丰江水库库容大，水质常年稳定在 I 类。

目前东江下游地区，由于经济迅猛发展，人口增加，城市化进程加快，水体污染的情况未有明显改善，水质下降趋势未得到有效遏制。生活饮用水源污染与该地区经济高速发展、人民生活水平迅速提高的现状以及广东省率先基本实现现代化的要求形成巨大反差。

在珠江三角洲及其他有条件的地区和城市，有计划地建设直接饮用水与生活用水分质、分管供水体系，率先实现高质量饮用水的供应，是解决居民用水水质问题的快捷有效方式。分质供水模式一方面整体提高了人民群众生活用水的品质，为广东省实现现代化和经济社会的可持续发展提供了保障；另一方面有效地节约了制水成本，达到物尽其用、合理配置水资源的目的。

分质供水是发达国家城市普遍推行的一种供水模式，符合"优水优用"的水资源配置新理念，是未来城市供水的发展趋势，也是衡量城市居民生活水平的一个重要标志。随着城市化水平的提高，广东省也将分质供水列入城市供水的发展规划，珠江三角洲主要城市分质供水网是广东省"十五"计划中基础建设的"五网"之一。鉴于珠江三角洲城市分质供水的发展需求，考虑到新丰江水库水质优异且水量充沛，河源市政府提出兴建新丰江水库至珠三角城市天然直饮水工程的设想，拟向珠三角部分城市供应符合国际卫生标准的天然直饮水，提高珠三角城市居民的饮用水质量和生活水平。

河源市于 20 世纪 90 年代初针对深圳东部 2010 年前的缺水问题提出了直接用管道向深圳供水的设想，1997 年 7 月，河源市政府邀请水利部南京水文水资源研究所、北京勘测设计研究院编写了《新丰江水库管道供水工程可行性研究报告》，并于同年 8 月召开专家评审会，评审意见认为从新丰江水库引水对水库的防洪发电及东江中下游的水环境与水资源综合利用的影响很小。1997 年 9 月进行了可研补充工作，补充报告认为新丰江引水对下游农业供水、航运、压咸等不会产生大的影响，经济和财务评价是合理的。尔后，部分省人大代表、政协委员和河源市政府又多次提出要充分利用新丰江水库水质的优势，解决珠江三角洲人民改善饮用水水质的需求，同时也为发展生态河源、绿色河源、切实促进和保护水源地提供持续稳定的经济基础。

1999 年 10 月广东省发改委根据省政府常务会议，委托广东省国际工程咨询公司编写了《新丰江水库向珠三角城市管道分质供水工程预可行性研究报告》。1999 年 12 月，广东省发改委向省政府上报了《关于新丰江水库向"珠三角"城市管道分质供水预可行性研究情况的报告》（粤计农〔2000〕005号）。经专家评审认为：项目不影响新丰江水库各主要功能，技术上可行，财务效益良好，国民经济和社会效益显著，但工程涉及面广、投资大、各种相关因素复杂，建议对项目作进一步深入细致的可行性研究工作。

2001年2月，在广东省九届人大四次会议上将新丰江水库分质供水网建设列入了省"十五"计划纲要。随着珠三角面临日益严重的水质性缺水危机，该项目越来越引起全省社会各界的高度关注和省委、省政府的高度重视。时任广东省委书记李长春、张德江、省长卢瑞华，现任省长黄华华、副省长李容根等领导都曾分别对项目作过重要批示。

为开发利用好新丰江水资源，把河源良好的生态优势转化为经济优势，更好地开辟河源比较稳定的财源和巩固河源生态建设的成果，加快山区特别是库区移民脱贫奔康步伐，促进全省区域经济社会协调发展，2008年7月，河源市委、市政府成立了河源市万绿湖水资源开发管理办公室，主要负责新丰江水库直饮水工程建设实施和河源市区的供水工作。2008年8月，河源市政府向广东省政府报送《万绿湖直饮水工程项目建议书》，广东省发改委于2008年8月26日召开了《万绿湖至珠三角管道直饮水项目情况介绍交流会》，会议邀请了相关市政府和省有关部门的领导和专家，广泛听取各方意见。

2008年12月，受广东省发改委、广东省水利厅的联合委托，由珠江水利委员会珠江水利科学研究院联合中国水利水电科学研究院、暨南大学、尼尔森市场调研公司共同承担新丰江水库直饮水工程的论证工作。2009年7月2—5日，广东省发改委和省水利厅联合组织召开国内专家论证评审会，对该报告及六个专题进行了认真的评审，并取得了评审意见（附表2），专家评审意见认为该项目在长期保护好新丰江生态环境的前提下，具有较好的水资源开发利用条件，对东江流域水资源状况、航运、压咸等方面影响不大，社会效益巨大，经济效益也好，建议尽早立项。评审意见也建议下阶段工作中应开展新丰江库区的水资源保护方案及措施研究、新丰江直饮水工程项目风险研究、受水城市直饮水工程项目的专项论证。

2009年以来，河源市先后出台了《关于落实科学发展观加强环境保护工作的决定》《河源市环境保护责任考核试行办法》《关于加强万绿湖集雨区环境保护管理的若干意见》等有关环境保护的规范性文件，进一步加强了新丰江库区的水资源保护力度。并根据评审意见委托暨南大学开展了"新丰江直饮水项目运营模式与项目风险研究"，委托北京工业大学开展了"新丰江直饮水项目长距离输水工程水质稳定性研究"，这两个专题于2010年9月完成。"新丰江直饮水项目运营模式与项目风险研究"推荐"由省政府统筹协调，相关地方政府主导，实行分段建设经营"的运营模式，研究认为该项目的总体风险不高，都处在可控范围内，相关风险通过相应的避险措施可以得到有效化解，不会影响项目的顺利进行及投资收益。"新丰江直饮水项目长距离输水工程水质稳定性研究"认为在设计、施工、运行管理时注意一些可行的相关要点，则新丰江水库直饮水工程通过长距离管道运输仍可以保持优良水质进入受水端。

河源市先后拒绝了许多有污染的投资项目落户，在财政非常困难的情况下，投入巨资加大库区及周边集雨区域的生态环境基础设施建设，同时成立了专责万绿湖环境保护监测机构和队伍，加大了万绿湖环境保护的法制力度。近几年，河源市与东莞、深圳、广州、惠州四市签订了供水总量为5.5亿 m³ 的《万绿湖直饮水项目合作框架协议》，其中东莞、深圳两市已开展同步论证。河源市为项目的立项建设做了充分的准备，成立了河源市人民政府万绿湖水资源开发管理办公室（市政府直属正处级事业单位），专责该项目的推动、建设和管理；成立万绿湖水资源开发有限公司（国有独资企业）作为项目法人单位，负责项目的经营、管理。

该项目也已被列为广东省"十二五"时期重点建设预备项目。

2.2 河源市经济发展概况

2.2.1 河源市经济社会发展基本情况

河源市是1988年1月7日经国务院批准设立的地级市，位于广东省东北部，东江中上游，东邻梅州，南接汕尾、惠州，西连韶关，北与江西省交界。下辖一区五县（源城区、东源县、和平县、龙川县、紫金县、连平县）。至2007年，全市面积15642km²，98个乡镇，4个办事处，1个农场，1251个村委会，154个居委会。

1. GDP 总量

自建市以来，河源市的GDP呈现出快速增长的趋势。但由于起步晚，河源市的基础差、底子薄，经济规模仍较小。按当年价计算，到2007年，河源市的GDP为328.09亿元，仅为珠三角的1.29%，广东省的1.06%（图2-1）。

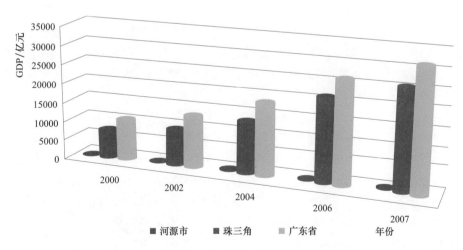

图 2-1 河源市、珠三角及广东省 GDP 总量比较

2. 城乡差距

河源市存在较大的城乡差距，2007年城镇居民人均可支配收入是农民人均纯收入的近2.4倍。在岗职工平均工资较大程度高于农民人均纯收入，且有不断扩大的趋势，1998年在岗职工平均工资为农民人均纯收入的近2.53倍，到了2007年这一差距扩大为4.54

倍。2007 年城镇居民恩格尔系数为 41.5%，低于农村居民恩格尔系数（48.2%）6.7 个百分点，这一方面反映出河源市的人均收入水平普遍不高，另一方面也凸显了城乡收入差距。

3. 城市化率

河源市的城镇化水平不断提高，但总体水平仍大幅度低于广东省与珠三角的平均水平，反映出河源市的工业化程度不高，整体经济发展水平较低。河源市的城市化率从 1988 年的 12.2% 提高到 1997 年的 21.15%。1998—2007 年的 10 年间，年均增长速度高达 30.5%，特别是 2006 年以来，增速更快，高达 40.12%。但与广东省、珠三角比较仍处于较低水平，2007 年河源市的城市化率低于广东省（52.02%）11.9 个百分点，低于珠三角（71.02%）30.9 个百分点（图 2-2）。

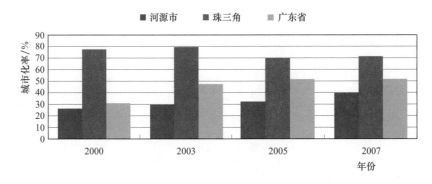

图 2-2 河源市、珠三角及广东省城市化率比较

4. 三产产业结构

1998—2007 年的 10 年间，随着国民经济的进一步发展，河源市的产业结构也逐渐加快了调整步伐，第一产业的比重逐渐下降，第二产业的比重逐渐升高，整个产业结构得以逐渐优化。1998 年，GDP 三大产业的比例为 41.6:23.5:34.9，第一产业占据主导地位，第二产业比重最低，而到 2007 年，三大产业的比例优化为 13.4:53.4:33.2，第二产业的比重超过 GDP 的 1/2。工业增加值占 GDP 的比重由 1998 年的 34.5% 上升到 2007 年的 52.6%，三次产业的贡献率分别由 1998 年的 21.8%、30.5%、47.7% 发展为 2007 年的 3.5%、74.6%、21.9%，三次产业对 GDP 的拉动率分别由 1998 年的 2.4%、3.3%、5.1% 发展到 2007 年的 0.8%、16.9%、4.9%，反映出河源市的经济增长中工业的带动作用日益增强。

依靠良好的生态环境和旅游观光产业的发展，河源市的旅游经济持续发展。1998—2007 年的 10 年间，旅游接待总人数由 88.74 万人增长到 622.28 万人，旅游总收入由 5.29 亿元增长到 26.94 亿元，旅游外汇收入由 773 万美元增长到 1068.26 万美元，星级以上旅游宾馆由 13 家增加到 40 家，旅行社由 15 家增加到 27 家。但旅游收入的总体规模较小，由于国内游客占绝大多数，旅游外汇收入较少，国际游客市场有待拓展。2007 年旅游总收入仅占广东省的 1.1%，旅游外汇收入仅占广东省的 0.12%。受制于环保要求，旅游基础设施建设相对滞后，景区容量与旅游接待能力不高，旅游潜力没有得到充分发挥，旅游资源价值没有充分实现（表 2-1）。

表 2 - 1　　　　　　　　　　　旅 游 情 况

年份	旅游接待总人数/万人次	国内游客比重/%	国外游客比重/%	旅游总收入/亿元	旅游总收入增长率/%	旅游外汇收入/万美元	星级以上旅游宾馆/酒店/家	旅行社/家
1998	88.74	98.70	1.30	5.29	14.01	773.00	13	15
1999	104.90	98.95	1.05	6.08	14.93	1100.00	13	15
2000	134.48	96.66	3.34	7.08	16.45	1329.30	24	15
2001	175.12	97.56	2.44	8.32	17.51	1685.20	31	17
2002	224.22	97.56	2.44	12.04	44.71	1633.60	35	18
2003	234.83	98.86	1.14	12.20	1.33	630.40	38	18
2004	318.89	98.83	1.17	15.10	23.77	807.60	36	19
2005	393.52	99.00	1.00	18.29	21.13	849.80	37	21
2006	500.38	99.20	0.80	22.31	21.98	877.91	39	22
2007	622.28	99.33	0.67	26.94	20.75	1068.26	40	27

5. 对外经济

河源市坚持外引内联相结合，依托区位和资源优势，不断改善投资环境，充分发挥"一区六园"（即市高新区和6个县区工业园）招商引资的主力军作用，促进了外资利用规模的扩大和外贸出口的增加。1998—2007 年期间签订利用外资协议数由 48 个发展到 135 个，实际利用外资额由 7552 万美元发展到 29206 万美元，10 年间实际利用外资额的平均增速为 15.6%，实际利用外资额中外商直接投资占绝对比重，其中 2006 年、2007 年实际利用外资额全部为外商直接投资。随着河源市经济的发展，实际利用外资额占全社会固定资产的比重逐步下降，说明外资的资本形成作用在下降，未来外资利用潜力有待挖掘。

6. 财政收支

1998—2007 年期间，河源市的预算内财政收支缺口较大，且呈现逐年递增的趋势。1998 年，河源市的财政收支缺口为 8.37 亿元，到 2007 年这一缺口扩大为 40.69 亿元。2007 年河源市的财政自给率仅为 27.14%，人均地方财政收入仅为 541 元，只相当于广东省平均水平的 19.3%，这意味着河源市的各级政府机关每年要靠省政府的财政转移支付才能维持正常运转（表 2 - 2）。

表 2 - 2　　　　　　　　　　　财 政 收 支 情 况

年份	地方财政预算内收入/亿元	地方财政预算内支出/亿元	地方财政预算内收支差额/亿元	财政自给率/%	税收总收入/亿元	人均地方财政收入/元	广东省人均地方财政收入/元
1998	2.03	10.40	−8.37	19.54	2.88	87	900.48
1999	2.30	11.79	−9.49	19.52	3.29	100	1049.74
2000	2.55	15.58	−13.02	16.40	4.14	112	1052.67
2001	3.14	17.02	−13.87	18.47	5.72	135	1328.85
2002	3.47	21.98	−18.51	15.80	6.63	143	1358.97

年份	地方财政预算内收入/亿元	地方财政预算内支出/亿元	地方财政预算内收支差额/亿元	财政自给率/%	税收总收入/亿元	人均地方财政收入/元	广东省人均地方财政收入/元
2003	4.35	25.56	−21.20	17.04	8.86	172	1467.77
2004	5.86	29.98	−24.12	19.55	11.40	223	1556.98
2005	8.52	37.00	−28.49	23.02	17.18	311	1965.63
2006	12.54	45.85	−33.32	27.34	23.66	450	2342.50
2007	15.16	55.85	−40.69	27.14	29.82	541	2800.08

河源市的经济增长速度较快，增长潜力较大，后发优势明显。但由于河源市的工业规模较小，以工业化为基础的城市化率、对外经济规模相对于珠三角与广东省仍处于较低水平。工业化水平低，经济规模较小，致使河源市的地方财政入不敷出，地方政府在提供公共产品、促进经济发展、实现社会公平、提高人民生活水平等方面的能力受到制约，效果有限，从而使社会经济与环境之间的和谐、可持续发展受到影响。

2.2.2　环境保护与社会经济发展的矛盾

东江不仅是河源的母亲河，还是香港、广州、深圳、东莞、惠州等地的主要饮用水源，新丰江水库是东江饮用水源的核心"枢纽"。新丰江水库及东江水水质的好坏直接关系到包括香港在内的整个大珠三角地区的生存安全与可持续发展。因此，无论现在或将来，保护好新丰江水库的"一泓净水"对于整个大珠三角地区的可持续发展具有重要的经济与政治意义。河源市自建市以来就为保护这"一泓净水"做出了不懈的努力，付出了巨大的经济与社会发展代价。

目前，河源市的经济发展主要靠工业带动，但工业的发展主要面临两大难题：产业的进一步引进、发展与环保要求存在矛盾；产业结构提升与自主创新能力薄弱存在矛盾。根据国际与区域产业转移规律，发达国家与地区一般是将不具比较优势的劳动密集型、重污染、环境压力大的边际产业优先向外转移，因此，河源在环保的要求下，希望通过产业转移获得工业发展的机会显然会受到制约。在环保的前提下实现工业发展，要么加大引进产业的环保治理力度，消除环保风险，而这会导致高昂的环保成本，加重地方财政与企业负担；要么实现产业转型结构升级，而这要求当地具有自主创新能力，形成企业核心竞争力。这两种情况对于地方财政入不敷出的河源都是不现实的。

1. 河源市环保规模

河源市的环保经费投入逐年增加，主要包括新丰江集水区林业建设与保护投资、污染防治投资、水土保持投资、生态移民投资及其他相关投资。2000—2003年期间，环保投资总额占GDP的比重不断提高，到2003年达到最高，占GDP的3.25%，此后开始呈下降趋势。与广东省环保投资规模相比，河源市在GDP总量较小的情况下，2000—2007年的8年间，环保投资总额占GDP的比重有5年高于广东省同类指标。河源市的环境污染治理投资总额快速增长，由2000年的638.5万元增长到2007年的5484.0万元，8年的平均增长速度为86.5%（表2-3）。

表 2 - 3　　　　　　　　　　　　　河源市环保投资情况

年份	河源市环保投资总额/万元	河源市环保投资总额/GDP/%	河源市环境污染治理投资总额/万元	河源市环境污染治理投资总额增长率/%	河源市环境污染治理投资总额/环保投资总额/%	广东省环保投资总额/亿元	广东省环保投资总额/GDP/%
2000	14333	1.64	638.5	42.4	4.45	210.53	1.96
2001	23803	2.45	196.0	−69.3	0.82	276.90	2.30
2002	31269	2.85	1119.0	470.9	3.58	333.51	2.47
2003	41561	3.25	1310.3	17.1	3.15	423.05	2.67
2004	45920	2.86	3716.5	183.6	8.09	511.23	2.71
2005	60397	2.95	5240.0	41.0	8.68	534.83	2.39
2006	58912	2.28	4735.0	−9.6	8.04	655.37	2.51
2007	85477	2.61	5484.0	15.8	6.42	826.33	2.66

经过多年的努力，全市生态建设和保护力度得以加强，到 2007 年河源市的森林覆盖率已达 70.4%；自然保护区 31 个，自然保护区总面积达 1050.63km²；烟尘控制区 6 个，烟尘控制区面积 50.7km²；噪声达标区 11 个，达标面积 40.8km²；新丰江、枫树坝两大水库的水质保持在国家地表水 I 类标准，东江干流河源段水质保持在国家地表水 I～II 类标准。

2. 环保政策与产业引进的矛盾

河源市一直坚持经济发展服从于环保、发展与环保相协调的原则，在广东省其他地区依靠"工业立市"，实现经济快速增长的过程中，河源市始终严把项目"入口关"，大力引进、发展资源节约型和环境友好型产业，禁止落户高污染、高能耗项目，认真落实项目环保"三同时"制度，最大限度地减少了工业发展对环境的污染，但同时也抑制了当地工业的发展，许多与环保要求相悖，但具有较高附加值，能够促进河源经济增长的项目都不得不放弃，因而使河源牺牲了许多承接国际及珠三角地区产业转移的机会，致使经济发展的整体水平远远落后于珠三角与广东省的平均水平，2007 年人均 GDP 仅占全省平均水平的35.3%，地方财政自给率仅 27.14%，经济发展与环境保护之间的矛盾有进一步加剧的趋势。河源市各级政府为城乡群众提供的基本公共服务明显不足。河源市至今仍是广东省最困难的地区之一，与东江下游的繁荣和发展形成了强烈的反差。

根据国家和广东省有关产业政策，河源市严格限制、淘汰、禁止 10 大类 161 个产品的生产。严格控制电镀、化工、纺织印染、冶炼、发酵、固体废物加工等污染行业。对于电力、石油化工、钢铁工业、非金属矿物制品业、造纸及纸制品业等行业，推行清洁生产工艺。2000 年以来引进的工业项目 96% 以上均为低污染项目或无污染项目，主要包括电子、制衣、塑料加工、五金、机械制造、家具制造、印刷、食品等行业。"十五"期间在环保部门调查的 230 家企业中，已做环境影响评价的 192 家，占 83%，落实"三同时"、完善污染治理设施并达标排放的 212 家，占 92%。老污染企业（水泥、印染、纺织水洗、陶瓷等行业）总量的 90% 都能按环保部门的要求落实治理设施，污染物达标排放。

为了保护好新丰江流域优质的水资源，一些污染企业不能引进，给当地人民生活水平的提高和经济的发展带来了限制作用。这种间接机会成本可以通过优质水资源的纳污价值来得到体现。目前，新丰江流域的水体维持在国家地表水Ⅰ类标准，新丰江流域多年平均流量为 62 亿 m³。在Ⅲ类、Ⅱ类水基准下，现状新丰江流域允许纳污总量大约分别相当于 COD 12.4 万 t、9.3 万 t。由于从Ⅲ类水往Ⅱ类、Ⅰ类的处理困难，因而削减每吨 COD 价值也相应提高。据估计，到Ⅱ类水削减每吨 COD 需要 16 万元左右，则其纳污价值约为 49.6 亿元。扣除 9.15 亿 m³ 生态用水量，则新丰江流域 52.85 亿水量的纳污价值，在Ⅱ类水基准下，经计算可得 42.28 亿元。

除限制产业引进外，河源为保护东江、新丰江和各饮用水源保护区的水质，还开展了流经区域沿江两岸窝棚违章建筑和水上经营餐饮业的整治，关闭露天垃圾场、采石场点、畜禽养殖场。开展了矿山环境初步整顿，取缔了一批"十五小"和"新五小"企业，关停或转产了一些不符合国家产业政策的矿山企业，加强了矿区环境监测，跟踪监测复垦区种植业和养殖业发展的区域环境，一定程度上防止了污染转移，并使东江流域大部分自然水土流失得到治理，但同时也使河源市的相关行业与产业的发展受到制约。

3. 环境保护与区域内社会发展的不和谐

河源市因肩负着水源地保护的重任，致使当地经济相对落后，尤其是在农村与两大库区，出现了区域内社会发展的不和谐现象。河源市存在较大的城乡差别，河源市与广东经济发达地区存在较大的区域结构失衡和发展差距。区域过度失衡导致的利益分配不公、地区差距鸿沟、城乡发展割裂的矛盾，动摇了构建和谐社会的基础。为了生存与发展，一些群众铤而走险，造成了环境破坏。如现有对实施生态公益林的效益补偿标准过低，使得偷砍林木现象时有发生。目前，新丰江库区生态公益林面积已占到库区林业用地面积的 80.9%，林业是新丰江库区的一个重点支撑行业，绝大部分林木被划入生态公益林管理后，农民的收入受到了严重影响，部分群众为了生活出路偷砍林木，加大了生态公益林建设和保护难度。同时库区 80.9% 的林地被划为生态公益林管理后，如何解决库区森工企业下岗工人的再就业也成为维护库区社会稳定的一个重要问题。又如原沿库区分布的多间地方国营企业为了水质的保护及由于市场等原因而相继关闭，近千职工的安置无着落，成为多年来困扰当地政府的难题。再如，目前在两大库区内生活着 10.5 万农民，他们既不属于移民，也不属于"淹田不淹屋"贫困农民，同样受到建库的影响，生活贫困，但自建库以来一直没有享受政府的扶持。

综上所述，河源市的环保投入规模较大，环保"门槛"较高，制约了当地的经济发展，导致了河源市与广东省发达地区之间较大的贫富差距，引发了区域内社会发展的不和谐。

2.3　移　民　问　题

2.3.1　河源市移民规模

河源市境内有新丰江（1958 年兴建）、枫树坝（1970 年兴建）两大水库，分别是广东省第一、第二大水力发电站。截止到 2007 年 6 月，新丰江水库移民 210656 人，枫树坝水库移民 19101 人，省内其他大中型水库投亲靠友移民 29 人，共计 229786 人，占全省省属水库移民总数的 60％。此外在两大库区生活着 49639 人"淹田不淹屋"贫困农民（库区边缘田地被淹没，房屋在山边缺少生产生活条件的库区农民，由于建库时期没有搬迁房屋，没有被列入移民）与 10.5 万库区内农民（新丰江库区约 3 万人，枫树坝库区约 7.5 万人。他们因不属移民与"淹田不淹屋"贫困农民，自建库以来一直没有享受政府的扶持，但他们同样受到建库的影响，生活仍然十分困难）需要帮扶。

2.3.2 移民扶持资金使用情况

1986 年之前，各级政府用于解决移民遗留问题的资金十分有限，直至 1987 年 1 月省政府发出《〈关于省六届人大五次会议第 26、32 号议案的办理情况报告〉的通知》（粤府办〔1987〕3 号）后，水库移民安置工作才逐步得到加强。从 1987 年 1 月起，河源市两大水库每年从省政府对省属大中型水库的扶持资金中获得 2000 多万元。据移民部门统计，1987—2002 年底，河源市两大省属水库移民共获得约 6.5 亿多元扶持资金，主要用于了种植、养殖业发展及对公共福利设施的完善。

从 1996 年起，广东省与河源市对新丰江、枫树坝水库 49639 人"淹田不淹屋"贫困农民，按照 4000 元/人的标准进行帮扶，目前已投入资金近 2 亿元，共帮扶了 48415 人，占两大水库"淹田不淹屋"贫困农民总数的 97.5％。

2003 年 1 月，省政府出台了《关于调整省属七座水库利益分配和工作责任的实施意见》（粤府办〔2002〕82 号），加大了对上述水库移民的扶持力度，同时将移民安置工作的相关责任下放到市县。根据文件规定，从 2003 年起，省每年对河源市省属水库移民的扶持资金约 1.4 亿元左右。

2006 年，国务院出台《关于完善大中型水库移民后期扶持政策的意见》（国发〔2006〕17 号），对水库移民自 2006 年 7 月 1 日起连续扶持 20 年，每人补助 600 元/年。根据文件，从 2006 年 7 月 1 日起，河源市再增国务院大中型水库移民后期扶持基金约 1.37 亿元/年（229786 人×600 元/人年≈1.37 亿元/年）。省级扶持资金与国家后期扶持资金两项共计 2.77 亿元/年左右。

2003—2007 年河源市两大省属水库共获得 6.85 亿元移民扶持资金，其中用于危房改造 3.5 亿元，用于发展生产 1.19 亿元，用于公共设施建设 0.84 亿元，用于合作医疗保险 513 万元，劳动技能培训 812 万元，项目评审费、管理费、新农村建设配套经费、移民机构改革经费与其他项目支出共计 1.15 亿元。

2.3.3 库区移民生活现状与存在问题

由于建库时间长，移民规模大，虽然广东省已实施了对水源区的生态补偿和财政转移政策，国家也加大了对水库移民的后期扶持，但目前河源市两大省属水库移民的生活依然贫困，省政府的生态补偿远不足以冲抵区域快速发展所形成的相对贫富差距的扩大。

河源市省属水库移民的人均纯收入大幅度低于河源市农民人均纯收入与广东省农民人均纯收入。2007 年河源市省属水库移民人均纯收入仅为 3027 元，而同一时期，河源市农民人均纯收入 4431 元，广东省农民人均纯收入 5624 元，分别比移民纯收入高出 1404 元与 2597 元（表 2-4）。在调研过程中让我们感到震惊的是，在全国经济发达地区的广东竟然有一群人生活在家徒四壁，几近赤贫的生活状态中。

表 2 - 4　　　　　　　　　2001—2007 年河源市省属水库移民人均纯收入比较　　　　　单位：元

项　目 \ 年　份	2001	2002	2003	2004	2005	2006	2007
河源市省属水库移民人均纯收入	1898	2087	2186	2393	2592	2732	3027
河源市农民人均纯收入	2985	3158	3322	3515	3764	4072	4431
广东省农民人均纯收入	3770	3912	4055	4366	4691	5080	5624

目前尚有大部分移民的住房需要改造，到 2006 年年底，河源市尚有 23719 户移民没有进行住房改造（占全部移民的 54.4%），尚需投入资金 3 亿多元。这些尚未改造的房屋大部分是建库时期兴建的泥砖瓦房，破败不堪。

根据《广东省省属水电厂水库移民资金管理办法的通知》（粤财农〔2003〕205 号）规定，水库内建房的移民补助 3600 元/人，水库外建房的移民补助 1800 元/人。根据广东省与河源市的相关规定，对 2006 年 7 月 1 日以后，将国家对省属水库移民每年补助的 600 元/人的后期扶持资金的 60% 用于建房补助，即在原有建房补助基础上每人每年再增加 360 元，对建房困难户可统筹 5 年资金，即 1800 元一次性支付。即便如此，仍有部分家庭经济条件较差的移民无法进行住房改造。由于近期建筑材料价格的上涨以及库区内交通不便，建材运输成本增加，致使库区内的建房成本大大提高，省与国家的建房补助只是全部建房成本的一部分，移民自己仍然要自筹部分资金。

目前库区内生活的移民大部分是老人与儿童，由于库区相对封闭的环境与落后的经济条件，致使行政村医疗站的普及困难重重，移民群众求医问药、防病治病相当困难。儿童入学难、读书条件十分落后。移民守着一潭碧水，但由于居住分散，饮水设施建设费用昂贵而无法饮用库内水源，饮用水达不到卫生安全标准。库区内基础设施陈旧落后，移民行路难、出行难等问题十分突出。由于建库时间长，移民几经搬迁，移民子弟随家长迁徙，未能得到良好的教育，文化素质较差，普遍存在就业难的问题。

按照有关政策，2006 年 7 月 1 日以后，河源市省属水库移民每年可获得总计 2.77 亿元的扶持资金，但 229786 人的移民人均每年只有 1205.5 元，杯水车薪，很难从根本上解决移民的生活与生产困难。如果考虑到两大库区 49639 人的"淹田不淹屋"贫困农民与 10.5 万的库区内农民，如此庞大的移民规模与库区内贫民，要想单纯依靠现有的省与国家的扶持资金规模来彻底解决库区移民遗留问题简直是遥遥无期。如果说从保护水源地的长期考虑，将库区移民全部移出，则所需的资金规模将更为庞大。

目前，我国政府对水资源保护区主要采取生态补偿措施，补偿的方式主要靠政府财政转移支付，这样不仅加大了政府的财政负担，且常常由于经费不足或是其他原因，使得补偿的标准偏低，水源保护区内贫穷加剧。实施水资源有偿使用后，可以从水资源费中拿出一部分对保护水资源做出牺牲的人们进行补偿，从而实现"以水养水"，并且其补偿标准可以随水资源的稀缺程度的升高而提高。这样不仅可以使水资源保护行为具有可持续性，也可以减少政府的财政负担。因此研究如何实现东江下游地区通过政府转移支付、市场开发等手段，出资购买新丰江库区的"优质水资源"，并同时保障中、下游的发展，实现上、下游"双赢"是未来解决移民问题的理想方式。

2.4 受水城市合作共建意向调查

进入 21 世纪，随着城市化进程的加快以及城市建设标准的提高，珠江三角洲奔小康、现代化目标的逐步实现，城市居民对城市供水环境的要求相对提高，城市供水的基本矛盾已经发生转变，供水的突出问题已由满足"量"的需要提升到更高的"质"的要求。

新丰江水库直饮水工程通过引用上游优质水源，一方面整体提高了居民生活用水的品质，满足人民群众对健康饮水的需求；另一方面也有效地节约了制水成本，达到物尽其用、优水优用，节约保护水资源的目的。

2008 年 7 月 11 日东莞市与河源市签订了万绿湖直饮水项目合作框架协议，是国内第一个地区之间通过市场运作的供水合作协议，根据协议，河源市保证向东莞市每年供应优质原水不低于 2.0 亿 m^3。受缺水困扰的东莞，是此项工程的积极推动者。东莞市最早提出引进万绿湖直饮水，是首个供水城市。河源供莞直饮水工程被认为是东莞市最理想的饮用水源之一。项目实施将有效缓解东莞缺水的难题，是一项惠及千家万户的民心工程，是一项提高市民生活质量的幸福工程，也是一项促进东莞经济社会发展和改善落后面貌的双赢工程。

2008 年 11 月 12 日，河源市与深圳市共同签订万绿湖直饮水项目合作框架协议，依据协议，在供水价格协商一致的前提下，河源市保证向深圳市每年供应优质原水不低于 2.5 亿 m^3。深圳市作为中国七大缺水城市之一，对喝上万绿湖优质水期盼已久。早在 1993 年省"两会"期间，河源市人大代表团第一次提交议案，建议将新丰江水直接引入珠三角城市就得到深圳市人大代表的高度认同。从 1995 年开始，深圳、河源两市人大代表团每年都联名提交类似议案。深圳市作为一个严重缺水的城市，对新丰江的优质水源有着浓厚的兴趣。能够喝上新丰江的优质水，是深圳人民由来已久的愿望。深圳市委、市政府一直高度关注万绿湖直饮水项目的进展，并深知这一项目对改善深圳乃至珠三角地区的饮水质量、缓解水资源紧张局面、提升老百姓民生净福利指数、促进经济社会可持续发展，都具有战略意义。

随着人民生活水平的提高，广州市民对饮用水的质量提出了更高的要求。据粗略统计，广州市约有 60 多个小区、30 多所学校、30 多座办公大楼安装了分质供水系统，直接受益约 70 多万人。居民、机关事业单位 86% 用桶装水作直饮水，约 5% 的人使用小区直饮水。新丰江直饮水项目将满足广州居民喝上放心水的迫切要求。2009 年 3 月 2 日，广州与河源两市就本项目的合作签署了框架协议，根据协议，在供水价格协商一致的前提下，河源市保证向广州市每年供应优质原水不低于 1.0 亿 m^3。

2.5 受水城市供水布局及规划

2.5.1 深圳

截至 2007 年年底，深圳市蓄水水库共有 173 座，其中以供水为主的水库共有 109 座 [中型 10 座，小（1）型 61 座，小（2）型 38 座]。

1. 经济特区

目前特区已形成北环输水管线与网络干线联合运行的原水供水系统，受客观条件及水源系统布局的限制，目前特区内的水厂位置与规模难以做大的调整，除新建南山区南山水厂规模至 80 万 m³/d 外，不再新增水厂；现有水厂尽量在现有规模上进行扩建。本地水源无法保证水厂原水供应，因此在各规划水平年仍需要从境外调水。境外水源主要为东深水源和东部水源。

2. 宝安区

宝安区供水规划主要依靠两座水库、两个主供水源、三条供水管网来解决。其中两座水库即铁岗水库、石岩水库作为全区的中心调蓄水库；两个主供水源即东部供水水源工程和东深供水工程作为全区主要境外调水来源；三条供水管网一条是已建成的东部供水工程从西沥到铁岗水库的供水管网，供水能力 120 万 m³/d，主要供应宝城、新安、西乡，第二条是已基本建成的石岩水库—松岗五指耙水库的石松供水管网，主要解决松岗、沙井等西部五镇的供水；第三条是规划的龙口—茜坑供水工程，工程供水能力 120 万 m³/d，该工程一期主要解决宝安东部地区观澜、龙华的用水，二期解决全区的用水问题。同时宝安区还可以利用建成的铁岗—石岩供水网络支线作为全区的备用供水线路。

3. 龙岗区

龙岗区远期供水原水输送在正常运行期主要依靠供水网络干线、供水网络支线工程以及东深供水工程。另外，坪地镇新建一座规模为 3 万 m³/d 的水厂；横岗镇新建西坑水厂 10 万 m³/d；龙岗镇将新建獭湖水厂 10 万 m³/d。

2.5.2 东莞

根据东莞市河流水系特点及现状的供水布局，可将东莞划分三个分区，即石马河片、中部及沿海片、水乡片，面积分别为 853.5km²、1165.4km²、452.6km²。2005 年总供水能力为 528 万 m³/d（包括东深供水 110 万 m³/d）。

东莞市的供水格局以东江为主要水源，但东江来水不均、丰、枯变化大，且易受咸潮影响。因此，对于有蓄水工程的石马河、中部及沿海片、应立足于充分利用本地蓄水工程，加大当地水资源的利用力度，而对于水乡片则应研究挡潮拒咸或海水淡化工程措施。供水系统由水厂、水库群联网、蓄水工程、引水工程、挡潮拒咸工程、地下水和污水回用等部分组成。各规划水平年东莞市供水规划见表 2-5。

表 2-5　　　　　　　　　　　　　东莞市供水规划成果表

水平年	水厂 /(万 t/d)	东深供水 /(亿 m³/a)	东江与水库联网工程 /(m³/s)	地下水 /(万 m³/a)	污水回用 /(万 m³/a)	引水工程 /(万 m³/a)	兴利库容 /万 m³
2010	307.4	4	24	602	29595	11325	41002
2020	325.4	4	24	602	33112	11828	41002
2030	340.4	4	24	602	35130	11377	41002

2.5.3 广州

广州市主要的供水水源包括地表水和地下水，微咸水只用于火核电的冷却用水，而其他水源（如污水和雨洪水）利用很少。地表水供水工程包括蓄水、引水和提水工程，其中蓄水工程包括大中型水库、小型水库和塘堰。

广州市中心区现有主要水厂八座、镇级水厂九座，中心区现有主要水厂八座，总供水能力为471万 m^3/d，分为三片：西部的江村、石门、西村三个水厂；东部的新塘、西洲二个水厂；南部的南洲、后航道石溪、白鹤洞三个水厂。由于白鹤洞水厂已停产，实际供水能力465万 m^3/d。镇级水厂九座，总供水能力13.83万 m^3/d。

虽然目前广州市中心区西部、东部、南部三足鼎立的水厂布局互相之间可以调控，但非常有限，如遇突发事件，河道污染、咸潮上溯、特枯干旱年份等，供水水源应急措施跟不上，供水安全难于保证。依《广州市城市供水水源规划》，2010年、2020年、2030年各水平年广州市西江引水工程年内平均供水规模分别为309万 m^3/d、395万 m^3/d、458万 m^3/d，用于调整广州市中心区西部三座水厂（江村、石门和西村水厂）与石溪水厂水源，同时补充东部及南部水源的不足。

2.6 水源地与受水城市水质对比

河源市环境监测站在新丰江、枫树坝水库距离大坝1.5km设一断面，分左、中、右三垂线监测水库水质状况。根据该站监测数据，东江上游两大水库水质如下。

2.6.1 新丰江水库

新丰江水库是河源市区主要饮用水源，自1959年建库蓄水的以来，新丰江水库水质一直保持优良。主要污染物为高锰酸盐指数、氨氮，全年水质变化不大，水库水质状况为优。从水库的水质监测结果（主要指标见表2-6）可以看出，除2001年氨氮超标外，其余年份各参数均达到《地表水环境质量标准》（GB 3838—2002）Ⅰ类标准，库水呈弱碱性，水质状况为优。

表2-6　　　　　　新丰江水库2001—2009年水质监测数据　　单位：mg/L（pH值除外）

项目	2001年	2002年	2003年	2004年	2005年	2006年	2007年	2008年	Ⅰ类
pH值	7.34	7.31	7.28	7.17	7.09	7.11	7.16	7.13	6～9
溶解氧	8.75	8.98	8.87	8.99	9.21	9.25	9.09	9.05	≥7.5
高锰酸钾指数	1.42	1.44	1.30	1.15	1.29	1.15	1.19	1.13	≤2
氨氮	0.160	0.150	0.090	0.057	0.064	0.059	0.060	0.050	≤0.15
总磷	0.005（Y）	0.005（Y）	0.005（Y）	0.005（Y）	0.005（Y）	0.010L	0.010L	0.010L	≤0.01
总氮	—	—	—	0.176	0.183	0.168	0.170	0.160	≤0.2
铅	0.005（Y）	0.005（Y）	0.005（Y）	0.005（Y）	0.005（Y）	0.01L	0.01L	0.01L	≤0.01
粪大肠菌群/（个/L）	15	17	15	23	22	20	57	59	≤200
五日生化需氧量	1（Y）	1（Y）	1（Y）	1（Y）	1（Y）	2L	2L	2L	≤3

注　"—"为当年未要求开展监测；Y为低于监测限后的估值。

新丰江水库近几年来，水质保持稳定，水质状况为优。主要有以下几个原因：①新丰江水库有较大的库容，自净能力较强；②新丰江库区生态环境保护较好，森林覆盖率高；③排入水库的工业污染源较少，且污染物排放较为分散，不足于影响水库水质；④坚决清理撤除了库内有污染的景点，坚持库内游，库外食宿。加强水库内的旅游点及旅游船的环保管理，保证旅游船使用液化气燃料，避免因燃油船产生油污而污染水库水质。这些措施是保证新丰江水库水质常年保持在优良状况的原因。

2.6.2　枫树坝水库

枫树坝水库断面是 1997 年 10 月确定的省控断面。2001—2006 年水库监测数据见表 2-7，除 2001 年氨氮超标外，枫树坝水库所测项目均达到《地表水环境质量标准》（GB 3838—2002）Ⅰ类标准，水质状况为优。

表 2-7　　　　　　　　枫树坝水库 2001—2006 年水质监测数据　　　单位：mg/L（pH 值除外）

项目	2001 年	2002 年	2003 年	2004 年	2005 年	2006 年	2007 年	2008 年	Ⅰ类
pH 值	7.26	7.27	7.30	7.18	7.13	7.16	7.18	7.16	6~9
溶解氧	8.68	9.13	8.87	8.80	9.36	9.21	9.16	8.95	≥7.5
高锰酸钾指数	1.52	1.38	1.26	1.05	1.15	1.16	1.23	1.14	≤2
氨氮	0.160	0.100	0.083	0.056	0.057	0.065	0.062	0.051	≤0.15
总磷	—	—	0.005 (Y)	0.005 (Y)	0.005 (Y)	0.010L	0.010L	0.010L	≤0.01
总氮	—	—	0.182	0.180	0.186	0.177	0.176	0.164	≤0.2
铅	0.005 (Y)	0.005 (Y)	0.005 (Y)	0.005 (Y)	0.005 (Y)	0.010L	0.010L	0.010L	≤0.01
粪大肠菌群/（个/L）	—	—	18	27	22	22	76	69	≤200
五日生化需氧量	1 (Y)	1 (Y)	1 (Y)	1 (Y)	1 (Y)	2L	2L	2L	≤3

注　"—"为当年未要求开展监测；Y 为低于监测限后的估值。

2.6.3　水功能区水质

根据广东省水利厅水环境监测中心的《广东省水资源质量状况通报》（以下简称《通报》），在全省参评的 41 个城市饮用水源地中，约有一半地区的水质达到或优于Ⅲ类水，主要污染项目为粪大肠菌群、总氮、氨氮、溶解氧等。东江水系达标水功能区主要集中在东江岭下断面上游、西枝江平山上游、秋香江和浰江。暂未达标的分布在寻邬水、定南水毗邻江西省的河段以及东江中下游。从地区分布来看，广州、深圳、东莞等城市的部分水源地水质有待改善，其他城市水源地水质良好。

水源地及受水城市的水库（湖泊）水功能区水质监测结果见表 2-8。

在 11 个水库（湖泊）功能区中，只有新丰江水库保护区的水质在评价期内一直是达标的；有 6 个湖泊功能区（枫树坝水库保留区、黄龙带水库开发利用区、流溪河水库保护区、石岩水库开发利用区、铁岗水库开发利用区、西沥水库开发利用区）在评价期内一直未能达标，其中包括深圳的 3 个湖泊功能区；另有 4 个湖泊功能区在评价期内只有部分时段达标。

水源地及受水城市的河流水功能区水质监测结果见表2-9。

表2-8　　　　　　　　　　　广东省湖泊（水库）水功能区水资源质量评价表

水资源区	行政区	水功能区（一级）	代表断面	水质目标	水质现状			
					2008第2季度	2008第3季度	2008第4季度	2009第1季度
东江	河源	枫树坝水库保留区	枫树坝水库	Ⅱ	劣Ⅴ	劣Ⅴ	劣Ⅴ	劣Ⅴ
		新丰江水库保护区	新丰江水库	Ⅱ	Ⅱ	Ⅱ	Ⅱ	Ⅱ
	深圳	松子坑水库开发利用区	松子坑水库	Ⅱ	Ⅱ	Ⅲ	Ⅲ	Ⅲ
珠江三角洲	广州	黄龙带水库开发利用区	黄龙带水库	Ⅱ	Ⅳ	Ⅲ	Ⅲ	Ⅲ
		流溪河水库保护区	流溪河水库	Ⅱ	Ⅲ	Ⅲ	Ⅲ	Ⅲ
		梅州水库开发利用区	梅州水库	Ⅱ	Ⅱ	Ⅱ	Ⅲ	Ⅲ
		天堂山水库保留区	天堂山水库	Ⅱ	Ⅲ	Ⅱ	Ⅱ	Ⅱ
	深圳	石岩水库开发利用区	石岩水库	Ⅲ	Ⅴ	劣Ⅴ	劣Ⅴ	Ⅴ
		梅林水库开发利用区	梅林水库	Ⅱ	Ⅱ	Ⅲ	Ⅱ	Ⅱ
		铁岗水库开发利用区	铁岗水库	Ⅱ	Ⅴ	Ⅴ	Ⅴ	Ⅳ
		西沥水库开发利用区	西沥水库	Ⅱ	Ⅴ	Ⅴ	Ⅴ	Ⅳ

注　资料来源于广东省水利厅水环境监测中心。

表2-9　　　　　　　　　　　广东省河流水功能区水资源质量评价表

水系	河流	水功能区（一级）	代表断面	水质目标	水质现状			
					2008第2季度	2008第3季度	2008第4季度	2009第1季度
东江	东江	东江干流龙川保留区	枫树坝下	Ⅱ	Ⅱ	Ⅳ	Ⅳ	Ⅱ
		东江干流佗城保护区	龙川①	Ⅱ	Ⅰ	Ⅱ	Ⅱ	Ⅱ
		东江东深供水水源地保护区	桥头	Ⅱ	Ⅲ	Ⅲ	Ⅲ	Ⅲ
		东江干流博罗—惠阳保留区	岭下①	Ⅱ	Ⅱ	Ⅱ	Ⅱ	Ⅱ
		东江干流河源保留区	河源	Ⅱ	Ⅱ	Ⅱ	Ⅱ	Ⅱ
		东江干流河源开发利用区		Ⅱ				
		东江干流博罗—潼湖缓冲区	博罗	Ⅱ	Ⅲ	Ⅲ	Ⅲ	Ⅲ
		东江干流惠阳—惠州—博罗开发利用区	汝湖水厂①	Ⅱ	Ⅲ	Ⅲ	Ⅲ	Ⅲ
珠江三角洲	东引运河	东引运河开发利用区	博下	Ⅴ	劣Ⅴ	劣Ⅴ	劣Ⅴ	劣Ⅴ
	东江北干流	东江北干流开发利用区	新塘①	Ⅲ	劣Ⅴ	Ⅴ	Ⅳ	劣Ⅴ
	东江南支流	东江南支流开发利用区	东莞水厂	Ⅲ	Ⅲ	Ⅴ	Ⅴ	Ⅳ
	麻涌水道	麻涌水道开发利用区	麻涌	Ⅳ	劣Ⅴ	Ⅴ	Ⅴ	劣Ⅴ
	东莞水道	东莞水道开发利用区	泗盛	Ⅲ	劣Ⅴ	Ⅳ	劣Ⅴ	劣Ⅴ

续表

水系	河流	水功能区（一级）	代表断面	水质目标	水质现状			
					2008第 2 季度	2008第 3 季度	2008第 4 季度	2009第 1 季度
珠江三角洲	倒运海	倒运海水道开发利用区	漳澎	Ⅳ	劣Ⅴ	Ⅴ	Ⅴ	劣Ⅴ
	后航道	后航道广州开发利用区	白鹤洞	Ⅴ	劣Ⅴ	劣Ⅴ	劣Ⅴ	劣Ⅴ
	虎门水道	虎门水道开发利用区	虎门大桥	Ⅲ	Ⅳ	Ⅳ	Ⅳ	Ⅲ
	前航道	前航道广州开发利用区	海珠桥①	Ⅴ	劣Ⅴ	劣Ⅴ	劣Ⅴ	劣Ⅴ
	莲花山水道	莲花山水道开发利用区	莲花山	Ⅲ	劣Ⅴ	Ⅴ	Ⅳ	Ⅲ
	蕉门水道	蕉门水道番禺开发利用区	亭角大桥①	Ⅲ	Ⅴ	Ⅲ	Ⅲ	Ⅳ
		蕉门水道河口缓冲区	南沙	Ⅲ	Ⅳ	Ⅳ	Ⅳ	Ⅳ
	陈村水道	陈村水道开发利用区	三善左	Ⅲ	Ⅲ	Ⅲ	Ⅲ	Ⅳ
	官洲河	官洲河开发利用区	三围	Ⅳ	Ⅱ	Ⅲ	Ⅲ	Ⅲ
	沙湾水道	沙湾水道开发利用区	沙湾①	Ⅲ	劣Ⅴ	劣Ⅴ	Ⅲ	Ⅳ
	西航道	西航道广州开发利用区	西村	Ⅱ	劣Ⅴ	劣Ⅴ	劣Ⅴ	劣Ⅴ
	白坭河	白坭河广州开发利用区	珠江水泥厂	Ⅲ	劣Ⅴ	Ⅴ	劣Ⅴ	劣Ⅴ

注　资料来源于广东省水利厅水环境监测中心。

①　2008 年代表断面，2009 年略有区别。

在受水城市 17 个河流水功能区中只有官洲河在评价期内达标，有 10 个水功能区在评价期内一直超标，另有 6 个河流水功能区在评价期内只有部分时段达标。68 个指标中无Ⅰ类指标，只有 1 个Ⅱ类指标，12 个Ⅲ类指标，Ⅱ类～Ⅲ类占总指标的 19.12%，Ⅴ类水有 10 个，劣Ⅴ类的有 31 个，Ⅴ类～劣Ⅴ类占总指标的 60.29%。而同期，东江惠州以上河段水质明显优于珠江三角洲地区的水质。

2.6.4　水质分析

从受水地区来看，《广东省水资源质量状况通报》（以下简称《通报》）的水质监测结果与受水城市水资源公报中的结果相似：即水库的水质优于河流水系的水质，水库水质一般能达到Ⅲ类水标准，河流水系的水质一般在Ⅳ类～劣Ⅴ类之间。

从水源地来看，根据河源市环境监测站数据，新丰江、枫树坝水库均为Ⅰ类水（表2-6、表 2-7），但根据《通报》（表 2-8）新丰江水库为Ⅱ类（达标），枫树坝水库为劣Ⅴ类。出现这样的差别主要原因有以下几个方面。

（1）取样地点不一样，监测站是在两库大坝上游 1500m 处采样，《通报》中枫树坝水库采样点位于库尾，受江西境内污染影响，水质较差，至河源境内逐渐好转，新丰江水库采样点位于大坝上游 100m 处。

（2）两者均采用单因子评价，但评价方法不一样，监测站在大坝上游左、中、右三点取样，水质代表值取三者的平均值，《通报》在饮用水源区以最差断面的水质数据作为水质代表值。

无论是哪种监测方法，新丰江水库水质均为达标，但枫树坝水质相差较大，根据《通报》，枫树坝水库保留区为劣Ⅴ类，没有达到Ⅱ类目标水质。由于《通报》中只给出了超标项目（总氮、总磷、铅），没有具体数值，无法深入分析，但应引起有关部门重视，同时也说明水源地水质保护的紧迫性。

综上分析，随着人口的增长和水质恶化，受水城市的用水将日趋严峻。近年来，珠三角城市在治污方面投入的力度很大。尽管如此，根据西方发达国家的经验，治污是一项艰巨的任务，需要长期不懈的努力方能见效，绝非一蹴而就。因此，不能依赖治污来解决现有水厂水源的水质污染问题，而新丰江水库直饮水工程能解决珠三角城市水质性缺水问题，并可作为受水城市的备用水源，保证供水安全。同时，也有利于加强河源市资源环境的保护力度，促进上下游的和谐发展。

第3章 直饮水需求规模分析

直饮水作为一种新的供水模式能否被广大居民所接受，是关系到新丰江水库直饮水项目成败的一项基础工作。同时，消费者需要支付一定的直饮水管网初装费和相对较低的水费才能享受到直饮水。因此，为了保证工程的顺利实施，论证委托了国际著名的尼尔森市场调研公司进行受水城市居民消费意向调查，希望通过调查了解受水城市居民对家庭饮用水的行为习惯，掌握客户对新丰江水库直饮水的消费意向和价格承受能力。

为达到上述的研究目的，尼尔森公司采用定性研究和定量研究相结合的研究方式进行，通过入户访问调查，根据调查结果进行分析。调查对象主要包括18~59岁的当地居民（含常住人口）和家庭饮用水的决策者，共完成有效样本1157个。样本分布情况见表3-1。

表3-1 市场调查样本分布情况表

城市	深圳	东莞	广州	合计
样本量	418	318	421	1157

3.1 新丰江水库直饮水及其他生活用水

目前城市居民家庭存在多种饮水方式。总体而言，目前受水城市的家庭饮用水仍以自来水为主，接近8成的受访者在住所中饮用的是自来水。其次是桶装饮用水，饮用比例达到了45%。其他的饮水方式还有家用滤水器、自动投币式净水机和管道直饮水。管道直饮水在三个城市的饮用比例均不高，在1%~3%之间。

3.1.1 自来水

根据对3个受水城市调查，总体而言，目前受水城市的家庭饮用水仍以自来水为主，接近八成的居民在住所中饮用的是自来水。

深圳的自来水饮用比例在3个城市中最高，90%的深圳居民在住所会饮用自来水，而东莞的自来水饮用比例则是3个城市中最低的，仅为56%。广州的每月自来水平均用量明显高于深圳和东莞，东莞的每月自来水平均用量是3个受水城市中最低的。而在每月自来水平均花费方面，深圳的平均花费最高，东莞最低。

总体上，受水城市自来水每月用量平均为15.25m³，每月花费为40.08元，自来水的用量及花费随着住所居住人数的增加而增长，3个受水城市自来水用量及花费见表3-2。

表 3-2　　　　　　　　　　　　　受水城市家庭自来水用量及花费

项　目		总体	城　市			住所居住人数		
			广州	深圳	东莞	1 人	2～3 人	4 人或以上
基数：所有受访者/人		1157	421	418	318	61	619	477
自来水每月用量占比/%	1～10/t	42	21	52	58	95	53	22
	11～20/t	39	45	37	34	5	36	47
	21～30/t	13	24	6	6	0	8	20
	31～40/t	4	8	3	1	0	2	7
	41～50/t	1	2	1	*	0	*	3
	50/t 以上	1	1	1	0	0	0	1
平均值		15.25	19.66	13.5	11.69	5.3	12.66	19.88
自来水每月花费占比/%	1～20/t	27	18	18	50	85	34	9
	21～40/t	39	47	34	36	10	43	38
	41～60/t	22	25	27	13	5	17	31
	61～80/t	7	7	10	1	0	4	10
	81～100/t	3	3	5	1	0	1	6
	100/t 以上	2	*	6	0	0	*	5
平均值		40.08	39.73	51.22	25.9	16.03	31.77	53.94

* 表示小于 0.5%。

3.1.2 桶装水

根据对三个受水城市调查，总体而言，桶装水目前的饮用比例达到了 45%。东莞的桶装水饮用比例在 3 个城市中最高，61% 的东莞居民在住所会饮用桶装水。各城市桶装水使用比例见图 3-1。

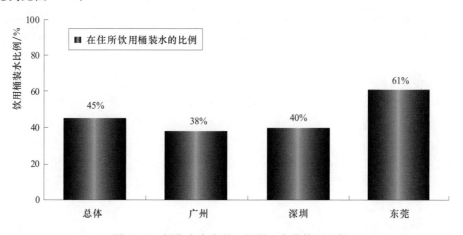

图 3-1　桶装水在广州、深圳、东莞使用比例

饮用桶装水的原因最主要是使用方便，可以直接饮用，其次是干净和健康。超过半数的居民都是将桶装水仅用于直接饮用，不会用于其他用途，而近四成的居民除直接饮用桶

装水外，还会将其用于煮饭或煲汤。水源、价格和品牌是居民选择桶装水的三大主要考虑因素，其次是购买方便。而水源则是影响居民选择通装水的最重要考虑因素。目前，桶装水的平均用量约为 69L/月，每月平均花费约为 46 元。桶装水价格一般在 15～20 元/桶，即 0.8～1.0 元/L。

3.1.3　管道直饮水

管道直饮水是现有自来水或达到生活饮用水标准的水源水经过深度处理后，再通过优质管材送至用户，成为可直接饮用的优质水。目前，在管道直饮水深度处理工艺中，常用膜处理技术，大多数以自来水为水源，目的主要是去除水中残留的有机污染物和有害物质，保留水中对人体有益的微量元素，增加水中的溶解氧，从而进一步改善水的口感。常采用的以膜处理技术为主的工艺流程为：自来水—臭氧活性炭—精密过滤—膜过滤—消毒—出水。

3.1.4　新丰江天然直饮水

新丰江水库（万绿湖）位于广东省东源县境内，在新丰江流经的最窄山口——亚婆山峡谷修筑拦河大坝蓄水形成的，距河源市区 6km，距广州、深圳均在 200km 以内，堪称是珠江三角洲的"后花园"，因处处是绿，四季皆绿而得名。她集水域壮美、水质纯美、水色秀美、水性恬美于一身，全国罕见，是全国首家通过国际环境管理体系 ISO 14001 认证的国家森林公园，也是河源新港镇省级自然保护区，被誉为地球北回归线"沙漠腰带的东三奇"之一，是广东省环境教育基地。

新丰江水库建库以来，河源市人民自始至终高度重视保护新丰江水资源，河源市提出"既要金山银山，更要绿水青山"的发展理念，并严格控制库区上游集雨区的工业开发；严格控制影响水质的农业开发项目，防止农业面源污染；严格控制库区旅游项目开发；严格落实生态建设措施，在河源市人民悉心呵护和严格保护下，河源成为全省环境质量最好的地区之一，2007 年被评为全国"生态环境保护最佳范例城市"、广东省园林城市。

广东的水质大多呈酸性，如果长期饮用酸性水质的水，那么人体的一些功能就会很快老化，真正的好水，其标准是呈弱碱性，有益健康，新丰江水库水质一直保持国家地表水 I 类标准，水库深层水经高压自然滤净，浮游物几乎为零，水温常年保持在 16℃左右，水质稳定，呈弱碱性，有利人体酸碱平衡，水分子团小，有利吸收，并富含钾、钠、钙、镁等人体必需的矿物质和微量元素。2004 年 4 月，中国食品工业协会组织专家对新丰江水库水质进行专项权威鉴定，认为：新丰江水库水质全面达到地表水环境质量 I 类标准，是水域功能最高的源头水，是难得的未受污染的清洁水源，符合饮用净水水质标准，达到直饮要求，可以直接饮用，并授予新丰江水库为全国唯一的"中国优质饮用水资源开发基地"称号，以新丰江水库为水源的农夫山泉瓶装水越来越多地获得了珠三角地区居民的青睐，其市场占有率不断提高。

目前，长距离管道输水水质的保障在国内较多工程中已有成功经验，如东深供水改造工程，东江水通过全封闭式专用输水管道，供水规模将达到 24.23 亿 t/年，历经 51.7km，输送至香港泵站，确保了供港水质沿途无污染，实现输水清、污分流；山西万家寨引黄连接段给水工程管道长 43.2km；哈尔滨磨盘山引水工程管道 134km；新疆引额济乌工程管道长 10340m。美国和欧洲国家在城市市政供水管网水质保障方面有了丰富的经验。新丰江水库直饮水至居民用水终端的水质保障措施可借鉴以上成功经验。

3.1.5 用水分析

在调查对象中有 22 户有管道直饮水，除了直接饮用以外，所有的受访者都会将管道直饮水用于煮饭或煲汤，超过半数的受访者会用管道直饮水清洗蔬菜水果；在住所饮用桶装水的受访者 524 户，55％的受访者仅会将桶装水用于直接饮用而不作其他用途，接近四成的受访者会将桶装水用于煮饭或煲汤；在住所饮用家用滤水器过滤的水的受访者 93 户，超过九成的受访者会使用家用滤水器过滤的水来煮饭或煲汤，56％的受访者会用来洗蔬菜水果。具体数据见表 3-3。

表 3-3　　　　　　　　　　　　　受水城市家庭饮用水使用情况

用水方式	样本数/个	仅作直接饮用	煮饭和煲汤	洗蔬菜水果	冲泡东西喝
管道直饮水	22	—	100％	55％	5％
桶装水	524	55％	38％	7％	—
家用滤水器	93	8％	91％	56％	—

总体而言，居民饮用管道直饮水的原因最主要是管道直饮水使用方便，首先是可以直接饮用，其次是不需要换水。干净和健康也是居民选择管道直饮水的主要原因之一。水源和水质是居民选择管道直饮水的主要考虑因素，其次是水费，再次是安装方便。平均而言，管道直饮水的用量约为 86L/月，每月平均花费约为 26 元。管道直饮水的价格一般为 0.3 元/L。

各类居民生活用水比较见表 3-4。

表 3-4　　　　　　　　　　　　　各类居民生活用水比较

用水项目	自来水	桶装水	管道直饮水	新丰江水库直饮水
水源水质	珠三角河道水质大多在Ⅲ类～Ⅴ类	自来水或天然水源	自来水	天然、纯净、Ⅰ类水质、弱碱性
终端水质	存在无机污染物、硝酸盐、重金属离子等溶解性杂质。	易受二次污染、菌落易超标、桶的重复使用。	水质好，但由于原水水质问题，处理工艺复杂，成本偏高	采用循环回水系统，选用食品级管材保证水质，由于原水水质好，处理工艺简单
价格	极便宜，3 元/m³	昂贵，800～1000 元/m³	中等，300 元/m³	便宜，50 元/m³
消费习惯	习惯，对水质存在疑虑	习惯，对水质存在疑虑	需宣传普及	新生事物，需宣传普及，容易被接受
使用方便程度	容易	需定水、等送水，安装，使用不方便	容易	容易

3.2 直饮水水价及受水城市居民消费意向调查

3.2.1 开通新丰江水库直饮水意向调查

超过四成的受访者表示未来一年有在住所开通新丰江水库直饮水的意向，接近三成的受访者表示不确定，三成左右的受访者在住所开通新丰江水库直饮水的意向较低。见图 3-2。

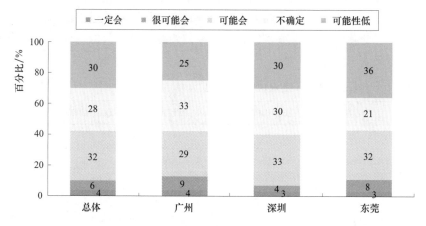

图 3-2 开通新丰江管道直饮水可能性比例调查

不同城市的受访者对新丰江水库直饮水的安装意向没有明显差异。不开通新丰江水库直饮水的主要障碍见表 3-5。

表 3-5　　　　　　　不开通新丰江水库直饮水的主要因素（样本 N=343）　　　　　　%

项目	住所不稳定	没有必要	担心初装费高	水质
最重要的因素	30	14	8	14
主要因素	39	29	29	28
项目	水价	不了解万绿湖	不知道住所能不能开通	铺设管道麻烦
最重要的因素	9	8	7	3
主要因素	28	27	20	17

住所不稳定是受访者开通新丰江直饮水的最主要障碍因素。排除因住所带来的障碍原因后，可提高约 3% 的安装可能性。

3 个城市的居民开通的意向差别不大，均有超过四成的居民表示在未来一年内在住所安装新丰江水库直饮水的意向。新丰江水库直饮水开通意向高的人群主要以家庭月收入较高，自购住房，特别是自购小区楼盘的人群为主。认为没有必要开通直饮水、因为其他类型的水已经可以满足饮用的需求、直饮水的卫生问题及费用、不了解新丰江水库等因素都会影响到受访者对新丰江水库直饮水的开通意向。

3.2.2 初装费及水价影响

受访者对于城市进行直饮水管道铺设的态度较为正面，63% 的受访者表示安装直饮水管道对他们考虑安装直饮水完全没有影响，另有 26% 的受访者表示虽然有影响，但仍然会考虑安装。具体数据见表3-6。

表3-6　　　　　　　　　　　受水城市居民对管道直饮水的态度

城市	样本数/个	完全没有影响/%	有影响/%	
			但仍会考虑安装	不会再考虑安装
深圳	418	56	31	13
东莞	318	64	26	11
广州	421	70	22	8
总体	1157	63	26	11

1. 深圳

在所有有开通意向或担心费用不考虑安装的受访者中约有74%的深圳受访者认为1000元的直饮水初装费太贵而不考虑安装。见表3-7。

表3-7　　　　　　深圳市民觉得初装费贵而不考虑的比例（$N=334$）

初装费/元	1000	1500	2000	2500	3000
叠加百分比/%	74	87	96	99	100

超过60%的深圳受访者认为400元的初装费便宜而开始考虑安装直饮水，见图3-3。

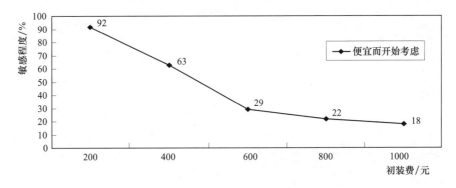

图3-3　深圳市民对新丰江直饮水初装费敏感程度

在深圳，人民币0.1~0.2元/L是可参考的水费定价范围，见图3-4。

2. 东莞

在所有有开通意向或担心费用不考虑安装的受访者中约有70%的东莞受访者认为1000元的直饮水初装费太贵而不考虑安装，见表3-8。

表3-8　　　　　　东莞市民觉得初装费贵而不考虑的比例（$N=246$）

初装费/元	1000	1500	2000	2500	3000
叠加百分比/%	69	84	94	96	100

56%的东莞受访者认为400元的初装费便宜而开始考虑安装直饮水，见图3-5。

在东莞，人民币0.05~0.1元/L是可参考的水费定价范围，见图3-6。

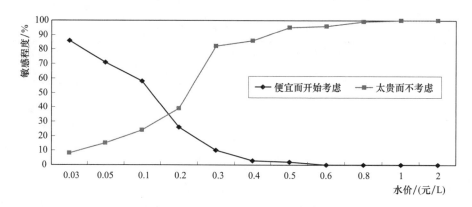

图 3-4　深圳市民对新丰江直饮水水价敏感程度

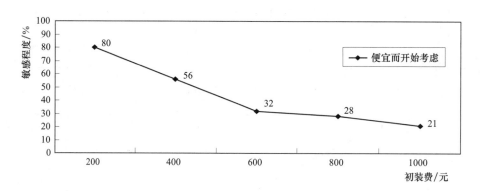

图 3-5　东莞市民对新丰江直饮水初装费敏感程度

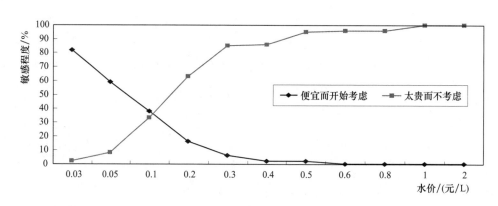

图 3-6　东莞市民对新丰江直饮水水价敏感程度

3. 广州

在所有有开通意向或担心费用不考虑安装的受访者中约有 80% 的广州受访者认为 1000 元的直饮水初装费太贵而不考虑安装，见表 3-9。

表 3-9 广州市民觉得初装费贵而不考虑的比例 （N＝355）

初装费/元	1000	1500	2000	2500	3000
叠加百分比/%	81	88	97	98	100

超过四成的广州受访者认为 400 元的初装费便宜而开始考虑安装直饮水，见图 3-7。

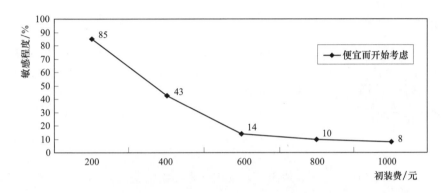

图 3-7 广州市民对新丰江直饮水初装费敏感程度

在广州，人民币 0.1～0.2 元/L 是可参考的水费定价范围。见图 3-8。

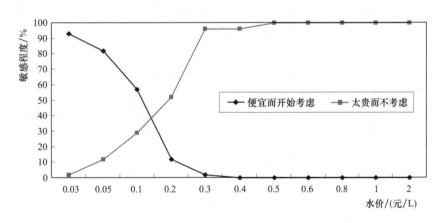

图 3-8 广州市民对新丰江直饮水水价敏感程度

4. 建议水价

根据调查，居民选择饮用管道直饮水的原因最主要是管道直饮水使用方便，可以直接饮用，其次是不需要换水。干净和健康也是受访者选择管道直饮水的主要原因之一。安装使用管道直饮水的主要考虑因素有两大方面：一是水质和水源，二是费用（包括初装费和水费）。在目前的概念下，3 个城市认为 1000 元的初装费太贵而不考虑安装的居民比例分别为：广州 81%；深圳 74%；东莞 69%。受水城市认为水价贵而不考虑安装的比例见表 3-10。

表 3-10　　　　　受水城市居民对直饮水水价由于水价贵而不接受程度　　　　　%

水价	总体	广州	深圳	东莞	水价	总体	广州	深圳	东莞
0.03 元/L	4	2	8	2	0.1 元/L	28	29	24	33
0.05 元/L	12	12	15	8	0.2 元/L	50	52	39	63

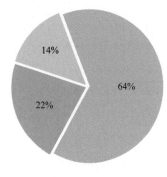

会　　不确定　　不会

图 3-9　增加使用的可能性

从表中可见，受水城市大多数居民愿意接受 0.03～0.05 元/L（88%），建议直饮水初始水价为 0.05 元/L。

5. 水价敏感分析

如果水费比受访者因为太贵而不考虑使用的价格（表 3-10）要便宜，约 60% 的受访者表示会增加使用新丰江直饮水，见图 3-9。

接近九成（88%）的受访者会将新丰江直饮水用于煮饭或煲汤，接近四成（39%）的受访者会将其用于清洗蔬菜水果。另有 9% 的受访者表示不会将新丰江直饮水用于其他用途，仅用于直接饮用。

3.3　直饮水需求规模分析

珠三角地区无论城镇人口还是农村人口，均由城镇供水系统供水。因此，采用城市总人口（含城镇与农村人口）作为用水人口，在尼尔森市场调研公司关于受水城市居民家庭饮水习惯、对新丰江水库直饮水工程接受程度的调研基础上，结合城市人口预测进行新丰江水库直饮水需水总量的分析论证工作，为直饮水供水规模的确定提供合理的水资源需求信息，为科学决策提供定量依据。

直饮水主要是指生活饮用水，直饮水根据不同的经济条件和生活需要可用于饮用、煲汤、厨房、洗漱等方面用水，对用水要求高的居民甚至用于沐浴等方面，直饮水需水量同人口数量密切相关，因此受水城市需水量采用人均需水量法。具体内容为：用不同的方法预测受水城市在各规划水平年的常住人口数，根据人均定额，综合考虑人民生活水平，确定受水城市的直饮水需水量。

3.3.1　受水城市人口预测

珠三角城市流动人口占总人口比较大，因此，本项目的需水预测以常住人口为统计口径，以常住人口数为用水人数，受水城市近年来的常住人口数见表 3-11。

表 3-11　　　　　　　　　受水城市常住人口统计　　　　　　　　　单位：万人

年份	深圳	东莞	广州	年份	深圳	东莞	广州
2005	827.75	656.07	949.68	2007	861.55	694.72	1004.58
2006	846.43	674.88	975.46				

1. 平均自然增长率法

当人口增长率基本固定不变时，可用复利公式 $P_n = P_0(1+k)^n$ 或指数增长公式 $P_n = P_0 e^{kn}$，直接从基期人口数 P_0 按固定的年增长率 k 推算 n 年后的人口数 P_n，式中 e 为自然对数的底。当预计人口增长率有变化时，可以每隔一段时间调整一次 k 的数值。

随着户籍管理制度改革的逐渐深入，珠三角地区户籍准入门槛逐渐降低，暂住人口转为定居人口的比例将逐渐提高。因此，直接以人口增长率预测各规划水平年的用水人口，从表 3-11 可见广州、深圳、东莞三地的年均人口增长率分别为 2.85%、2.02%、2.90%。据专家预计，中国人口数将在 2030 年左右达到峰值，因此，取 2015 年后三地的人口增长率为近 3 年的一半，即为 1.43%、1.01%、1.45%；2020 年后三地的人口增长率调整为 2015 年的一半，即为 0.72%、0.56%、0.73%。则受水城市在各规划水平年的人口预测见表 3-12。

表 3-12   受水城市常住人口预测   单位：万人

年份	深圳	东莞	广州	年份	深圳	东莞	广州
2007	861.55	694.72	1004.58	2020	1063.13	938.41	1350.36
2012	952.15	801.47	1156.13	2030	1124.19	1009.21	1450.80

2. 阻滞增长模型（Logistic 生物模型）

根据人口增长规律，当总人口增长到一定数量后，资源、环境等因素对人口增长将起阻滞作用，且阻滞作用随人口数量增加而变大，即人口增长速度 r 是人口 x 的减函数：$r(x) = r_0 - st(s, t > 0)$。设最大人口容量为 x_m，得当人口达到 x_m 时人口增长速度满足：$r(x_m) = 0$，所以人口增长速度函数可写为：$r(x) = r_0(1 - x/x_m)$。因此，单位时期的人口增长可以用以下微分方程描述：$\dfrac{dt}{dt} r_0 = x(1 - x/x_m)$，这一方程即为著名的阻滞增长模型。

方程的解为：$X(t) = \dfrac{x_m}{1 + (x_m/x_0 - 1)e^{-r_0 t}}$，其中 x_0 表示期初的人口。根据 Logistic 生物模型，预测受水城市在各水平年的用水人口数见表 3-13。

表 3-13   受水城市阻滞增长模型人口预测结果表   单位：万人

项 目		深 圳	东 莞	广 州
模型参数	最大人口容量	1400	1200	1500
	固定增长率	0.054	0.064	0.081
水平年	2012	947.81	785.27	1128.64
	2020	1068.92	911.50	1279.74
	2030	1185.94	1028.37	1393.32

表中模型参数经 2005 年、2006 年、2007 年数据验证平均绝对误差最大的仅为 0.16%，可见，各城市的模型参数选取是合理的。深圳、东莞、广州三市在 2030 年的常住人口分别为 1185.94 万人、1028.37 万人、1393.32 万人。

3. 人口预测的合理性分析

根据人口数直接预测法预测受水城市在各规划水平年的人口数见表 3－12，根据 Logistic 生物模型预测的结果见表 3－13，两种方法预测人口的结果相近，增长趋势相同，因此，本次研究以两种方法的均值作为预测人口数，见表 3－14。

表 3－14　　　　　　　　　　　受水城市人口预测结果表　　　　　　　　　单位：万人

项目	2012 年	2020 年	2030 年	项目	2012 年	2020 年	2030 年
深圳	949.98	1066.03	1155.07	广州	1142.39	1315.05	1422.06
东莞	793.37	924.96	1018.79	合计	2885.74	3306.04	3595.92

珠三角城市外来人口所占比例较大，受水地区的人口预测难度较大。由于种种原因，目前的统计数据并不一定能完全代表各受水城市的常住人口：如 2007 年东莞市统计常住人口为 694.72 万人，但越来越多的数据表明，东莞地区真实人口数据远高于这个数字，在 2007 年北京两会上，东莞市长刘志庚公布最新东莞常住人口近 1400 万人，目前东莞市正努力通过旧厂、旧村的改造和产业的"腾笼换鸟"，随着经济转型，实现东莞人口数量的逐步减少和优化，因此虽然在现状年关于东莞常住人口的数据各方数据出入较大，但随着城市经济的转型，人口的增长将趋于稳定。深圳常住人口的增长已经逐步进入相对平缓增长期，全市常住人口的增长率已经由 2005 年的 3.3％下降到 2007 年的 1.8％，非户籍人口更是首次出现负增长，2007 年的增长率为－0.07％，这种增长规律与阻滞增长模型的趋势是相吻合的。以两种方法的均值作为预测人口数是合理的。

3.3.2　需水预测

根据人均需水量法预测城市居民生活用水，其预测模型为：

$$Q = K \times P \times 365 \times 10^{-3}$$

式中　Q——预测年生活用水量，万 m^3；

　　　K——预测年人均用水定额，L/(人·d)；

　　　P——预测年用水人口数，万人。

《城市居民生活用水量标准》（GB/T 50331—2002）规定广东省城市居民生活用水量标准为 150～220L/(人·d)，取中间值 180L/(人·d) 作为受水地区居民生活用水水平，根据市场调查，目前受水城市约有 45％的居民接受万绿湖直饮水。

在《城市居民生活用水量标准》（GB/T 50331—2002）标准制定过程中，调查工作组将全国划分为六个区，采集了 108 个城市的 1998 年、1999 年、2000 年三个整年度的居民用水数据。对一些住宅小区和不同用水设施的居民用户按 A、B、C 三类用水情况进行了典型调查。对六个区的调查数据经过加工整理后数据汇总情况见表 3－15。表中调查的 A、B、C 三类用水户其定义为：A 类系指室内有取水龙头，无卫生间等设施的居民用户；B 类系指室内有上下水卫生设施的普通单元式住宅居民用户；C 类系指室内有上下水洗浴等设施齐全的高档住宅用户。

表 3-15　　　　　　　　　居民生活用水人均日用水量区域分类统计表　　　　单位：L/(人·d)

分区	三年均值	2000 年均值	A 类均值	B 类均值	C 类均值	总均值
一区	110	107	46	104	155	101
二区	113	114	66	98	187	117
三区	157	154	122	152	249	174
四区	259	260	151	227	240	206
五区	122	126	67	112	135	105
六区	96	106	101	158	212	146
平均值	143	145	92	142	196	142

注　广东省属四区。

1. 2012 年直饮水定额

为进一步掌握居民不同用水设施、居住条件的用水情况，编制组组织了有关人员对一些用水器具、洗浴频率、用水内容进行了跟踪写实调查，在此基础上进行了用水量推算，以此对统计调查的数据作进一步的印证分析。调查情况见表 3-16。

表 3-16　　　　　　　　　居民家庭生活人均日用水量调查统计表　　　　单位：L/(人·d)

分类	拘谨型		节约型		一般型	
	用水量	占比/%	用水量	占比/%	用水量	占比/%
冲厕	30	34.8	35	32.1	40	29.1
淋浴	21.8	25.3	32.4	29.7	39.6	28.8
洗衣	7.23	8.4	8.55	7.8	9.32	6.8
厨用	21.38	24.8	25.00	23.0	29.60	21.5
饮用	1.8	2.1	2.0	1.8	3.0	2.2
浇花	2	2.3	3	2.8	8	5.8
卫生	2	2.3	3	2.8	8	5.8
其他						
合计	86.21	100	108.95	100	137.52	100
平均/[m³/(户·月)]	7.86		9.94		12.54	

表 3-16 中所反映的数据是按照居民用水设施的必要的生活用水事项计算确定的，不包含实际使用过程当中的用水损耗、走亲访友在家庭内活动的用水增加等一些复杂情况的必要水量。因此，表中的水量值是一个不同生活水平的人员必不可少的水量消耗，所以调查值相对较低。拘谨型、节约型、一般型的饮用水分别为 1.8L/(人·d)、2.0L/(人·d)、3.1L/(人·d)。

《城市居民生活用水量标准》(GB/T 50331—2002) 规定广东省城市居民生活用水量标准为 150～220L/(人·d)，下限值比表 3-16 中一般型人均日用水量 137.52L/(人·d)高。表 3-16 所反映的是全国用水情况，根据表 3-15 广东省所在四区是全国用水定额最高的地区，饮用水量应相应提高，参考部分国家及地区生活用水结构，见表 3-17。

表 3 - 17 部分国家和地区生活用水结构表

国家或地区	饮用食用	厨房洗涤	沐浴洗漱	洗衣	冲洗厕所	其他	用水量 /L/(人·d)
美国	5%	6%	30%	15%	40%	4%	227
日本	18%		20%	24%	38%		250
北京	32.0%		26.7%	12.0%	29.3%		150
河北	2.2%	18.2%	27.2%	12.7%	32.0%	7.7%	138
澳门	5%	6%	35%	14%	40%		180

美国、河北、澳门的饮用食用水量分别为 11.35L/(人·d)、3.04L/(人·d)、9L/(人·d)。受水城市与澳门地理位置相近,生活饮食习惯相同,因此,取直饮水定额为 9L/(人·d)。

2. 2020 年直饮水定额

根据尼尔森公司的调查,接近九成(88%)的受访者会将新丰江直饮水用于煮饭或煲汤,表 3 - 18 中拘谨型、节约型、一般型的饮用水与厨房用水分别为 23.2L/(人·d)、27.0L/(人·d)、32.6L/(人·d);表 3 - 17 中各国家(或地区)饮用水和厨房用水占人均用水量的 11%~32%,饮用食用及厨房用水定额在 19.8~48L/(人·d)之间,平均为 33.18L/(人·d),考虑珠三角地区居民有煲汤的生活习惯,在 2020 年直饮水定额取为 40L/(人·d)。

3. 2030 年直饮水定额

根据尼尔森调研公司调查的新丰江水库直饮水水价敏感性,当水价便宜时,约有 60% 的居民会增加使用直饮水。随着人们生活水平的提高及对直饮水的熟悉了解,将有更多居民愿意接受使用直饮水管网,并将直饮水用于生活中更多方面。如考虑将与人体皮肤直接接触的淋浴用水也纳入直饮水用水范畴:表 3 - 16 中拘谨型、节约型、一般型的用水(含饮用食用、厨房洗涤及沐浴洗漱)分别为 44.98L/(人·d)、59.4L/(人·d)、72.2L/(人·d),广东省用水定额约为节约型用水定额[108.95L/(人·d)]的 2 倍,用水将达到 120L/(人·d)左右;表 3 - 17 中各国家(或地区)用水在 65.69~95.0L/(人·d)之间,河北由于地处北方且经济相对欠发达,用水最低仅为 65.69L/(人·d),美国、日本、北京、澳门的用水分别为 93.07L/(人·d)、95.0L/(人·d)、88.05L/(人·d)、82.8L/(人·d),平均为 89.73L/(人·d)。尽管受水城市地处南方亚热带,且经济发达,但考虑到并不是所有用户都会将直饮水用于淋浴洗漱,因此,取直饮水定额为 65L/(人·d)。

4. 使用比例

根据尼尔森公司调查目前珠三角地区约有 45% 的居民接受新丰江水库直饮水,考虑直饮水工程是新鲜事物,在近期规划 2012 年取相对较低的直饮水用水定额,为 9L/(人·d),其他用水为标准自来水;在中远期规划年,根据尼尔森公司的调研,另有 30% 的潜在用户,随着首先使用直饮水的示范作用,新丰江水库直饮水被更多的居民接受,预计至中期规划年使用人数将有较快的增长,至远期规划年增长相对放缓,因此在中远期安装使用比例分别取为 70%、80%,届时随着生活水平的提高,直饮水的使用范围将更广,人们也将越来越依赖于使用直饮水，新丰江水库直饮水的使用范围将更加广泛。因此，取相对较高的直饮水用水定额，分别为40L/（人·d）、65L/（人·d）。在各水平年居民使用直饮水比例及直饮水定额见表3-18。

表3-18 受水城市直饮水使用比例及定额

年份	使用比例/%	使用定额/[L/（人·d）]
2012	45	9
2020	70	40
2030	80	65

新丰江水库直饮水工程预计分两期实施：一期工程从2012年起供水给东莞、深圳，二期工程在2020年增加供水给广州。由于广州与河源市拟签订的框架协议为1.0亿 m^3 的水量，因此，在各规划水平年广州的直饮水量取为1.0亿 m^3 ，相当于在2030年广州的新丰江直饮水使用比例为32%。

根据表3-18计算各受水城市对直饮水的需求，受水城市在规划水平年的需水量见表3-19。

表3-19 直饮水需水预测计算表

行政区划	水平年	用水人口/万人	生活总用水/万 m^3	直饮水需水量/万 m^3	考虑管网漏失/万 m^3	修正量/万 m^3
深圳	2012	949.98	62413.69	1404.31	1526.42	1526.42
	2020	1066.03	70038.17	10894.83	11842.21	11842.21
	2030	1155.07	75888.10	21923.23	23829.60	23829.60
东莞	2012	793.37	52124.41	1172.80	1274.78	1274.78
	2020	924.96	60769.87	9453.09	10275.10	10275.10
	2030	1018.79	66934.50	19336.63	21018.08	21018.08
广州	2012	—	—	—	—	—
	2020	1315.05	86398.79	13439.81	14608.49	10000.00
	2030	1422.06	93429.34	26990.7	29337.72	10000.00
合计	2012	1743.35	114538.10	2577.11	2801.20	2801.20
	2020	3306.04	217206.83	33787.73	36725.80	32117.31
	2030	3595.92	236251.94	68250.56	74185.40	54847.68

注 新建工程的管网损失率较低，以8%的损失率计。

根据计算，广州市在2030年直饮水需要2.70亿 m^3 ，深圳、东莞、广州三市直饮水毛需水量为7.42亿 m^3 。考虑到官网漏失和广州市只需要1亿 m^3 直饮水，在2012年受水城市（深圳、东莞）直饮水的毛需求规模为0.28亿 m^3 ；在2020年、2030年（深圳、东莞、广州）直饮水的毛需求规模分别为3.21亿 m^3 、5.48亿 m^3 。

第4章 东江来水量分析

4.1 东江三大水库径流系列分析

为了使水文站历年的径流量能基本上代表当年天然产流量，按照《水文水电工程水文计算规范》（SL 278—2002），需要将测站以上受地表水开发利用活动影响较大而增减的水量进行还原计算。对于开发利用活动较小的可以不做还原，直接采用径流形成条件基本一致的实测系列。新丰江水库上游处于山区，人类活动干扰影响较小，所以径流系列代表天然径流系列。

资料系列的代表性、可靠性和一致检查与分析是确保供需平衡分析质量非常重要的一个环节。"三性"分析根据《水利水电工程水文计算规范》（SL 278—2002）、《水利工程水利计算规范》（SL 104—2015）、《水文调查规范》（SL 196—97）和《全国水资源综合规划技术细则》的技术要求与方法进行检查与分析。

本节重点对新丰江、枫树坝与白盆珠水库的来水资料进行分析。

4.1.1 新丰江水库径流

1. 入库流量资料的"三性"分析

（1）代表性分析。选择新丰江水库入库流量资料（1955 年 4 月至 2008 年 3 月）来分析入库资料的代表性。

1）统计参数的稳定性分析。从新丰江水库入库流量逆时序逐年累计平均过程线与 C_v 逆时序逐年累计平均过程线上可以看出入库流量均值和 C_v 值逆时序逐年累计平均过程随年序变化，其变幅越来越小，约 47 年基本趋于稳定。统计参数变化见图 4-1～图 4-3。

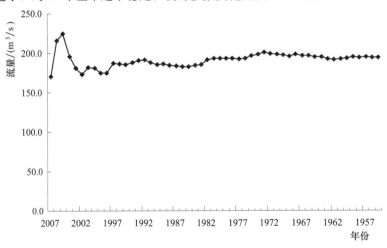

图 4-1 新丰江水库入库流量逆时序逐年累计平均过程线

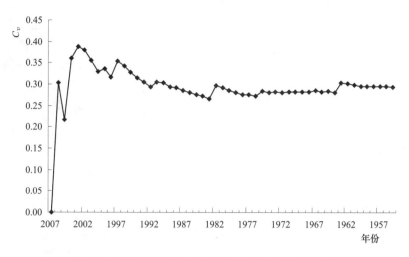

图 4-2 新丰江水库 C_v 逆时序逐年累计平均过程线

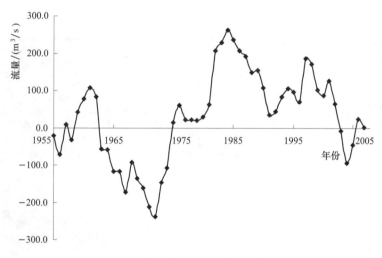

图 4-3 新丰江水库入库流量差积曲线

2) 连续丰水与枯水年分析。对降水系列进行连续丰水与枯水年分析见表 4-1 和表 4-2。53 年入库流量系列中丰水（或偏丰）年份出现 19 年，出现频率 35.85%；平水年出现 16 年，出现频率为 30.19%；枯水（或偏枯）年份出现 18 次，出现频率 33.96%。连续丰水年（或偏丰水年）出现 5 次，持续年数 2～4 年；连续枯水年出现 3 次，持续年数也为 2～4 年。可以看出新丰江水库连续枯水年出现的次数与连续丰水年出现的次数相当，持续时间都在 2～4 年，最长连续枯水时间为 4 年。

表 4-1　　　　　　　　　　　　　新丰江水库丰枯水年情况

N	系列	丰水、偏丰		平水年		枯水、偏枯水年	
		年数	频次/%	年数	频次/%	年数	频次/%
53	1955—2008 年	19	35.85	16	30.19	18	33.96

表 4-2　　　　　　　　　　　　新丰江水库连续丰枯水年情况

N	系列	连续偏丰或丰水		连续偏枯或枯水	
		次数	持续年数	次数	持续年数
53	1955—2008 年	5	2～4	3	2～4

（2）可靠性分析。本次论证收集的资料均来自新丰江水库管理部门提供的经整编以后的水文资料。资料来源是可靠的。

（3）一致性分析。对新丰江水库 53 年入库流量系列一致性分析，主要目的是分析坝址以上控制集雨面积下垫面条件变化对入库径流的影响，判别是否满足一致性条件。如果不满足一致性条件，则需要对入库径流量进行修正。

点绘流域年平均降雨与径流关系，分析在同量级降水条件下不同时期的点据是否明显偏离，如果有，则表明下垫面变化对径流影响较大，为反映现况下垫面条件，应对前期天然径流系列进行一致性修正；如果没有，则说明上游下垫面变化情况较小且对径流的影响也较小。新丰江水库降水量—年径流量深关系图见图 4-4。

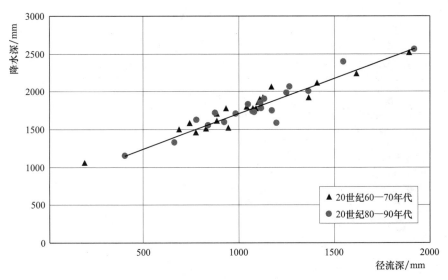

图 4-4　新丰江水库降水量—年径流量深相关图

从图 4-4 中可以看出，新丰江水库 20 世纪 80 年代前后降雨—径流深点据没有发生明显偏离，也就是说在同量级降水条件下，年径流量没有发生明显衰减，径流量满足一致性条件，不需要对前期径流量进行修正。

2. 入库流量资料的频率分析

针对 1955 年 4 月至 2008 年 3 月 53 年水文系列进行频率分析，频率分析采用 P—Ⅲ曲线来分析。根据新丰江水库径流资料进行频率统计分析，经 P—Ⅲ线型适线后，求得新丰江各种频率下的入库流量。新丰江多年平均年入库流量为 194.94m³/s，50%、75%、95%、99%频率下的年入库流量为 186.16m³/s、147.60m³/s、117.58m³/s、101.80m³/s、76.33m³/s，见表 4-3。

表 4-3   新丰江水库入库流量频率计算成果

均值	C_v	C_s/C_v	不同频率年平均年来水量/(m³/s)				
			50%	75%	90%	95%	99%
194.94	0.33	2	186.16	147.60	117.58	101.80	76.33

4.1.2 枫树坝水库径流

1. 入库流量资料的"三性"分析

（1）代表性分析。选择枫树坝水库入库流量资料（1955 年 4 月至 2008 年 3 月）来分析入库资料的代表性。

1）统计参数的稳定性分析。从枫树坝水库入库流量逆时序逐年累计平均过程线与 C_v 逆时序逐年累计平均过程线上可以看出入库流量均值和 C_v 值逆时序逐年累计平均过程随年序变化，其变幅越来越小，约 45 年基本趋于稳定。统计参数变化见图 4-5～图 4-7。

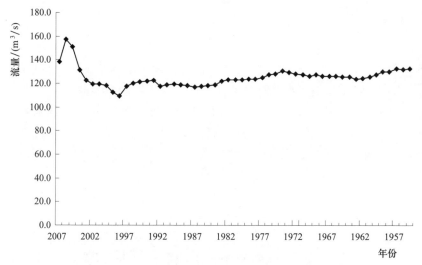

图 4-5 枫树坝水库入库流量逆时序逐年累计平均过程线

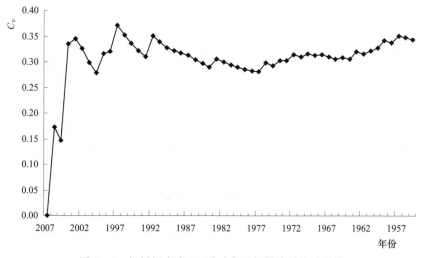

图 4-6 枫树坝水库 C_v 逆时序逐年累计平均过程线

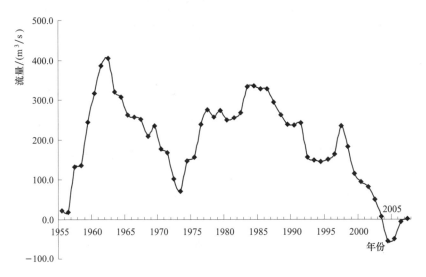

图4-7 枫树坝水库入库流量差积曲线

2）连续丰水与枯水年分析。对降水系列进行连续丰水与枯水年分析见表4-4和表4-5。53年入库流量系列中丰水（或偏丰）年份出现16年，出现频率30.19%；平水年出现20年，出现频率为37.74%；枯水（或偏枯）年份出现17次，出现频率为32.08%。连续丰水年（或偏丰水年）出现4次，持续年数2～4年；连续枯水年出现3次，持续年数也为2～3年。可以看出枫树坝水库连续枯水年出现的次数与连续丰水年出现的次数相当，持续时间都在2～4年，最长连续枯水时间为4年。

表4-4　　　　　　　　　　　　　枫树坝水库丰枯水年情况

N	系列	丰水、偏丰		平水年		枯水、偏枯水年	
		年数	频次/%	年数	频次/%	年数	频次/%
53	1955—2008年	16	30.19	20	37.74	17	32.08

表4-5　　　　　　　　　　　　枫树坝水库连续丰枯水年情况

N	系列	连续偏丰或丰水		连续偏枯或枯水	
		次数	持续年数	次数	持续年数
53	1955—2008年	4	2～4	4	2～3

（2）可靠性分析。本次论证收集的资料均来自枫树坝水库管理部门提供的经整编以后的水文资料。资料来源是可靠的。

（3）一致性分析。与前面新丰江水库一样，一致性分析主要目的是分析枫树坝坝址以上控制集雨面积下垫面条件变化对入库径流的影响，判别是否满足一致性条件。如果不满足一致性条件，则需要对入库径流量进行修正。点绘流域年平均降雨与径流关系，枫树坝水库降水量—年径流量深关系图见图4-8。

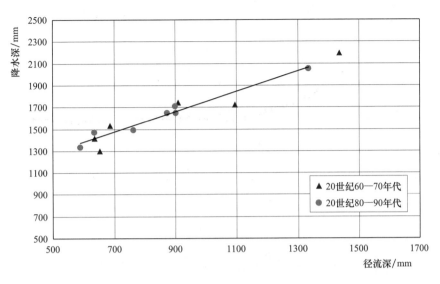

图 4-8　枫树坝水库降水量—年径流量深相关图

从图 4-8 中可以看出,枫树坝水库 20 世纪 80 年代前后降雨—径流深点据没有发生明显偏离,也就是说在同量级降水条件下,年径流量没有发生明显衰减,径流量满足一致性条件,不需要对前期径流量进行修正。

2. 入库流量资料的频率分析

针对 1955 年 4 月至 2008 年 3 月 53 年水文系列进行频率分析,频率分析采用 P—Ⅲ曲线来分析。根据枫树坝水库径流资料进行频率统计分析,经 P—Ⅲ 线型适线后,求得枫树坝各种频率下的入库流量,见表 4-6。枫树坝多年平均年入库流量为 132.67m^3/s,50%、75%、90%、95% 频率下的年入库流量为 127.29m^3/s、99.13m^3/s、77.12m^3/s、66.57m^3/s、48.80m^3/s。

表 4-6　　　　　　　　　枫树坝水库入库流量频率计算成果

均值	C_v	C_s/C_v	不同频率年平均年来水量/(m^3/s)				
			50%	75%	90%	95%	99%
132.67	0.35	2.00	127.29	99.13	77.72	66.57	48.80

4.1.3　白盆珠水库径流

1. 入库径流资料的"三性"分析

(1) 代表性分析。同样选择白盆珠水库入库流量资料(1955 年 4 月至 2008 年 3 月)来分析入库资料的代表性。

1) 统计参数的稳定性分析。从白盆珠水库入库流量逆时序逐年累计平均过程线与 C_v 逆时序逐年累计平均过程线上可以看出入库流量均值和 C_v 值逆时序逐年累计平均过程随年序变化,其变幅越来越小,约 36 年基本趋于稳定。统计参数变化见图 4-9~图 4-11。

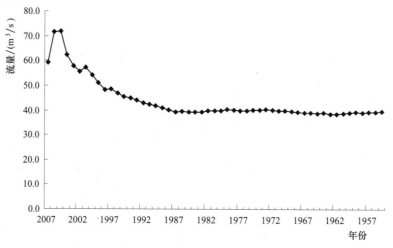

图 4-9　白盆珠水库入库流量逆时序逐年累计平均过程线

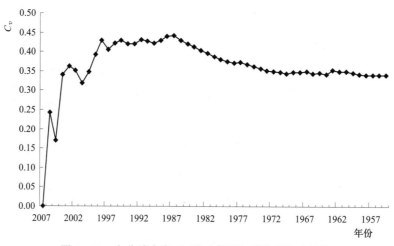

图 4-10　白盆珠水库 C_v 逆时序逐年累计平均过程线

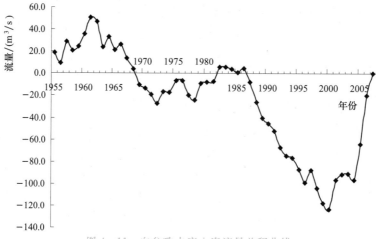

图 4-11　白盆珠水库入库流量差积曲线

2）连续丰水与枯水年分析。对降水系列进行连续丰水与枯水年分析见表4-7和表4-8。53年入库流量系列中丰水（或偏丰）年份出现18年，出现频率33.96%；平水年出现15年，出现频率为28.30%；枯水（或偏枯）年份出现20次，出现频率为37.74%。连续丰水年（或偏丰水年）出现3次，持续年数2～3年；连续枯水年出现5次，持续年数也为2～3年。可以看出白盆珠水库连续枯水年出现的次数与连续丰水年出现的次数基本相当，持续时间都在2～3年，最长连续枯水时间为3年。

表4-7   白盆珠水库丰枯水年情况

N	系列	丰水、偏丰		平水年		枯水、偏枯水年	
		年数	频次/%	年数	频次/%	年数	频次/%
53	1955—2008年	18	33.96	15	28.30	20	37.74

表4-8   白盆珠水库连续丰枯水年情况

N	系列	连续偏丰或丰水		连续偏枯或枯水	
		次数	持续年数	次数	持续年数
53	1955—2008年	3	2～3	5	2～3

（2）可靠性分析。本次论证收集的资料均来自白盆珠水库管理部门提供的经整编以后的水文资料。资料来源是可靠的。

（3）一致性分析。与前面两水库分析一样，一致性分析主要目的是分析白盆珠坝址以上控制集雨面积下垫面条件变化对入库径流的影响，判别是否满足一致性条件。如果不满足一致性条件，则需要对入库径流量进行修正。点绘流域年平均降雨与径流关系，白盆珠水库降水量—年径流量深关系见图4-12。

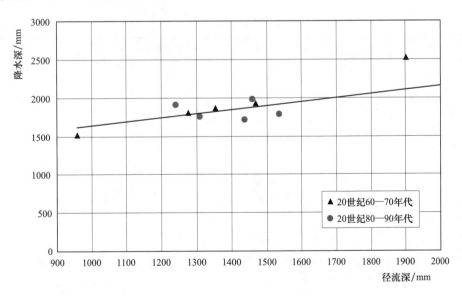

图4-12 白盆珠水库降水量—年径流量深相关图

从图 4-12 中可以看出，白盆珠水库 80 年代前后降雨—径流深点据没有发生明显偏离，也就是说在同量级降水条件下，年径流量没有发生明显衰减，径流量满足一致性条件，不需要对前期径流量进行修正。

2. 入库流量资料的频率分析

针对 1955 年 4 月至 2008 年 3 月 53 年水文系列进行频率分析，频率分析采用 P—Ⅲ曲线来分析，根据白盆珠水库径流资料进行频率统计分析，经 P—Ⅲ线型适线后，求得枫树坝各种频率下的入库流量，见表 4-9。白盆珠多年平均年入库流量为 39.60m³/s，50%、75%、90%、95%、99% 频率下的年入库流量为 37.61m³/s、29.50m³/s、23.64m³/s、20.72m³/s、16.74m³/s。

表 4-9　　　　　　　　白盆珠水库入库流量频率计算成果

均值	C_v	C_s/C_v	不同频率年平均年来水量/(m³/s)				
			50%	75%	90%	95%	99%
39.60	0.35	2.50	37.61	29.50	23.64	20.72	16.74

4.1.4　新丰江水库与枫树坝水库丰枯互补性分析

根据新丰江水库与枫树坝水库降雨入库资料分析，两库同丰频率的为 22.73%、同枯频率的为 18.18%、同平频率的为 9.09%、丰枯频率为 20.45%、平枯频率为 18.18%，平丰频率为 11.36%，从这些资料分析看，两库在丰枯和平枯频率下，有一定的互补性，占总比例的 38.63%。因此，两库可利用这种水文互补性，充分地进行优化调度，提高水资源利用效率，提高新丰江水库供水保证率。水资源评价丰枯等级标准见表 4-10。

表 4-10　　　　　　　　水资源评价丰枯等级标准表

丰枯等级	频率	丰枯等级	频率
丰水年	$P<12.5\%$	枯水年	$P>87.5\%$
偏丰年	$12.5\%\leqslant P<37.5\%$	偏枯年	$62.5\%\leqslant P<87.5\%$
平水年	$37.5\%\leqslant P<62.5\%$		

4.2　新丰江水库用水分析

4.2.1　发电用水量分析

目前新丰江水库主要承担的功能是防洪和发电，发电用水主要根据来水量、下游用水以及电网用电需求等因素来定。当入库水量多的时候，水库发电承担电网基荷的功能，利用多余水量进行发电；当下游用水量增加时，要加大下泄流量，利用下泄流量发电；第三种情况是电站根据电网调度的需要进行调峰发电。因此在现行功能条件下，发电用水量带有很大的不确定性。新丰江水库综合运行情况见表 4-11。

表 4 - 11　　　　　　　　　　　新丰江水库综合运行情况

年份	大坝站降雨量/mm	平均进库流量/(m³/s)	进库水量/亿m³	弃水总量/亿m³	年份	大坝站降雨量/mm	平均进库流量/(m³/s)	进库水量/亿m³	弃水总量/亿m³
1960	1924.40	204.00	64.63		1983	2645.00	351.00	110.02	12.52
1961	2063.40	213.00	67.20	9.85	1984	2230.10	213.00	67.21	
1962	1955.70	161.00	50.80	22.08	1986	1946.00	152.00	48.22	
1963	920.90	33.80	10.69		1987	1895.10	189.00	60.12	
1964	1843.60	202.00	63.57		1988	1832.40	142.00	44.97	
1965	1922.10	135.00	42.73		1989	1611.90	194.00	61.60	
1966	2252.80	196.00	61.47		1990	1669.10	161.00	50.43	
1967	1464.60	125.00	39.65		1991	1223.20	73.20	23.13	
1968	2212.10	256.00	80.70		1992	2405.80	247.00	78.19	
1969	1621.70	171.00	54.20		1993	2356.60	230.00	72.51	
1970	1658.00	169.00	53.59		1994	1978.70	202.00	63.82	
1971	1563.00	142.00	44.72		1995	1964.40	197.00	62.12	
1972	1847.00	160.00	50.86		1996	1651.10	168.00	53.01	
1973	2569.80	293.00	92.65		1997	2591.20	280.00	88.71	4.47
1974	1844.00	200.00	63.08		1998	1949.40	219.00	68.78	
1975	2259.40	343.00	108.45	5.81	1999	1476.30	121.00	38.26	
1976	1831.30	247.00	78.18	3.19	2000	2007.00	172.00	54.34	
1977	1581.00	151.00	47.64		2001	2451.00	240.00	75.78	
1978	1607.90	189.00	59.81		2002	1524.00	124.00	39.41	
1979	2029.80	198.00	62.43		2003	1433.00	129.00	40.46	
1980	1929.20	203.00	64.09		2004	1333.00	103.00	32.60	
1981	2465.50	227.00	71.58		2005	2074.00	234.00	73.74	
1982	1923.70	205.00	64.98						

从上表分析可知，1960—2005 年长系列水库运行情况中，弃水的几率只有 6 次，多年平均情况只有 13.3％，而且弃水主要发生在建库早期，早期发生弃水的原因主要是水轮机还没完全装好。因此可以说新丰江水库的调节性能较强，弃水的几率小，出库流量基本用于发电。出库发电流量主要决定于水库来水量的多少以及库水位。特别是 2007 年以来，新丰江水库调度须按照《广东省东江流域水资源分配方案》，新丰江水库发电主要以调峰调频为主，因而无法准确确定新丰江水库电站逐日逐用发电流量。新丰江水库执行东江分水方案以来，发电基本按最小下泄流量和水库出现余水（即库水位超出水库控制上限）进行发电。

4.2.2　下游需水量分析

为了协调区域间的用水矛盾，协调流域内各市及深圳市、广州市在东江的用水总量，控制排污总量，形成东江流域水量分配和水污染控制方案，这就是《广东省东江流域水资源分配方案》的主要内容。因此，本次论证下游用水量主要采用分配方案的相关数据及关键断面控制指标。

1. 水量水质控制断面

《广东省东江流域水资源分配方案》按照水量水质捆绑的原则进行对水资源进行控制。控制原则包括三项指标：控制断面东江河道内最小流量、地级行政区取水总量和控制断面水质。

各个地级行政区在东江的交接断面、香港供水取水口、深圳供水渠水口、新丰江东江入口、西枝江东江入口、枫树坝水库出口、增江东江干流入口等 10 个。东江流域主要控制断面见表 4-12。

表 4-12　　　　东江流域重要控制断面最小下泄流量和水质控制目标表

重要控制断面名称	断面地点	交接关系	最小下泄流量 /(m³/s)	水质控制目标
枫树坝水库坝下	龙川县枫树坝	枫树坝水库出库	30	Ⅱ类
江口	紫金县古竹镇	河源惠州交接	270	Ⅱ类
东岸	东莞市桥头镇	惠州东莞交接	320	Ⅱ类
下矶角	惠州廉福地	东深供水取水口	290	Ⅱ类
石龙桥	东莞石龙镇	东莞广州交接	208	Ⅱ类
新丰江出口	河源市源城区	新丰江东江入口	150	Ⅱ类
西湖村	惠州市惠阳秋长镇	淡水河深圳惠州交接		Ⅳ类
上垟	深圳市龙岗区坪山镇	淡水河深圳惠州交接		Ⅳ类
九龙潭	惠州市龙门县	惠州广州交接	20	Ⅱ类
观海口	广州市增城市	增江东江北干流入口	10	Ⅲ类

注　西湖村、上垟仅为水质控制断面。

2. 水量分配方案

遵循以需水原则、水资源配置为基础，在东江流域内三大水库纳入水行政主管部门统一调度管理之后，广东省东江流域各市获取的逐月水量分配方案（按 90% 频率来水分配）见表 4-13。

表 4-13　　　　　　正常来水年（90% 保证率）水量分配表　　　　　　单位：亿 m³

地市		农业分配水量	工业、生活分配水量	全年
梅州		0.20	0.06	0.26
河源		12.20	5.43	17.63
韶关		0.98	0.24	1.22
惠州	东江流域	13.79	8.89	22.68
	大亚湾、稔平半岛调水	0.00	2.65	2.65
	小计	13.79	11.54	25.33
东莞		1.92	19.03	20.95
广州	增城市	4.20	3.89	8.09
	广州市东部取水	0.00	5.53	5.53
	小计	4.20	9.42	13.62
深圳		0.27	16.36	16.63
东深对香港供水		0.00	11.00	11.00
合计		33.56	73.08	106.64

各地级行政区的分配水量只有水质达标指标满足要求，以及其下游交接河道断面流量不小于最小控制流量时才可全额获得，当某个行政区某月取水总量超过分配水量时，按照分水方案执行违规划处罚办法进行处罚。鼓励各地市开展雨洪资源、中水回用和微咸水利用，此部分水量均不占各地市水资源分配方案中水量指标。

3. 控制断面最小流量

各控制断面（含各市东江交界断面）最小流量控制见表4-12。这是一个除特枯水年以外的任何频率年来水情况都应满足的约束性指标。

在一般情况下（除非特枯水年需要采取应急供水措施），各个行政区取水用水均不得导致其下游边界控制断面河道内流量小于最小控制流量。当出现某个控制断面流量小于最小控制流量时，应立即对该控制断面以上的地级行政区取水量进行限制，对违规取水者按照分水方案执行违规处罚办法采取相应处罚措施。

4. 下游用水量分析

各控制断面（含各市东江交界断面、东江上游江西省入广东省河流交界控制断面）水质要达标。这是一个除特枯水年以外的任何频率年来水情况下都应该满足的约束性指标。控制断面水质要素按照《国家地表水环境质量标准》（GB 3838—2002）要求监测分析。

在一般情况下（除非特枯水年短时段内水质达不到目标要求），各个行政区取水、用水、排污均不得导致其下游边界控制断面主要水质要素劣于要求的水质目标值。当出现某个控制断面水质劣于水质目标时（单水质因子评判），应立即对该控制断面以上的地级行政区排污量进行限制，对违规划排污者按照分水方案执行违规处罚办法采服相应处罚措施。

由以上分析可知，为满足东江下游各城市的取用水量，新丰江下泄量须满足$150m^3/s$，即最小下泄量为$150m^3/s$，新丰江水库调度在满足水库防洪安全的前提下，必须满足这一条，满足这一条即满足东江分水方案。

新丰江水库与枫树坝联合调度情形下，新丰江入东江口断面控制标准按江口控制断面$270m^3/s$控制；新丰江、枫树坝和白盆珠水库三库联调按东岸控制断面$320m^3/s$控制。

第5章　直饮水可供水量分析

5.1　调节计算任务与原则

水库调节计算主要是为了分析不同水平年可供水量和需水量的供求关系，具体来说：一是通过可供水量和需水量的分析，弄清楚水资源总量的供需现状和存在的问题；二是通过不同水平年、不同供水对象的供需平衡分析，了解水资源余缺的时空分布；三是针对供需矛盾，提出相关的建议。

5.1.1　调节计算的主要任务

根据直饮水需水预测成果，2012 年东莞、深圳需水 0.28 亿 m³，2020 年 3.21 亿 m³，2030 年 5.48 亿 m³。新丰江水库需要在满足水库的基本要求后，近期需调出水量 0.28 亿 m³，中期调出水量 3.21 亿 m³，远期调出水量 5.48 亿 m³。

新丰江水库多年来水库调节的主要任务是保证下泄量不小于 150m³/s，以满足下游东岸水文控制断面最小控制流量不小于 320m³/s，保证下游沿线各城市取用水的供水保证率，特别是要保证东深供水的安全（深圳和香港）。供水调节的任务就是通过水文长系列调节演算，对比分析直饮水工程启动前和直饮水工程启动后不同供水对象的可供水量以及供水保证率，通过可供水量及供水保证率的分析，分析直饮水工程项目启动的可行性以及实施新丰江水库与枫树坝水库联合调节的必要性，分析可行性的同时实质也是对直饮水用水需求规模做一合理性的识别，并指出相应缺口部分水量。计算新丰江水库与枫树坝、白盆珠水库联合调度下，不同供水对象的可供水量及供水保证率。

5.1.2　水库调节计算规则

1. 直饮水工程启动前主要调度规则

（1）新丰江水库首先要根据上游来水，满足水库自身的防洪和安全要求，即新丰江水库调度按照水库控制线（汛限水位、正常蓄水位和死水位）进行调控水量。

（2）在满足水库防洪安全前提下，必须满足最小泄量不低于 150m³/s，这个最小泄量一方面保证下游生态环境用水，另一方面保证下游各城市用水需求特别是深圳和香港用水。

（3）电站利用最小下泄流量进行发电。

（4）在满足上述目标的基础上，水库尽可能地多发电，充分利用水资源利用率，也就是水库尽可能利用余水（计算水位超出水库水位上限）进行发电。

2. 直饮水工程启动后主要调度规则

（1）与调整前一样，水库自身的安全是必须优先保证的，即水库蓄放水须按照水库控制水位来进行。

（2）在满足水库防洪安全前提下，必须满足最小泄量不低于 $150m^3/s$。这是东江分水方案对新丰江水库提出的要求，带有一定的强制性。

（3）在满足上述两个要求之后，再增加直饮水供水对象。

（4）电站利用最小下泄流量进行发电。

5.1.3 新丰江水库与枫树坝联合调度计算原则

如果新丰江水库可供水量不能满足供水目标，则需要实施多库联合调度，利用水库丰枯互补的优势，进行水库群联合调度，提高供水保证程度。基本方案是通过新丰江水库与枫树坝联合调度确保东江江口断面处流量应不小于 $270m^3/s$。如果影响到东岸以下的控制最小流量，则实施三库联合调度的模式，即新丰江水库、枫树坝、白盆珠大坝联合调度运行提高博罗站控制流量标准。重点考虑新丰江水库与枫树坝联合调度，并兼顾三库联合调度问题。水库实施联合调度，实质上起的作用是运用它库的水量置换新丰江水库的水量消耗，既提高新丰江水库的供水保证率，又能确保直饮水工程的水质。

调节计算原则：

（1）经计算的新丰江水库与枫树坝水库库水位如果都处在超限状态或者正常状态或者低限状态，此时分别按单库计算的原则，分别进行调节计算。单库计算的原则按前述新丰江水库调度原则进行。分别进行单库计算的原则本质上是各水库要不都能满足条件，要不都不能满足条件，此时不具备联合调度的启动条件。

（2）经计算的新丰江水库与枫树坝库水位如果一个处在低限状态，另一个还处在正常状态或者超限状态，这说明一个水库缺水一个水库有余水。此时具备水库联合调度的条件，根据二库余缺水的情况，实施库容丰枯互相补偿，通过联合供水提高供水保证率。

（3）实施两库联合调度，新丰江水库的最小下泄流量可最低下降 $114m^3/s$，即河源生态基流最小量，用转移的水量保证直饮水供水，转移的量再用枫树坝下泄量来补偿。控制目标是江口断面最小流量控制流量为 $270m^3/s$。

5.1.4 新丰江水库、枫树坝与白盆珠联合调度计算原则

当东岸控制断面的最小流量小于 $320m^3/s$，则实施三库联合调度的模式，即新丰江水库、枫树坝、白盆珠大坝联合调度运行提高东岸控制断面流量标准。判别标准是当东岸控制断面的最小流量小于 $320m^3/s$ 时，则启动三库联调。

5.1.5 区间来水优化和发电问题的考虑

在《广东省东江流域水资源分配方案》中，没有考虑区间来水洪水资源优化利用问题。譬如，新丰江的集雨面积为 $5734km^2$，枫树坝的集雨面积为 $5151km^2$，河源断面的集雨面积为 $15750km^2$，区间集雨面积为 $4865km^2$，东江流域实测多年平均降雨量 $1766.4mm$，由此可见这一部分集雨面积上的区间产流量不容忽视。现有方案中没考虑这一部分量的优化问题，也就是三库联合优化调度仅考虑了三库的水量联合优化调度问题，没有将区间来水量与三库的水量一起优化利用。因此当区间来水量已经很高，上游水库仅放一小部分量即可满足下游控制断面的要求，但是这时可能因为没考虑区间来水量较大这一问题，水库调节仍然可能会放较大流量，这样存在着雨洪资源利用不足的问题。如果这一部分考虑，也有可能节出一部分水量。

另外，现有的分水方案编制中考虑了发电功能："若水库以发电为主，兼顾其他，则需检查电站出力是否满足本时段的发电指标，若未满足，还须增加水库泄水，以增大发电流量，达到预期的发电指标。"本次计算中，虽然考虑了发电，但主要以 $150\mathrm{m}^3/\mathrm{s}$ 下泄量的标准进行发电，不考虑电站出力问题，即不增加水库新的用户需水量。这样可节出一部分水量。这种考虑与管理体制的理顺以及各水库功能的调整一起考虑。

为此在模型编制的过程中，严格以《广东省东江流域水资源分配方案》为依准，即以东江水量分配中制定的最小下泄流量（枫树坝出口断面 $30\mathrm{m}^3/\mathrm{s}$，新丰江出口断面 $30\mathrm{m}^3/\mathrm{s}$，东岸控制断面 $320\mathrm{m}^3/\mathrm{s}$）作为模型输入边界控制条件（下限），控制目标是最小下泄流量和直饮水量不低于 97％ 的标准。

5.2　调节计算模型设计

5.2.1　新丰江水库单库调度模型

根据新丰江水库调度的实际情况，运用常规时历法，建立新丰江水库供需平衡调度模型。建立水库调度模型的目的是针对新丰江调度规则和相应的供水对象的需水量，经过长系列调节计算，计算不同频率下的可供水量，进而分析不同供水对象的供水满足程度。

1. 水库供需调节模型

（1）水库调节计算遵循水量平衡原理。

$$V(i,j)=V(i,j-1)+R(i,j)-P(i,j)-D(i,j)-E(i,j)-W_{弃}(i,j) \quad (5-1)$$

式中　$V(i,j)$——第 i 年第 j 月末水库蓄水量，亿 m^3；

$V(i,j-1)$——第 i 年第 j 月初水库蓄水量，亿 m^3；

$R(i,j)$——第 i 年第 j 月水库天然径流量，亿 m^3；

$P(i,j)$——第 i 年第 j 月水库发电量，$\mathrm{kW \cdot h}$；

$D(i,j)$——第 i 年第 j 月水库直饮水量，亿 m^3；

$E(i,j)$——第 i 年第 j 月水库损失水量，包括蒸发水量和渗漏水量，亿 m^3；

$W_{弃}(i,j)$——第 i 年第 j 月水库弃水量，亿 m^3。

（2）调节计算的主要约束条件。库容约束：水库库容在下限死库容与上限正常蓄水位和汛限水位之间的变动，即

$$V_{死} \leqslant V(i,j) \leqslant V_{上限} \quad (5-2)$$

最小下泄流量约束：单库调度时下泄流量应不小于新丰江入东江口断面控制最小流量，即

$$[B(i,j)+P'(i,j)+W_{弃}(i,j)] \geqslant Q_{\min} \quad (5-3)$$

式中　$B(i,j)$——最小下泄量；

$P'(i,j)$——发电额外需水量；

$Q_{\min}$——出口最小下泄量。

最大发电过流能力约束：

$$B(i,j)+P'(i,j) \leqslant P_{\max}（机组最大过流能力） \quad (5-4)$$

2. 模型求解计算

根据新丰江水库长系列（1955年4月至2008年3月）入流资料和上述所建立的数学模型，根据调节计算原则进行长系列模拟计算，计算时段为月。

5.2.2 两库水库群联合调度模型

为了保证新丰江水库最小下泄流量保证率和直饮水供水安全保证率，考虑实施水库群联合调度，通过水库丰枯互补的优势，提高供水安全保证程度。

1. 概化图

模拟是一种数学方法尽可能真实地描述系统的各种重要特性和系统行为的模型技术。因此必须根据水资源供需平衡的目的与需要，紧紧抓住主要问题和主要矛盾，对与供需调节计算相关的各种重要特性要真实地在模型中加以反映，而对其他次要方面可以做适当概化。例如本水库群模型的联合调度主要用于水资源配置，用于计算可供水量，因此不需要考虑水库下泄的水流传播时间和汇流时间，水库下泄流量可以直接相加作为控制断面的控制流量。

在两库联合调度情况下，控制范围更大，控制指标为：江口控制断面出流不低于270m³/s，江口以上控制各断面按《广东省东江流域水资源分配方案》最小下泄流量控制。两库联合调度概化见图5-1。

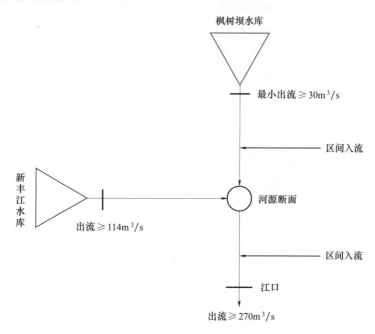

图 5-1 两水库联合调度概化图

2. 水库群联合调节模型

（1）水库调节计算遵循水量平衡原理。

$$V_1(i,j) = V_1(i,j-1) + R_1(i,j) - P_1(i,j) - D(i,j) - E_1(i,j) - W_{1弃}(i,j)$$

$$V_2(i,j) = V_2(i,j-1) + R_2(i,j) - P_2(i,j) - E_2(i,j) - W_{2弃}(i,j) \qquad (5-5)$$

式中　　$V_1(i,j)$——新丰江水库第 i 年第 j 月末水库蓄水量，亿 m³；

$V_1(i,j-1)$——新丰江水库第 i 年第 j 月初水库蓄水量，亿 m^3；

$V_2(i,j)$——枫树坝水库第 i 年第 j 月末水库蓄水量，亿 m^3；

$V_2(i,j-1)$——枫树坝水库第 i 年第 j 月初水库蓄水量，亿 m^3；

$R_1(i,j)$——新丰江水库第 i 年第 j 月水库天然径流量，亿 m^3；

$R_2(i,j)$——枫树坝水库第 i 年第 j 月水库天然径流量，亿 m^3；

$P_1(i,j)$——新丰江水库第 i 年第 j 月发电量，$kW \cdot h$；

$P_2(i,j)$——枫树坝水库第 i 年第 j 月发电量，$kW \cdot h$；

$D(i,j)$——直饮水量，亿 m^3；

$E_1(i,j)$——新丰江水库第 i 年第 j 月水库损失水量，包括蒸发水量和渗漏水量，亿 m^3；

$E_2(i,j)$——枫树坝水库第 i 年第 j 月水库损失水量，包括蒸发水量和渗漏水量，亿 m^3；

$W_{1弃}(i,j)$——新丰江水库第 i 年第 j 月水库弃水量，亿 m^3；

$W_{2弃}(i,j)$——枫树坝水库第 i 年第 j 月水库弃水量，亿 m^3。

（2）调节计算的主要约束条件。①库容约束：各个水库的库容约束跟单库约束一样，即要满足条件须在死库容与最高控制水位上限之间；②最小下泄流量约束：控制指标为：江口控制断面出流不低于 $270m^3/s$，河源断面生态基流为 $114m^3/s$；③最大发电过流能力约束：新丰江四台机组最大发电过流能力为 $480m^3/s$，枫树坝最大过流能力为 $327m^3/s$。

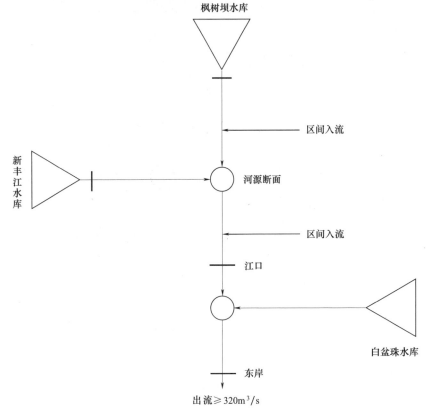

图 5-2　三库联合调度示意图

3. 水库群联合调节模型求解

根据上述介绍的两库联调的模型和规则约束,对两库 1955 年 4 月至 2008 年 3 月长达 53 年的系列进行模拟调节,计算时段为月。

5.2.3 三库水库群联合调度模型

三库联合调度就是将新丰江水库、枫树坝水库和白盆珠水库统一在水行政主管理部门领导下,为了提高东江流域水资源安全保障程度,实行水库联合调度。其核心思想利用水库的水文补偿作用,实行库群优化调度。为了确保新丰江水库直饮水工程的供水保证率,在三库联合调度情况下,控制范围更大,控制指标为:东岸控制断面出流不低于 $320m^3/s$,东岸以上控制各断面按生态基流控制。

模型编制方法思路与两库联调基本一样,具体可见两库联调,概化见图 5-2。

5.3 计算条件及边界条件

1. 下泄流量

根据《广东省东江流域水资源分配方案》,东江各控制断面(含各市东江交界断面)最小流量控制见表 4-12。这是一个特殊枯水年以外的任何频率年来水情况都应满足的约束性指标。因此,模型计算中,以新丰江东江入口最小控制流量 $150m^3/s$ 作为水库控制下泄流量的边界条件,枫树坝出库流量最小控制流量 $30m^3/s$,江口控制断 $270m^3/s$,东岸控制断面 $320m^3/s$。

2. 水库水位控制条件

新丰江、枫树坝、白盆珠三大水库水位控制相关参数,包括水文年内各月的水位控制上限与下限,以及各控制水位对应库容。

3. 新丰江水库最大发电过流能力

新丰江水库一共四台机组,四台机组的最大过流能量为 $480m^3/s$;枫树坝水库最大发电过流能力为 $327m^3/s$;白盆珠水库最大发电过流能力为 $240m^3/s$。

4. 直饮水需水过程线

根据《受水城市直饮水需求分析》,不同水平年的直饮水需求量为年 0.28 亿 m^3,3.21 亿 m^3,5.48 亿 m^3。因此可以得到年内各月的需求过程线,见表 5-1。

表 5-1　　　　　　　　　　　　　　直饮水各月需水量　　　　　　　　　　单位:亿 m^3

月份\年份	4	5	6	7	8	9	10	11	12	1	2	3	合计
2012	0.0233	0.0233	0.0233	0.0233	0.0233	0.0233	0.0233	0.0233	0.0233	0.0233	0.0233	0.0233	0.2801
2020	0.27	0.27	0.27	0.27	0.27	0.27	0.27	0.27	0.27	0.27	0.27	0.27	3.21
2030	0.457	0.457	0.457	0.457	0.457	0.457	0.457	0.457	0.457	0.457	0.457	0.457	5.48

5. 起调水位的确定

新丰江水库起调水位按 2000 年复核后的年消落水位 109.7m 确定,所对应的库容为 86.08 亿 m^3。枫树坝水库起调水位按枫树坝年消落水位 147m 确定,所对应的库容为

7.48 亿 m³，白盆珠水库按正常蓄水位起调。

6. 发电出力系数

根据新丰江水库多年运行经验，发电出力系数 A 选取 7.8。

5.4　调节计算结果分析

5.4.1　新丰江水库单库调度计算成果及分析

1. 可供水量计算

可供水量是指在不同水平年、不同保证率下，考虑需水要求，水利工程设施可提供的水量。影响可供水量的因素有以下几个方面：①来水条件。不同年的来水变化以及年内的时间和空间变化，所计算出的可供水量是不同的。②用水条件。不同年的用水特性（用水结构、分布、性质、要求、规模等），所计算出的可供水量是不同的。③工程条件。现有工程参数的变化、不同的调节运用方式，都会计算出不同的可供水量。因此不同水平年、不同调度运行方式、不同频率来水条件下，可供水量是不同的。下面根据新丰江水库单库供水调度模型，以月为时段，按照不同水平年进行可供水量的调算。

（1）现状条件（没有直饮水供应）。现状条件下，新丰江水库在满足水库防洪安全前提下，首先要满足东江分水方案即 150m³/s 最小下泄流量，如果水库有多余水量，就利用水库多余水量尽量多发电。通过长系列调算，得到各年的可供水量。现状条件下的可供水量是指满足最小下泄流量 150m³/s 并兼顾发电的供水量。

分析计算结果，现状用水条件下新丰江多年可供水量为 54.47 亿 m³，最大年供水量为 76.73 亿 m³，最小年供水量 43.94 亿 m³，最大缺水量为 3.34 亿 m³。其多年年可供水量见图 5-3，多年缺水量见图 5-4。当新丰江水库天然径流量来水频率为 50% 的可供水量为 58.03 亿 m³，来水频率为 75% 的可供水量为 47.28 亿 m³，来水频率为 90% 的可供水量为 47.28 亿 m³，来水频率为 95% 的可供水量为 43.94 亿 m³，缺水量为 3.34 亿 m³。不同来水频率的月可供水量见附表 1。

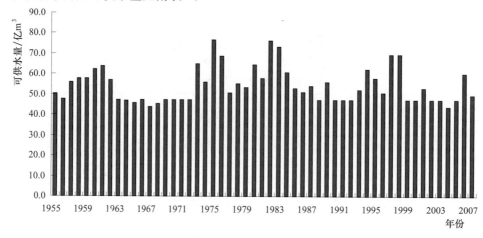

图 5-3　现状用水条件下不同年份可供水量

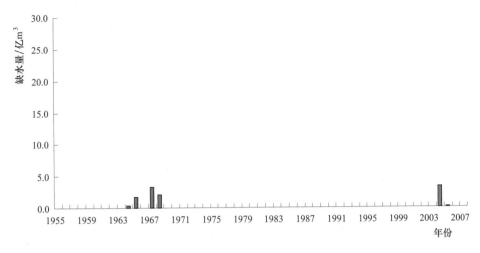

图 5-4 现状水平年用水条件下不同年份缺水量

（2）近期水平年（2012 年）。近期水平年条件下，新丰江水库在满足水库防洪安全前提下，首先要满足东江分水方案即 150m³/s 最小下泄流量，然后再满足近期水平年直饮水量 0.2801 亿 m³。

分析计算结果，近期水平年条件下新丰江多年可供水量为 54.52 亿 m³，最大年供水量为 76.73 亿 m³，最小年供水量 43.25 亿 m³，最大缺水量为 4.31 亿 m³。其多年年可水量见图 5-5，多年缺水量见图 5-6。当新丰江水库天然径流量来水频率为 50% 的可供水量为 58.04 亿 m³，来水频率为 75% 的可供水量为 47.56 亿 m³，来水频率为 90% 的可供水量为 47.56 亿 m³，来水频率为 95% 的可供水量为 43.25 亿 m³，缺水量 4.31 亿 m³。2012 年不同来水频率的月可供水量见附表 2。

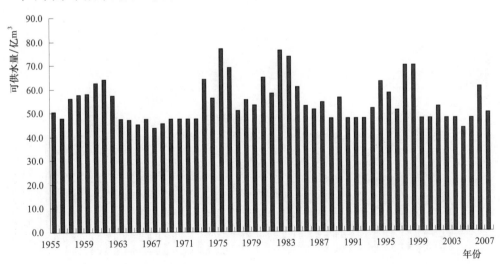

图 5-5 近期不同水平年可供水量（2012 年）

（3）中期水平年（2020 年）。中期水平年条件下，新丰江水库在满足水库防洪安全前提下，首先要满足东江分水方案即 150m³/s 最小下泄流量，然后再满足近期水平年直饮

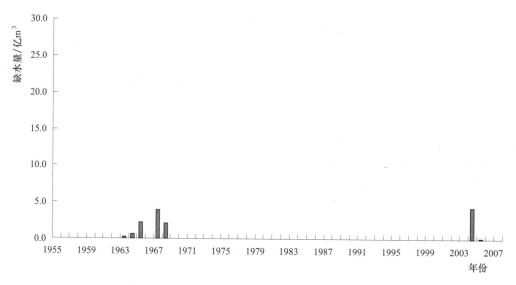

图 5-6　近期水平年用水条件下不同年份可供水量

水量 3.21 亿 m³。

　　分析计算结果，中期水平年用水条件下新丰江多年可供水量为 54.85 亿 m³，最大年供水量为 76.75 亿 m³，最小年供水量 32.00 亿 m³，最大缺水量为 18.49 亿 m³。其多年年可供水量见图 5-7，多年缺水量见图 5-8。当新丰江水库天然径流量来水频率为 50% 的可供水量为 58.05 亿 m³，来水频率为 75% 的可供水量为 50.49 亿 m³，来水频率为 90% 的可供水量为 50.49 亿 m³，来水频率为 95% 的可供水量为 32 亿 m³，缺水量为 18.49 亿 m³，其中直饮水 1.62 亿 m³，最小下泄流量 16.87 亿 m³。2020 年不同来水频率的月可供水量见附表 3。

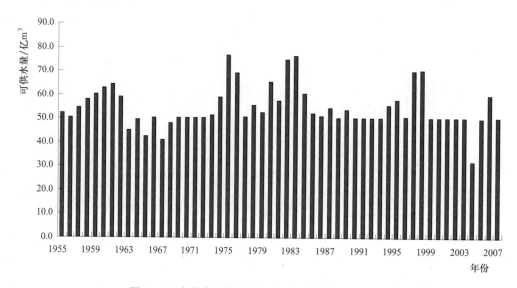

图 5-7　中期水平年用水条件下不同年份可供水量

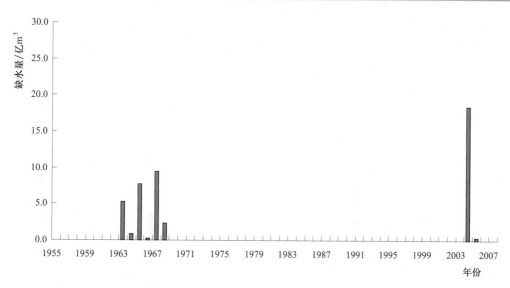

图 5-8　中期水平年用水条件下不同年份缺水量

（4）远期水平年（2030 年）。远期水平年条件下，新丰江水库在满足水库防洪安全前提下，首先要满足东江分水方案即 150m³/s 最小下泄流量，然后再满足近期水平年直饮水量 5.48 亿 m³。

分析计算结果，远期水平年用水条件下新丰江多年可供水量为 55.16 亿 m³；最大年供水量为 78.76 亿 m³，最小年供水量 28.79 亿 m³，最大缺水量为 23.97 亿 m³。其多年年可供水量见图 5-9，多年缺水量见图 5-10。当新丰江水库天然径流量来水频率为 50％的可供水量为 57.74 亿 m³，来水频率为 75％的可供水量为 52.76 亿 m³，来水频率为 90％的可供水量为 43.58 亿 m³，来水频率为 95％的可供水量为 28.79 亿 m³，缺水量为 23.97 亿 m³，其中最小下泄流量缺水量为 19.75 亿 m³，直饮水缺量为 4.22 亿 m³。2030 年不同来水频率的月可供水量见附表 4。

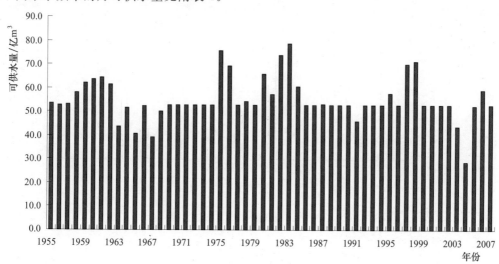

图 5-9　远期水平年用水条件下不同年份可供水量

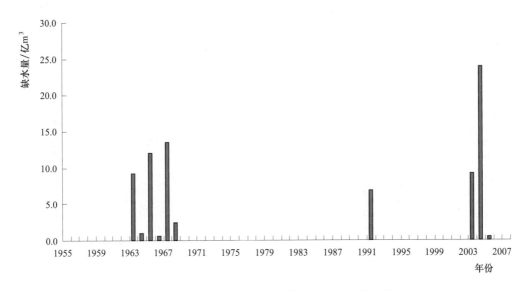

图 5-10　远期水平年用水条件下不同年份缺水量

2. 供水保证率分析

根据《广东省东江流域水资源分配方案》，广东省东江流域各市获取的逐月分配方案和各控制断面最小下泄流量是按照 90% 的来水频率来分配和控制。如果按最小下泄流量 150m³/s（新丰江东江入口最小控制流量）反算供水调节过程，水库下泄过程满足 150m³/s 即满足供水保证任务要求。经过 53 年长系列水库调节计算，供水保证率能够满足 90% 以上水平，即认为直饮水工程对现行分水模式影响不大。各水平年水库调度过程线见图 5-11。

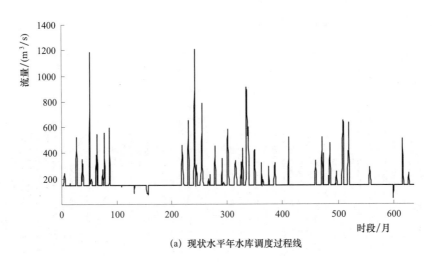

(a) 现状水平年水库调度过程线

图 5-11（一）　各水平年水库调度过程线

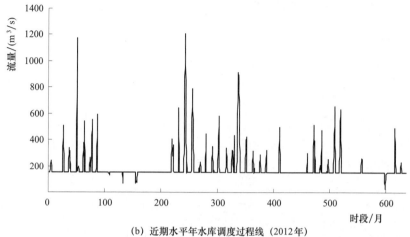

（b）近期水平年水库调度过程线（2012年）

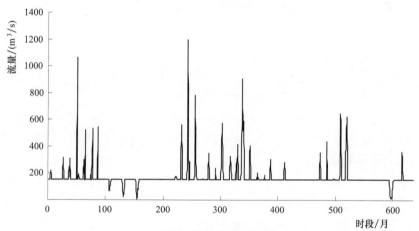

（c）中期水平年水库调度过程线（2020年）

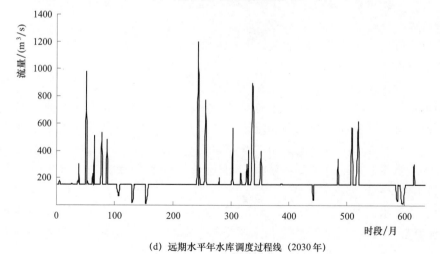

（d）远期水平年水库调度过程线（2030年）

图 5-11（二） 各水平年水库调度过程线

由于来水流量和用水方式的不同，最小下泄流量（150m³/s）和直饮水的供水保证率会有一定的影响。供水保证率计算公式为：

$$p = \frac{m}{n+1} \times 100\%$$ (5-6)

式中　　p——供水保证率；

m——供水得到满足的时段数；

n——长系列总时段数。

通过以月为时段的水文长系列调节计算，不同来流量情况下和不同用水方式下（不同水平年）下，各供水对象的保证程度见表5-2。

表5-2　　　　　　　　　　　　新丰江单库调度时不同水平年供水保证率

分类	工作总历时 /月	破坏历时/月		最小下泄流量 保证率 /%	直饮水工程 保证率 /%
		最小下泄流量	直饮水工程		
现状条件	53×12=636	8	—	98.59	—
近期（2012年）	53×12=636	10	10	98.27	98.27
中期（2020年）	53×12=636	19	20	96.86	96.70
远期（2030年）	53×12=636	30	34	95.13	94.51

由于东江下游是广东省经济最为发达的珠江三角洲地区，特别是东江是香港和深圳的重要水源地，对供水保证率要求更高，相应地会对上游水库调节下泄量提出更高的要求。按照《广东省东江流域水资源分配方案》的要求，新丰江东江入口来水频率90%下，最小控制断面要求为150m³/s下泄流量，也就是相应供水保证率为90%下最小下泄流量为150m³/s。根据《城市给水工程规划规范》（GB 50282—98）及《室外给水设计规范》（GBJ 13—86）：城市供水水源的设计枯水流量的保证率，应根据城市规模和工业大用户的重要性选定，一般可采用90%～97%。

根据以上所述的标准，在现状条件下，也就是新丰江水库没有启动直饮水工程项目前，最小下泄流量满足标准可达98.59%，符合最小下泄量90%的供水标准，也符合东江流域广东省水资源分配方案。新丰江直饮水项目启动后，对近期水平年来（2012年）说，由于提引流量较小0.89m³/s，对供水保证率影响较小，最小下泄流量和直饮水供水保证率都达98%以上。中期水平年，提引流量达10.184m³/s，最小下泄流量供水保证率受到一定的影响，下降近1.41%（与近期水平年对比），直饮水工程保证率下降1.57%。远期水平年，提引流量达17.392m³/s，最小下泄流量保证率下降1.73%（与中期水平年对比），直饮水供水保证率下降到94.51%。

从以上的供水保证率分析看，直饮水工程项目启动，近期水平年对原有的供水保证率（最小下泄流量）影响程度小，中期与远期受到一定的影响，但影响程度都不是太大，仅仅2%～3%的水平，这些影响可以通过枫树坝与新丰江水库联合调节来降低和补偿。直饮水项目对原有的供水格局有一定的影响，但是程度不是很大，可以通过联合调度或其他措施来进行一定程度的补偿。

5.4.2 两库联合调度计算成果及分析

两库联合调度重点从联合供水提高供水对象的保证率和可供水量分析入手。前面已分析，两库联调的实质是通过两库的水文互补性，共同保证下游供水、直饮水量、发电、航运和生态环境基流等。

1. 区间入流

区间入流由于没有实测资料，无法直接进行计算。常用以下几种方法：一是使用经过校验的区间降雨径流预报方案推算出区间入流；二是按区间与支流控制站以上面积比推求；三以实际出流修正入流。由于区间降雨径流预报计算区间入流为水文专业常用。本次计算按区间面积比法计算区间入流。

2. 现状年供需平衡情况及分析

两库联调情况下，控制的目标是江口出口断面控制流量不小于 $270m^3/s$ 和直饮水供水。因此可供水水量计算应是新丰江水库与枫树坝可供水量之和，缺水量应包括河源出口断面控制下泄流量的缺量与直饮水缺量。

现状条件下，即直饮水工程没有启动。通过长系列调节计算，现状用水条件下，两库多年平均可供水量为 92.07 亿 m^3，年最大可供水量为 132.44 亿 m^3，最小可供水量为 61.40 亿 m^3。其多年可供水量见图 5-12，多年缺水量见图 5-13。现状水平年情况下，各水平年的调节计算成果见附表 5。

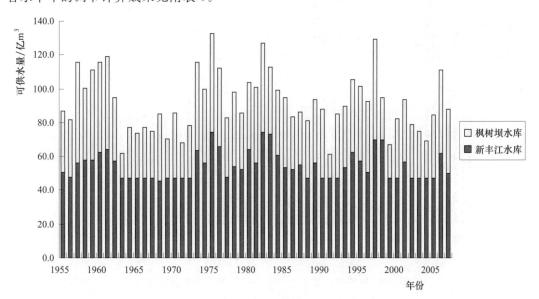

图 5-12 现状用水条件不同年份两库联调可供水量

3. 近期水平年供需平衡情况及分析

（1）供需平衡分析。近期水平年条件下，新丰江水库要引走 0.28 亿 m^3 水。两库联合调度在满足水库防洪安全前提下，首先要满足控制的目标是江口出口断面控制流量不小于 $270m^3/s$，然后再满足直饮水供水量。

分析计算结果，近期水平年两库多年平均可供水量为 92.12 亿 m^3，年最大可供水量

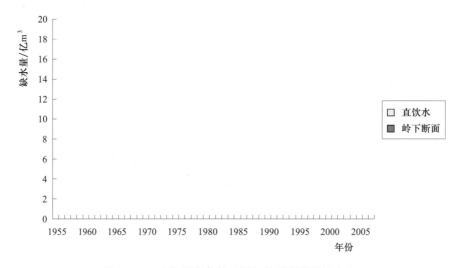

图 5-13　现状用水条件不同年份两库联调缺水量

为 132.44 亿 m³，最小可供水量为 61.68 亿 m³，最大缺水量为 0.02 亿 m³。其多年可供水量见图 5-14，多年缺水量见图 5-15。2012 年各水平年调节计算见附表 6。

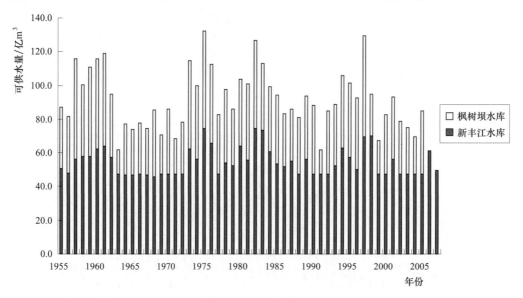

图 5-14　近期水平年不同年份两库联调可供水量（2012 年）

（2）从直饮水缺量分析。前面已分析，两库联调的结果本质上是通过利用新丰江水库与枫树坝水库水文补偿的特点，提高水库的供水保证率，将直饮水工程引走的水量通过联调置换出来，降低取水带来的水利影响。这里重点分析两库联合调度对降低直饮水缺量的效果。

两库联合调度的实质就是利用水文补偿性的特点，将直饮水挤占的用水置换出来，从而提高直饮水供水保证率。针对不同年份来水频率的流量，两库联调情况下，直饮水保证率整体上有所得到提高，平均提高 90% 以上。联调前和联调后不同年份直饮水缺量见图 5-16。

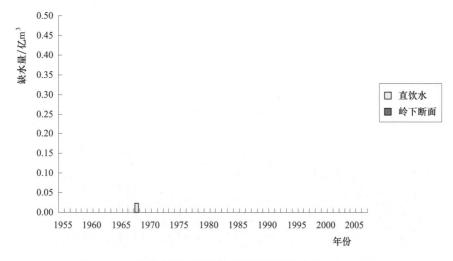

图 5-15　近期水平年不同年份两库联调缺水量（2012 年）

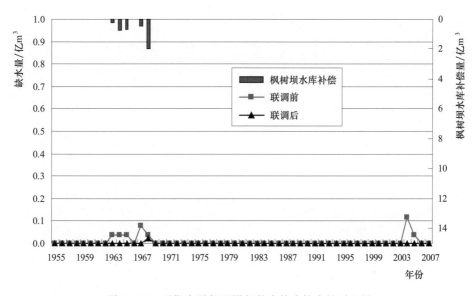

图 5-16　近期水平年不同年份直饮水缺水量对比图

4. 中期水平年供需平衡情况及分析

（1）供需平衡分析。中期水平年条件下，新丰江水库要引走 3.21 亿 m³ 水。经两库长系列调节计算，中期水平年两库多年平均可供水量为 92.58 亿 m³，年最大可供水量为 132.45 亿 m³，最小可供水量为 60.75 亿 m³，最大缺水量为 0.80 亿 m³。其多年可供水量见图 5-17，多年缺水量见图 5-18。

中期水平年用水条件下，典型年 $P=50\%$、$P=75\%$ 和 $P=90\%$ 单库的水资源供需达到平衡，没有缺水量，没有发生新丰江水库与枫树坝水库相互补偿的情况。在频率 $P=95\%$ 的年情形下，由于新丰江水库可供水量的不足，需要枫树坝水库多下泄水量，经调节计算，枫树坝补偿下泄量为 8.08 亿 m³。调节计算见附表 7。

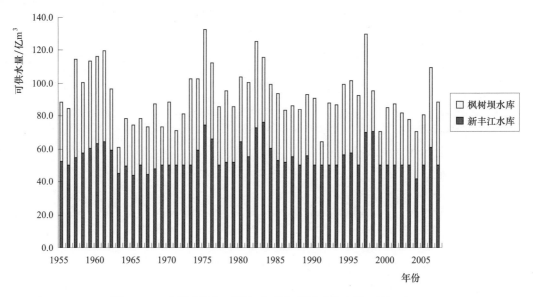

图 5－17　中期水平年不同年份两库联调可供水量（2020 年）

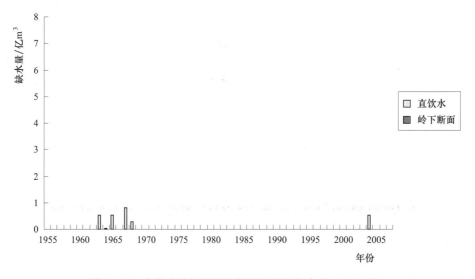

图 5－18　中期水平年不同年份两库联调缺水量（2020 年）

（2）从直饮水缺量分析。在中期水平年用水规模下，缺水主要集中在 1963 年 4 月至 1964 年 3 月和 2004 年 4 月至 2005 年 3 月这两个水文年度附近。以 1963 年 4 月至 1964 年 3 月为例，联调前直饮水缺水量为 0.8 亿 m³，联调后缺量为 0.53 亿 m³，提高 33.33％，枫树坝水库补偿量为 4.77 亿 m³；1963 年 4 月至 1964 年 3 月为例，联调前直饮水缺水量为 1.6 亿 m³，联调后缺量为 0.53 亿 m³，提高 66.67％，枫树坝水库补偿量为 8.08 亿 m³。联调前和联调后不同年份直饮水缺量见图 5－19。

5. 远期水平年供需平衡情况及分析

（1）供需平衡分析。远期水平年条件下，新丰江水库要引走 5.48 亿 m³ 水。经两库

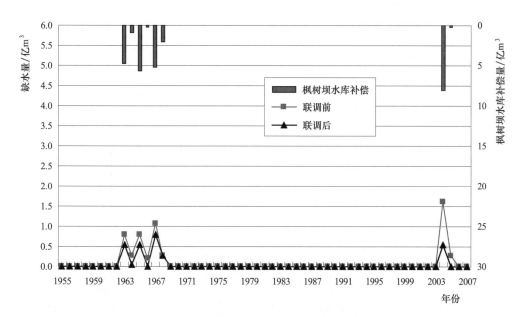

图 5-19 中期水平年不同年份直饮水缺水量对比图

长系列调节计算，远期水平年两库多年平均可供水量为 93.15 亿 m^3，年最大可供水量为 130.57 亿 m^3，最小可供水量为 61.42 亿 m^3，最大缺水量为 10.32 亿 m^3。其多年可供水量见图 5-20，多年缺水量见图 5-21。

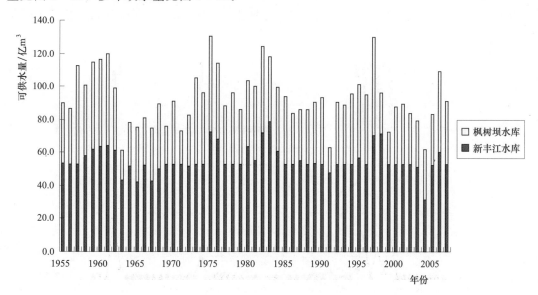

图 5-20 远期水平年不同年份两库联调可供水量（2030 年）

远期水平年用水条件下，典型年 $P=50\%$、$P=75\%$ 单库的水资源供需可达到平衡，没有缺水量，没有发生新丰江水库与枫树坝水库相互补偿的情况。在频率 $P=90\%$ 的枯水年情形下，直饮水出现缺量 0.46 亿 m^3，需要枫树坝水库多下泄水量，枫树坝水库补偿下泄量为 1.32 亿 m^3。在频率 $P=95\%$ 的特枯水年情形下，直饮水出现缺量 2.81 亿 m^3，控

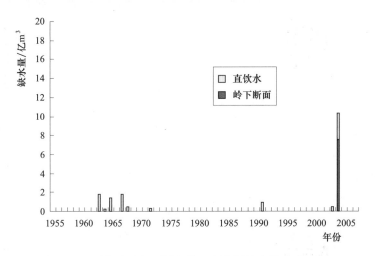

图 5-21　远期水平年不同年份两库联调缺水量（2030 年）

制断面缺量 7.51 亿 m³，枫树坝水库补偿下泄量为 11.83 亿 m³。调节计算见附表 8。

（2）从直饮水缺量分析。在远期水平年用水规模下，主要有三个水文年度的来水量偏少分别是 1963 年 4 月至 1964 年 4 月、1991 年 4 月至 1992 年 3 月和 2004 年 4 月至 2005 年 3 月。在 1991 年 4 月至 1992 年 3 月的年份的来水频率条件下，联调前单库调节的缺水量为 1.29 亿 m³，联调后缺量为 0.91 亿 m³，提高 29％，枫树坝补偿量为 4.01 亿 m³；在 2004 年 4 月至 2005 年 3 月的来水频率条件下，联调前直饮水缺量为 4.19 亿 m³，联调后缺量为 2.81 亿 m³，提高 33.0％，枫树坝补偿量为 11.83 亿 m³。联调前和联调后不同年份直饮水缺量见图 5-22。

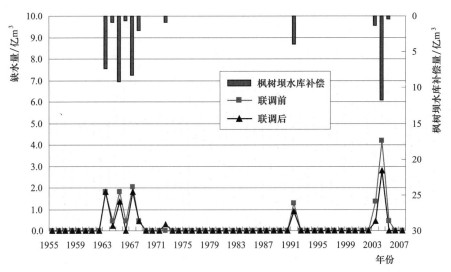

图 5-22　远期水平年不同年份直饮水缺水量对比图

6. 从供水保证率分析

两库联合调度条件下，经过长系列水文调节计算，各个水平年各个供水对象的保证程度见表 5-3。

表 5 - 3   两库联合调度下各供水对象保证率计算表

分类	工作总历时 /月	破坏历时/月		最小下泄流量 保证率 /%	直饮水工程 保证率 /%
		最小下泄流量	直饮水工程		
现状	53×12=636	0	0	99.84	—
近期（2012 年）	53×12=636	0	1	99.84	99.69
中期（2020 年）	53×12=636	0	11	99.84	98.12
远期（2030 年）	53×12=636	3	24	99.37	96.08

联合调度前与联合调度后，供水保证率变化情况见表 5 - 4、图 5 - 23、图 5 - 24。

表 5 - 4   两库联合调度前后供水保证率变化表   %

年份	最小下泄流量			直饮水工程		
	联调前	二库联调后	变化差	联调前	二库联调后	变化差
现状	98.59	99.84	1.25	—	—	—
2012	98.27	99.84	1.57	98.27	99.69	1.42
2020	96.86	99.84	2.98	96.70	98.12	1.42
2030	95.13	99.37	4.24	94.51	96.08	1.57

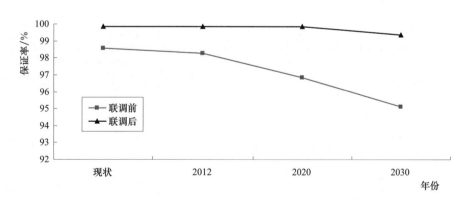

图 5 - 23 最小下泄流量保证率对比图

从供水保证率看，两库联调后，各个水平年最小下泄流量与直饮水工程供水保证率都得到提高，现状水平年情况下，最小下泄流量两库联合调度后供水保证率提高不明显；近期水平年（2012 年）最小下泄流量供水保证率提高 1.57%，直饮水工程供水保证率提高 1.42%；中期水平年（2020 年）最小下泄流量供水保证率提高 2.98%，直饮水工程供水保证率提高 1.42%；远期水平年（2030 年）最小下泄流量供水保证率提高 4.24%，直饮水工程供水保证率提高 1.57%。

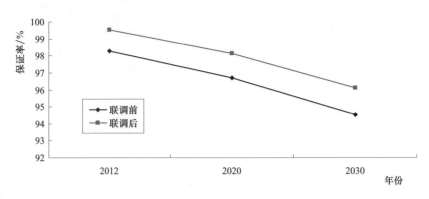

图 5-24　直饮水保证率对比图

　　根据《广东省东江流域水资源分配方案》，广东省东江流域各市获取的逐月分配方案和各控制断面最小下泄流量是按照 90% 的来水频率来分配和控制。如果按江口最小下泄流量 270m³/s 反算供水调节过程，水库下泄过程满足 270m³/s 即满足供水保证任务要求。经过 53 年长系列水库调节计算，供水保证率能够满足 90% 以上水平，即认为直饮水工程对现行分水模式影响不大。两库联调下各水平年两库调度线见图 5-25。

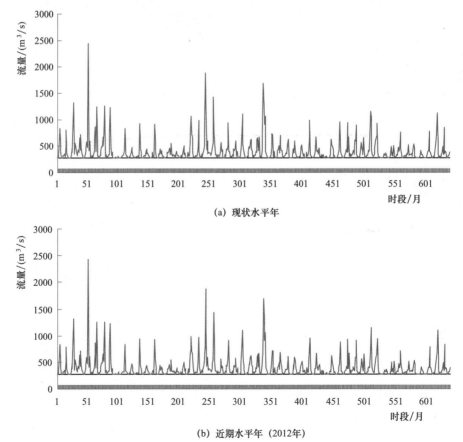

(a) 现状水平年

(b) 近期水平年（2012年）

图 5-25（一）　各水平年两库联合调度过程线

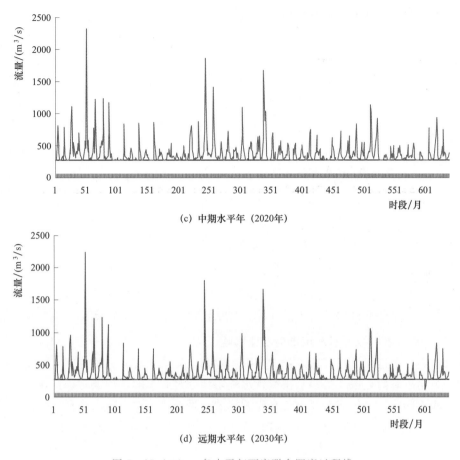

(c) 中期水平年（2020年）

(d) 远期水平年（2030年）

图 5-25（二）　各水平年两库联合调度过程线

5.4.3　三库联合调度计算成果及分析

对于三库联调重点分析保证率。通过三库联调，增加了流域水资源供应的保障程度。首先从保证率分析，见表 5-5 是三库联调与二库联调的供水保证率对比情况。

表 5-5　　　　　　　　　三库联调与二库联调供水保证率变化　　　　　　　　　%

年　份	最小下泄流量			直饮水工程		
	二库联调	三库联调	变化差	二库联调	三库联调	变化差
现状	99.84	99.84	0.00	—	—	—
2012	99.84	99.84	0.00	99.69	99.69	0.00
2020	99.84	99.84	0.00	98.12	98.12	0.00
2030	99.37	99.53	0.16	96.08	96.08	0.00

从表 5-5 可以看出，近期和中期由于提水规模相对较小，三库联调对最小下泄流量保证率提高不明显。远期水平年，由于提引流量较大，三库联调发挥的作用比较明显，保证率可以提高 0.16%，达 99.53%。

图 5-26 是远期水平年历年水库调节历年缺水量。当 2004 年 4 月至 2005 年 3 月的

95％频率下的来水条件下，缺水量由 10.32 亿 m^3 下降到 9.49 亿 m^3。

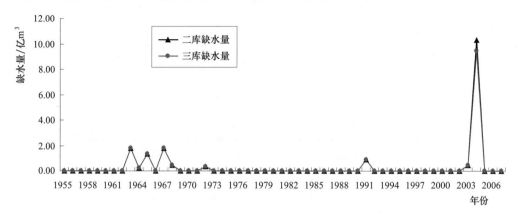

图 5-26　远期水平年历年缺水量图

通过水库联合调度，可以大大降低区域水资源短缺量，从新丰江水库和枫树坝水库的联合调度结果看，可供水量得到进一步保证，供水保证得到提高。三库是在二库联合调度的基础上，供水保证率得到进一步的保障，特枯年缺水量有效地降低。

5.4.4　直饮水占用指标与不占用指标对比影响

直饮水不占用指标是指直饮水量在《广东省东江流域水资源分配方案》的基础上，新增加的一个用户对象；占用指标是指直饮水量东江分水方案的基础上，扣掉这部分原属于生活供水的一部分量。从前面新丰江水库调算的结果来看，占用分水指标后，供水保证率近期为 98.27％，中期为 96.86％，远期 95.13％，远期供水保证率都大于 95％，基本满足特枯年 95％频率下的水量分配。与不占用指标相比，直饮水供水保证率近期为 98.27％，中期为 96.70％，远期为 94.51％，在远期通过与枫树坝水库的联合调度，可将保证率提高到 96.08％。随着东江水资源管理体制逐步完善和理顺，东江水资源管理正在强化新丰江、枫树坝、白盆珠水库三库联合优化调度工作，三大水库按照防洪、供水为主兼顾发电的功能进行联合优化调度，实现了跨年度调节的蓄丰补枯，大大增加了区域供水安全保障能力。

第6章 工程布局及主要建筑物

6.1 工程线路走向与布置

新丰江直饮水工程主要为深圳、东莞、广州三市居民提供直饮水，按 2030 年供水规模进行设计，需从万绿湖设计引水量为 $17.39m^3/s$，年引水量为 5.48 亿 m^3。初步拟定深圳交水点设在松子坑水库，东莞交水点设在桥头镇，广州市交水点设在东圃。

6.1.1 输水线路拟定

根据水库附近的地形地质资料及实地查勘，取水口位置确定布置于新丰江水库右岸距右坝肩约 400m 处的山凹中，进水口中心线高程 85.0m，孔口尺寸 3.5m×4.2m，为隧洞式深孔进水口型式，孔口采用岩塞爆破而成。该处前沿水域开阔，水流条件较好，同时，库岸稳定，基岩好，风浪小，不与大坝任何设施相干扰，但由于该处水深较大，水下施工有一定难度。

从新丰江水库取水口到广州的距离约 180km，到深圳约 140km，到东莞约 100km，尽量缩短供水线路长度以保证全程自流的供水方式是主要考虑因素，同时考虑工程造价、工程施工、运行管理等因素，经初步查勘及根据 1：50000 地形图，本阶段输水线路主要考虑以下两个方案的比较。

方案Ⅰ：沿高速公路铺管方案。从新丰江水库取水隧洞开始，经亚婆山、白石嶂隧洞至粤赣高速公路，至埔前转至惠河高速南下，在小金口立交枢纽预留分水口至广州，二期时将在预留分水口设管线沿广惠高速至黄埔转广深高速经环城高速至广州受水点东圃镇；主输水管继续沿惠河高速南下至博罗何屋后分为两支，一支通往东莞桥头，另一支继续沿惠河高速至横岭转惠盐高速，至深圳龙岗后由惠盐高速转深汕高速至终点松子坑水库。输水线路管线（图 6-1）：至广州全长 180.4km，至东莞全长 112.2km，至深圳全长 130.3km，供水网络见图 6-2。

方案Ⅱ：沿东江铺管方案。从新丰江水库取水隧洞至白田村同方案Ⅰ，然后沿东江右岸一直引至博罗龙溪后预留分水口同时输水管继续横穿东江，预留分水口为至广州管线，二期时将沿东江而下至中堂江南村转沿 G107 国道、黄埔东路、中山大道东至东圃受水点；横穿东江后输水管分为两支，一支引至东莞桥头受水点，一支沿石马河至凤岗转 S359 省道再转深汕高速至松子坑水库；另一支为管线至广州全长 250.8km，至东莞全长 160.9km，至深圳全长 222.2km。

两种输水线路方案比较见表 6-1。

方案Ⅰ比方案Ⅱ的管线总长少了 60.1km，且方案Ⅰ主要沿高速公路布置，管线平顺，弯曲少，相应管线造价及征地费用少；交通方便，利于施工及运行管理维护；方案Ⅰ工程沿线的地质、水文及矿产文物分布清晰明确。经综合比较后，本阶段推荐采用方案

Ⅰ，沿高速公路铺设输水管线。

表 6 - 1　　　　　　　　　　　　输水线路方案比较表

	落水市	管长/km	流量/(m³/s)		落水市	管长/km	流量/(m³/s)
方案Ⅰ	广州	180.4	3.17	方案Ⅱ	广州	250.8	3.17
	东莞	112.2	6.66		东莞	160.9	6.66
	深圳	130.3	7.56		深圳	222.2	7.56
	合计	269.6	17.39		合计	329.7	17.39

注　合计管长扣除总管长度。

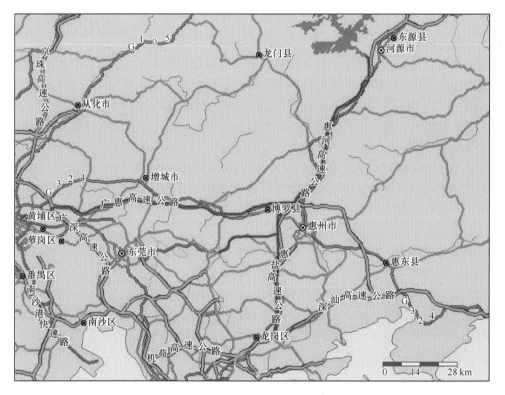

图 6-1　沿高速公路输水方案线路示意图（推荐方案）

6.1.2　输水管网设计

本工程输水方式为重力自流。根据《室外给水设计规范》（GBJ 13—86）的要求，出于事故工况的考虑，在一般情况下，自流输水管道一般不少于 2 条，这一规定主要是针对无调节能力的输水管道而言，对于具有调节能力的输水管道（如有调节池、调节水库），则可考虑设单线供水。本次输水的广州、东莞未设安全贮水池，只有深圳的受水点松子坑水库具有较大的调节能力，为提高供水的安全程度及统一管理起见，确定全部采用双管输水方式。

本工程属于水源位于高地的重力输水系统，应按充分利用水压的条件确定管径。管径

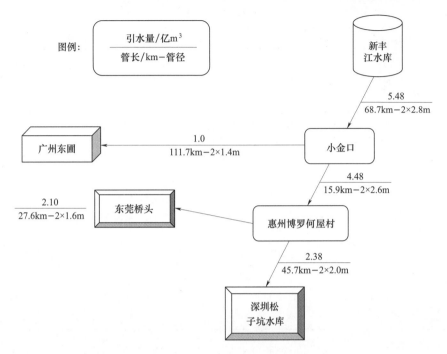

图例：

$$\frac{引水量/亿 m^3}{管长/km-管径}$$

图 6-2 沿高速公路方案供水网络示意图（推荐方案）

选择即要满足全程自流，又要控制管内流速不能太小，以免造成管径过大而不经济。受沿线地形限制，除采用成品管输水外，部分还采用了隧洞输水。分述如下。

1. 隧洞

对本次的输水流量来说，若采用二孔隧洞与双管对应输水，则每孔所需的断面相对较小，不宜采用机械施工。同时考虑到隧洞可靠性较高，因此，对隧洞段采用单孔隧洞输水，在隧洞出口后采用叉管与双管衔接。

本阶段计算时不考虑沿程渗漏引起的流量变化，经过计算，隧洞段内的水流属于紊流过渡区，其沿程损失系数 λ_i 的计算公式为：

紊流过渡区（隧洞段）：

$$\frac{1}{\sqrt{\lambda}} = 1.74 - 2\lg\left(\frac{\Delta}{r_0} + \frac{18.7}{Re\sqrt{\lambda}}\right) \tag{6-1}$$

根据式（6-1）进行计算分析，为满足全程自流，本阶段推荐隧洞内径为 4.2m，以 17.39m³/s 的设计流量，则对隧洞来说流速为 1.30m/s，满足《室外给水设计规范》（GBJ 13—86）中 0.6m/s 的最低要求。

2. 管道

钢管、预应力钢管混凝土管（即 PCCP 管）、预应力混凝土输水管（即 PCP 管）及玻璃钢管（GRP 管）均可作为本工程的输水管材。其中钢管、PCP 管及 PCCP 管是目前工程上常用的管材，而玻璃钢管是一种引进国外技术的新型管材，各种管材的特点及相应规范见表 6-2。

表 6 - 2　　　　　　　　　　　　　管 材 比 较 表

管型	特　　点	执行规范
钢管	由钢板卷焊而成，具有制造方便、应力强度高、适应性好，但抗腐蚀性能较差，造价高，主要用在高压管道上	《水电站压力钢管设计规范》（SD 144—85）《压力钢管制造安装及验收规范》（DL 5017—93）
PCP 管	由高强度预应力钢丝及混凝土制成，根据工艺不同，可分成一阶段管及三阶段管，一阶段管目前最大管径可达 2000mm。PCP 管有较成熟的经验，造价也适中，但每节长度一般为 4～5m，节头多，一般用在中、低压管道上	《预应力混凝土输水管（管芯缠绕工艺）》（GB 5696—94）《预应力混凝土输水管（震动挤压工艺）》（GB 5695—94）
PCCP 管	结合了钢管和 PCP 管的优点，具有耐压、抗渗、防腐等优点，但造价与钢管接近，每节长度比 PCP 管稍长	《预应力钢筒混凝土管》（JG 625—1996）
GRP 管	用树脂加石英砂组成非金属管，具有很强的抗腐蚀特点，重量轻，可现场制造，运输方便，其内壁很光滑，每节长度可达 12m，为 PCP 管或 PCCP 管每节长的 2 倍	目前尚未有国标，近似的行标有《纤维缠绕增强热固性树脂压力管》（JC 552—94）

　　根据市场调查及向相关单位咨询的结果，就制造生产能力而言，GRP 管和钢管有优势；就造价而言，PCP 管和 GRP 管有优势；从管内壁糙率系数 n 值来判断，过水能力最好的是 GRP 管；就 PCP 管和 GRP 管而言，通过相同流量时，PCP 管管径需加大 20％～30％。

　　综合以上分析，本阶段推荐采用 GRP 管作为输水管材。

　　3. 玻璃钢管沿程水头损失计算及管径确定

　　由于玻璃钢管是一种新型输水管材，其沿程水头损失计算公式及所采用的水力参数，《室外给水设计规范》（GBJ 13—86）并没有具体的规定。现参考给水排水设计手册及有关厂家资料进行计算。

　　根据海曾-威廉公式：

$$h_f = \frac{10.67 Q^{1.852}}{C^{1.852} D^{4.87}} L = iL \qquad (6-2)$$

式中　C——海曾-威廉公式的系数，$C=150$；

　　　D——管径，m；

　　　Q——流量，m^3/s；

　　　L——管段长度，m；

　　　i——水力坡降。

　　本阶段计算时不考虑沿程渗漏引起的流量变化，经过试算，可求得满足输水流量各段 GRP 管的管径：新丰江取水口至小金口分水口段管径为 2800mm，小金口至莞深分水口段管径为 2600mm，小金口至广州东圃段管径为 1400mm，莞深分水口至东莞桥头段管径为 1600mm，莞深分水口至深圳松子坑水库段管径为 2000mm。以上均为双管输水。

通过计算，各输水管段相应的水力坡降为：新丰江取水口至小金口0.362m/km，小金口至东莞深分水口0.358m/km，小金口至广州东圃0.454m/km，莞深分水口至东莞桥头0.936m/km，莞深分水口至深圳松子坑水库0.398m/km；考虑本阶段输水线路局部水头损失约占沿程水头损失的20%，相应到各城市的总水头损失为49.91～90.74m；而新丰江水库供水上水位为113m，广州、东莞受水地面标高约20m，深圳松子坑水库受水标高约为62m，广州、东莞供水水头93m，深圳供水水头51m，所以供水总水头损失满足水头差要求。

通过以上分析，对GRP管来说，总管的流速为1.41m/s，供广州管道流速为1.03m/s、东莞1.66m/s、深圳1.20m/s，均满足《室外给水设计规范》（GBJ 13—86）中0.6m/s的最低要求。

6.1.3 总体布置

在新丰江水库右岸设隧洞式深孔进水口取水，取水后经闸门井及渐变段接洞径为4.2m的输水隧洞至与粤赣高速公路平顺连接，然后接2根管径2800mm玻璃钢管输水至小金口，在小金口设连通阀及预留分水叉管，分水至广州，分水管以2Φ1400GRP管分水至广州东圃。为了控制水库水位的变化而引起流量的变化，在分水叉管处设流量调节阀和工作蝶阀。连通阀后接2Φ2600GRP管至惠州博罗何屋村，在何屋村再设连通阀及分水叉管，分水管以2Φ1600GRP管分水至东莞桥头，连通阀后接2根管径2000mm玻璃钢管沿惠河、惠盐、深汕等高速直至深圳受水点松子坑水库。管线至广州全长180.4km，至东莞全长112.2km，至深圳全长130.3km，均采用埋管形式铺设。沿线经过东江、石马河、曾江等河流根据具体情况，采用埋管形式（或高架桥形式）穿过。

在隧洞的出口处设蝶阀，控制管线的运行。同时在沿线每隔400～1000m设放空阀和检查井，每隔1km左右的高点处设管径200mm自动排气进气阀。

6.2 主要建筑物与施工

结合河源地区历史地震资料和地震地址分析，在未来50～80年间，新丰江库区位于地震平静期，不会出现6级以上地震。广东省地震局于1990年在《关于河源市地震基本烈度意见》中确定河源地区地震烈度为Ⅵ～Ⅶ。新丰江水库直饮水工程可按7度烈度进行地震设防，是安全、合理的。

1. 取水口设计与施工

新丰江水库取水口采用隧洞式深孔进水口，其入口段采用水下岩塞爆破方式完成。取水口建筑物由隧洞段、渐变段和闸门竖井段组成。

闸门竖井段上、下游各接8m长的渐变段，分别与上游隧洞和下游隧洞段连接。

闸门竖井段底板高程82.9m，中心线高程85.0m，孔口尺寸为3.5m×4.2m（宽×高），设平板工作闸门和检修闸门各一扇。两扇闸门槽中心线距离为2.7m，工作门后设通气孔。闸门竖井段长度为6.0m，宽度5.5m，高34.1m，采用60cm厚的混凝土衬砌。在正常水位以上的116.5m高程处设8.7m×6.7m（宽×高）的闸门检修平台兼作门库。启闭机室布置于125.5m高程处，设两台固定式启闭机，闸门井外有公路与右坝肩连通，形成对外公路。

岩塞爆破段后部的隧洞段，开挖尺寸为 4.2m×7.0m（宽×高），长度为 42.83m，为不衬砌隧洞。为防止岩塞爆破时石渣堆积到闸门竖井处堵塞闸门，进口隧洞采用倒坡式开挖，坡度约为 7%。

闸门进内的工作闸门设计水头 53m，总水压力 4560kN，闸门采用后止水平面定轮支撑型，工作闸门采用 600kN 固定卷扬式双层缠绕高扬程启闭机。

为便于工作门和闸门井检修，在工作门上游 2.7m 处布置检修门，其设计水头和启闭机与工作门相同。

由于新丰江库区植被较好，库内漂浮物不多，本取水口不采用固定拦污栅，而采用水面浮动式拦污网，拦截水面的少量漂浮物。

闸门竖井土石方开挖：覆盖层开挖采用 1.6m³ 反铲挖土，8t 自卸汽车出渣，石方明挖采用手风钻钻孔，分层逐层下挖，边坡采用锚喷支护，1.6m³ 反铲挖掘机装 8t 自卸汽车运至沙场。

闸门竖井石方洞挖：采用正井开挖，气腿钻孔，人工装药爆破，卷扬机吊运石渣至洞口后转装 8t 自卸汽车出渣，竖井每开挖 3～5m 后紧跟锚喷支护，以确保安全。

取水口岩塞爆破施工：新丰江水库直饮水工程取水口底板高程为 82.9m，而水库正常运行水位为 116.0m，即取水口底板位于正常水位以下 33.10m。根据这一特点，取水口平硐开挖由下游出口往上游取水口进行，开挖至进口时预留厚 8～10m 的岩塞，等隧洞、竖井开挖、混凝土衬砌以及闸门安装全部完成后再爆破预留岩塞，一次打通出水口。岩塞爆破口的硐脸要稳定，能满足水工隧洞长期运行要求，本项目岩塞采用排孔爆破，岩塞后设置一个矩形集渣坑，集渣坑的尺寸为 12m×5.2m×10m（长×宽×高），爆破后石渣大部分留在集渣坑里，少量石渣可用排渣的方法解决。

2. 输水隧洞设计

输水线路沿途由山区、丘陵区和河沟平原区三种地区组成，其中穿越山区的地段需以隧洞型式通过。经过水力学计算，推荐隧洞内径为 4.2m，隧洞的埋置深度按"抗抬理论"要求设计。

由于沿线山体岩性、地质构造、地下水位的不同，通过隧洞衬砌计算，确定较为合理的隧洞衬砌厚度和配筋。

根据《水工隧洞设计规范》（SL 279—2002）中所推荐的计算程序，分别就衬砌厚度为 30cm、40cm、50cm，内水压力为 24m、30m、48m、60m、72m、90m 进行了 18 种组合衬砌计算。综合考虑了施工技术条件，输水线路沿线地段的地下水位、岩层岩性等情况，本阶段推荐采用 40cm 的衬砌厚度。对于局部内压过大地段，采用外围 0.8MPa 中等压力固结灌浆方法向衬砌混凝土体施加部分预应力，以消去部分钢筋混凝土衬砌不能承担的内水压力。

对于内水压力适中，但围岩条件较差的地段，采用 0.4MPa 的灌浆压力进行固结灌浆。而对于Ⅰ类、Ⅱ类围岩地段的隧洞，在内水压力较小的区域（隧洞位置高程达 70m 以上），则取消固结灌浆的处理措施。进行固结灌浆的隧洞段每个断面布 6 孔 3m 深的灌浆孔，轴线方向为每 2m 布置一个灌浆断面。

为使衬砌混凝土体与围岩结合良好,产生较好的整体受力状态,全线隧洞顶部120°范围均进行回填灌浆。

3. 输水管道敷设

(1) 管道敷设。本项目输水管道采用GRP管。GRP管为成品管,按设计线路的土质夯实程度、地下水情况、埋深、地面荷载及管内最大、最小压力等因素,由厂家设计计算管件的强度、刚度等数据。因此,有关GRP管的结构设计不在本阶段设计范围之内,而有关厂家所要求有关参数则应在下阶段设计工作中向厂家提供。

对于城市特殊地段的管网铺设,一般采用非开挖技术施工,与传统的开挖施工法相比,非开挖施工法具有明显的优势。它避免了地面"开膛破肚"和"马路拉链"现象,具有不影响交通、不破坏环境、施工周期短、综合施工成本低、社会效益显著等优点。目前国内外常用的新管非开挖技术方法有:盾构施工法、顶管施工法、小口径顶管法、水平钻进法、水平螺旋钻进法、水平定向钻进法、微型隧道法、导向钻进法、顶推钻进法、冲击钻进法等,本项目可根据具体情况选用。

(2) 观测与量水设备。本工程观测内容主要有:管内沿线压力观测,GRP管沉陷观测,隧洞衬砌应力应变观测。本阶段不作详细的观测设计,只计入观测费用。

量水站设在取水口或在小金口、惠州博罗何屋分水点,也可设在各个交水点,具体位置由业主单位和有关方面协商解决。量水器采用电磁流量计,其大小与GRP管径相同。

4. 管道越江工程

本输水工程要跨越东江、曾江、石马河等河流,由于管径较大,管道的输水保证率要求很高,采用高架过江成本较大,目前暂不考虑,待下阶段工作可作这方面的比较。

本阶段推荐采用过江埋管的方式。越江管道均采用钢管,利用浮运沉管方法施工,即先采用挖泥船进行水下沟槽开挖,并打好定位桩,然后浮运与沉管,最后由潜水员在水下使用水枪进行回填。为防管道损坏,管顶以上填一层土,再填一层块石予以保护,块石上再铺砂土,并恢复原河床断面要求。

5. 工程用地

工程占地主要是指工程永久占地和临时工程占地。由于本阶段管线走向推荐方案为主要沿高速公路铺设,因此工程的永久占地主要为高速公路的已征用地,因此在下阶段工作中还需就具体方案和相关高速公路管理单位进行协商解决。

考虑沿线管沟开挖的临时推土及施工道路、施工生产、生活设施布置,本阶段临时工程占地按沿线宽度50m计算(含永久占地宽)。

6. 城市供水方案

本项目供水范围包括广州、东莞、深圳。通过干管将水输送到上述各城市的净水厂,经过对新丰江优质原水物理处理达直饮水标准后,由城市直饮水管道将新丰江直饮水配送到千家万户,暂时不对各市水处理厂和配送系统进行研究,只粗略描述整体方案。

考虑到城市居民对直饮水的接受程度及城市规划建设的具体实际,城市直饮水配水系统分两步实施。第一步,新丰江直饮水到达各受水城市后,对有条件的城市区域,特别是新建小区或生活品质较高的城市区域,通过直饮水管道直接将直饮水配送到千家万户;而对于一些暂时不具备铺设直饮水管道的城市区域,可设置若干供水站点(像包头似的自助式水屋），将已制作达标的直饮水以其他方式（如专用车送）配送各供水站，桶装零售要。以这种分散模式扩大新丰江直饮水的覆盖范围。第二步，完成各个受水城市的管道直饮水。

一期利用管道直供或用总供水站（净水厂）—分供水站—专用器具形式供给居民优质水。利用管道直供水时直接铺设即可；利用水站供水时，则在东莞桥头、深圳松子坑各设一个总供水站（净水厂），在东莞设 12 个分站、深圳设 16 个分站，逐级配送，将优质饮用水供给居民，由总站（净水厂）到供水站的供水管道直径按通过最高日最高时流量确定。新丰江的优质原水经由输水干管送达各市水处理厂后，再经过物理处理，使水质达到直饮水标准，应用净水机或桶装水形式将优质水配送到各居民家中，这里一方面要控制输水干管出水口水质，防止二次污染；另一方面，对净水机或专用桶也需定期消毒，以保证水质。

二期供给东莞、深圳、广州三市，由供水站逐步过渡到管道供应。为保证供水的可靠性，各主要供水区域按环状管网进行布置，相互连通，使管道中的水处于循环流动状态以保持水质清新可用；对供水量较小的边远区域，可暂时采用树枝状管网，待水量发展到一定数量时再连通成环状。

在本项目管网系统中，根据功能及管径不同，设置 5 类给水管：管网输水干管、管网干管、配水干管、配水管、配水支管。本项目供水范围大，各供水区域供水负荷不均匀，为保证维持管末端一定的服务压力、调节各区域供水量，克服管道阻力损失，拟分区设置加压泵站。

7. 建设进度计划

本工程取水线路长，供水区域范围大，具有工作面分散，可分段同时开工的特点，有利于加快工程进度。

取水管道工程沿线交通比较发达，从河源至小金口、过东圃到广州、经惠州至东莞桥头、沿惠盐高速到松子坑水库，均沿公路线附近进行布置，对外交通方便。施工用电除少部分自发电解决外，主要从电网接入。

三市饮用纯净水厂分别位于广州东圃、东莞桥头与深圳松子坑水库旁，交通条件、施工用电、用水条件均具备。

根据以上施工条件和本工程的特点，工程施工分二期进行，其中第一期供水工程初期采用水站供水的方式，水站供水工程主要包括取水口及原水管道工程、水厂工程和供水站工程，建设期为 2 年，根据投资计划，水站营运 2 年后开始建设城市管网，建设期为 2 年，然后进入正常营运期；二期工程从 2020 年开始建设，建设期为 2 年。

第7章 长距离输水工程水质稳定性分析

7.1 长距离输水管道内水质化学稳定性分析

7.1.1 原水的化学稳定性研究

水质的化学稳定性是指水在输配过程中，由于各种因素的影响，水中含有的各化学物质之间或者与外部特别是管道材料之间发生化学反应而引起管路系统的沉积和腐蚀，从而改变了原水水质的离子平衡。水的腐蚀性和沉淀性都是水——碳酸盐系统的一种表现。当水中的碳酸钙含量超过饱和值时，则会出现碳酸钙沉淀，引起结垢的现象。反之，当水中碳酸钙含量低于饱和值时，则水对碳酸钙具有溶解的能力，可以将已经沉淀的碳酸钙溶于水中。前者称为可沉淀型水，后者称为腐蚀性水，总称为不稳定水。当水既不溶解碳酸钙，也不析出碳酸钙时，则称为稳定性水。腐蚀性水，对于混凝土或钢筋混凝土一类材料制的管道来说，可从输水管壁中把碳酸钙溶解出来，对金属管道的腐蚀来说，则是溶解原先沉积在金属表面的碳酸钙，从而使金属表面裸露在水溶液中，产生腐蚀过程。而稳定性水则不会引起这种变化，能够延长管道的使用年限。为了对水质的腐蚀性和结垢性进行控制，必须要有一个能评价水质化学稳定性的指标体系，以便对水质化学稳定性进行鉴别，从而采取相应的稳定性控制措施。水质化学稳定性的判别指数分为两大类，一类主要是基于碳酸钙溶解平衡的指数，如 Langelier 饱和指数、Ryznar 稳定指数、碳酸钙沉淀势 CCPP 等；另一类则是基于其他水质参数的指数，如 Larson 比率等。

1. 基于碳酸钙溶解平衡的稳定性指数

（1）Langelier 饱和指数。Langelier 饱和指数 LSI 是最早也是使用最广泛的鉴别水质稳定性的指数，其定义为：

$$LSI = pH_a - pH_s \tag{7-1}$$

式中　pH_a——实际 pH 值；

　　pH_s——在同样温度下，水－碳酸盐系统处于平衡状态时应具有的 pH 值。

根据新丰江新丰江水库 2008—2009 年的水质监测信息可计算出：

$$LSI = pH_a - pH_s = 7.17 - 7.25 = -0.08$$

根据 Langelser 的研究在进行 LSI 的判定时，应该依据以下原则：当 $LSI > 0$，水中所溶解的 $CaCO_3$ 超过饱和量，倾向于产生 $CaCO_3$ 沉淀；当 $LSI < 0$，水中所溶解的 $CaCO_3$ 低于饱和量，倾向于产生溶解 $CaCO_3$ 沉淀；当 $LSI = 0$，水中所溶解的 $CaCO_3$ 与固相 $CaCO_3$ 平衡。

表 7-1 LSI 判别水质化学稳定性情况列表

LSI 值	水的倾向性
>0	结垢
<0	腐蚀
0	稳定

从以上计算结果结合判定标准表 7-1 可知,新丰江水库的水属于微腐蚀性水。

(2) Ryznar 稳定指数。实际工作中,Langelier 饱和指数能作为水处理过程中一个相对性的指导参数,但并不能把 LSI 的正负值作为水的结垢和腐蚀的绝对标准。

Langelier 饱和指数有两个弊端,一是对两个同样的 LSI 值不能进行水质化学稳定性的比较。例如 pH 值分别为 7.5 和 9.0 的两个水样,其 pH_s 分别为 6.65 和 8.14,计算的 LSI 值分别为 0.85 和 0.86,就 LSI 而言两者都是结垢性的,但实际上第一个水样是结垢性的,而第二个水样是腐蚀性的。二是当 LSI 值在 0 附近时,容易得出与实际相反的结论。Ryznar 针对 Langelier 饱和指数提出了半经验性的 Ryznar 稳定指数 RSI,Ryznar 稳定指数 RSI 是一个半经验指数,其定义为:

$$RSI = 2pH_s - pH_a = 2 \times 7.25 - 7.17 = 7.33$$

根据计算结果结合表 7-2 的判定标准可知,新丰江水库的水也属于微腐蚀性水。

表 7-2 RSI 判别水质化学稳定性情况列表

RSI 值	水的倾向性	RSI 值	水的倾向性
4.0~5.0	严重结垢	7.0~7.5	腐蚀
5.0~6.0	轻微结垢	7.5~9.0	严重腐蚀
6.0~7.0	轻微结垢或腐蚀	≥9.0	极其严重腐蚀

(3) 碳酸钙沉淀势 CCPP。国内一般采用饱和指数和稳定指数共同来分析评价水质化学稳定性。这两个指数只能给出水质化学稳定性的定性分析,用饱和指数判别水的腐蚀或结垢的倾向,用稳定指数判别水的腐蚀或结垢的程度。对于腐蚀性或结垢性的水来说,究竟每升水中应该沉淀或溶解多少碳酸钙才能使水质稳定,饱和指数和稳定指数都是无能为力的。为了全面、客观地评价水质化学稳定性问题,还需采用多种指数来建立水质化学稳定性的综合评价体系。

碳酸钙沉淀势 CCPP 能给出碳酸钙沉淀或溶解量的数值,它从定量的角度来分析水质化学稳定性,因而是个更好的判别指数。CCPP 的定义为:

$$CCPP = 100([Ca^{2+}]_i - [Ca^{2+}]_{eq}) \tag{7-2}$$

上式中钙的单位为 mol/L,下标 i 和 eq 分别代表水原来的和与碳酸钙平衡后的钙离子浓度值,CCPP 的单位为 mg/LCaCO₃,100 则是 mol/L 变为 mg/L 的换算系数。计算 CCPP 时,可以利用以下两个原则:①在 CaCO₃ 沉淀或溶解的过程中,水中的总酸度 Acd 保持不变;②在 CaCO₃ 沉淀或溶解的过程中,总碱度 Alk - 2 [Ca²⁺] = 常数。

测定新丰江水库原水,可知原水的钙离子浓度为 20.8mg/L,碳酸钙平衡后的钙离子浓度为 21.7mg/L。计算可得新丰江水库水的 CCPP 值为 -0.9mg/L,根据计算结果结合表 7-3 的判定标准可知新丰江水库水属于轻微腐蚀性水。

表 7-3　　　　　　　　　**CCPP 判别水质化学稳定性情况列表**

CCPP 值	水的倾向性	CCPP 值	水的倾向性
0～4	基本不结垢或轻微结垢	0～-5	轻微腐蚀
4.0～10.0	轻微结垢	-5～-10	中度腐蚀
10.0～15.0	较严重结垢	<-10	严重腐蚀
≥15	严重结垢		

2. 基于其他参数的稳定性指数

（1）拉森比率 LR。Larson 和 Skold 在分析大量铁管腐蚀速率数据时，发现水体中碳酸氢根的存在对于缓解腐蚀起着重要作用。他们认为水体的腐蚀性取决于水中腐蚀性组分对于缓蚀性组分的比例，并于 1957 年提出了拉森比率（Larson Ratio）的概念。拉森比率被定义为：

$$LR = ([Cl^-] + [SO_4^{2-}])/[HCO_3^-] \tag{7-3}$$

上式中氯离子、硫酸根、碳酸氢根的单位均为 mol/L。拉森比率考虑到了氯离子和硫酸根等无机阴离子对腐蚀的影响。水体中含盐量的增加会提高水的电导率，加快腐蚀进程；氯离子和硫酸根等无机阴离子半径小，容易穿透破坏金属表面的钝化膜，促进腐蚀。见表 7-4。

根据相关资料计算得出：

$$LR = ([Cl^-] + [SO_4^{2-}])/[HCO_3^-] = (0.14 \times 10^{-3} + 0.06 \times 10^{-3})/0.69 \times 10^{-3} = 0.29$$

LR 值越低，水的腐蚀性越小。一般认为 LR 值小于 0.5 就表明水的化学稳定性是较好的，腐蚀性较小是可以接受的。新丰江水库原水的 LR 值为 0.29<0.5，表明新丰江水库水的腐蚀性还是较小的，在可以接受的范围内。

（2）Riddick 腐蚀指数 RCI。Riddick 提出的 Riddick 腐蚀指数 RCI 考虑了影响管道腐蚀的多种因素，包括溶解氧、氯化物、总硬度、总碱度、硝酸盐、二氧化硅等。其定义如下式所示：

表 7-4　　**LR 判别水质化学稳定性情况列表**

LR 值	水的倾向性
<0.5	轻微腐蚀
>0.5	腐蚀

$$RCI = \frac{75}{Alk}\left[CO_2 + \frac{1}{2}(Hard - Alk) + Cl^- + 2N\right] \cdot \frac{10}{SiO_2} \cdot \frac{DO+2}{Sat.DO} \tag{7-4}$$

根据相关资料计算得出：

$$RCI = \frac{75}{Alk}\left[CO_2 + \frac{1}{2}(Hard - Alk) + Cl^- + 2N\right] \cdot \frac{10}{SiO_2} \cdot \frac{DO+2}{Sat.DO} = 16.94$$

对比表 7-5 可知水库水质化学稳定性为不腐蚀，比较稳定。

表 7-5　　　　　　　**Riddick 腐蚀指数判别水质化学稳定性情况表**

RCI	水质化学稳定性	RCI	水质化学稳定性
0～5	极不腐蚀	51～75	腐蚀
6～25	不腐蚀	76～100	严重腐蚀
26～50	轻微腐蚀	101 以上	极严重腐蚀

综上所述，通过新丰江水库原水不同水质稳定性参数的计算和分析，所得新丰江水库原水的各种水质稳定性参数见表 7 - 6。可见，新丰江水库水质稳定，既不沉淀结垢，也没有明显的腐蚀性。

表 7 - 6　　　　　　　　　　　　新丰江水库水质化学稳定性

水质参数	参数值	水质化学稳定性	水质参数	参数值	水质化学稳定性
LSI	−0.08	微腐蚀	LR	0.29	<0.5 即可接受
RSI	7.33	微腐蚀	RCI	16.94	不腐蚀
CCPP	−0.9	轻微腐蚀			

3. 电化学腐蚀的影响因素

（1）溶解氧对铸铁管腐蚀的影响。水中的溶解氧主要靠氧分子扩散到铸铁管壁发生电化学反应获得电子从而造成对铸铁管的腐蚀。铸铁管的腐蚀电流强度不仅与水中的溶解氧的浓度有关，还与氧在水中的扩散系数，以及氧扩散层的厚度有关。氧在水中的扩散系数，以及氧扩散层的厚度都受温度的影响，因此不同季节铸铁管由氧导致的腐蚀程度是不同的。

（2）pH 值对铸铁管腐蚀的影响。在给水管道内，pH 值对铸铁管腐蚀的影响，包括以下两方面内容。

一是能够直接影响电化学腐蚀的阴极和阴极反应过程。因为当 pH 值降低时，氢离子和氧的阴极还原反应变得容易，从而加重了铸铁管的腐蚀。

二是 pH 值的改变使得铸铁管腐蚀产物变得容易溶解，从而使铸铁管壁保护膜的稳定性发生改变，间接地加大了铸铁管的腐蚀。此外，pH 值的改变还会引起介质导电性的改变，并且会改变对腐蚀有影响的离子的浓度，从而影响铸铁管的腐蚀。

7.1.2　温度对化学稳定性的影响

1. 季节性的水质化学稳定性变化

查询相关资料得知，新丰江水库水质一直保持国家地表水Ⅰ类标准，水库深层水经高压自然滤净，浮游物几乎为零，水温常年保持在 16～23℃ 左右，这表明，季节性温度变化对水质的化学稳定性的影响不大，可以不予考虑。

2. 沿途的水质化学稳定性变化

由于新丰江水库在进行长距离输水时，是填埋于地下的，因此，水温受到的影响相对较小，因此，水质的化学稳定性也不会有显著的变化。

7.1.3　管材选择的化学稳定性变化

目前长距离输水工程中应用较多的管材为：球钢管（SP），预应力混凝土管（PCP），预应力钢筒混凝土管（PCCP），球墨铸铁管（DIP），玻璃钢管（GRP 管）等。

从化学稳定性的角度考虑，本阶段推荐采用预应力钢筒混凝土管（PCCP）球墨铸铁管（DIP）玻璃钢管（GRP 管）皆可，要最终确定哪种管材，还需要结合管材的造价、管材接口的难易及土质的松软程度等来最终确定。

7.1.4 长距离输水动态模拟实验

水在管道内经过长时间流动后，由于管道腐蚀、结垢，水中各种化学物质反应，以及水体中微生物的生长和管道内生物膜的脱落等因素使水的物理化学微生物指标多少会发生变化。

通过模拟实验，对管道内不同时间的各水质参数进行了测定和分析，结果表明，新丰江水库水在经过长时间的模拟流动后水质并没有发生较大的变化，只是浊度有明显的升高，在达到目的地以后只需经过简单的物理化学处理即可。上述实验结果也表明：对于新丰江水而言在长距离输水过程中只要保证管道的密闭性，使管道内水不受到来自外界的污染，长距离输水后的水质仍稳定的、安全。综上所述，根据新丰江水源水质2001—2007年及2008—2009年的水质监测报告和实验室对若干水质指标的检测可以发现，新丰江水库水水质良好，完全满足国家地表水Ⅰ类水体指标，是良好的水源地选择点。通过计算新丰江水库水各种化学稳定指标发现，新丰江水库水属于微腐蚀性水，既不发生沉淀结垢，也没有明显的腐蚀性，水质化学稳定性良好。由于新丰江水库水水质特别号，在实验室模拟长距离输水管网的监测中发现在经过长时间流动后水质仍然稳定，除浊度外基本并没有发生大的变化，说明了新丰江长距离输水在化学稳定性方面的可行性和安全性。

7.2 长距离输水管道内水质
生物稳定性分析

7.2.1 输水管道中细菌生长机制及影响因素

细菌在管道中生长包括在水中的悬浮生长和在管壁的附着生长。多数细菌因其分泌的胞外多糖在水中水解，而使其相对亲水，故给水管道内的湍流效应对细菌悬浮生长不利；而在管壁的黏滞层中水流速度很小，营养物质浓度梯度以及布朗运动都可使细菌与营养基质从水中迁移到管壁表面。细菌通过以聚合物架桥为主要机制的可逆粘附过程而牢固粘附于管壁表面；此过程中，如细菌分泌的粘附管壁的有机物质与管壁表面作用性质发生变化，则发生不可逆粘附，细菌在管壁定居成功。包括细菌在内的各种微生物、微生物分泌物和微生物碎屑在生存环境相对较好的管壁表面附着、生长和沉积，使管网内形成生物膜。

给水管道内为贫营养环境，其中生长的细菌大多数是以有机物为营养基质的异养菌。生物膜、颗粒物质、管壁表面的保护作用也为细菌生长提供了适应的微环境，这些成为细菌能在管道中生长的重要原因。

影响细菌在给水管道中生长的因素虽然很多，但当水源及其管道系统相对固定时，从实际角度来看人为控制的因素主要是水中有机物营养基质的浓度和余氯的含量。而异养菌生长必须依靠管道水中的可生物降解物质，在给水管道贫营养环境下，一般认为有机基质的含量是影响其生长的主要因素，因此减少水中可生物降解有机物的含量将对控制异养细菌的生长起到决定性的作用。新丰江水库水质良好，有机基质含量低（悬浮物含量仅17mg/L，高锰酸盐耗氧量1.58mg/L，浊度为3mg/L），且常年稳定，具有生物稳定性所需的条件要求，下一节通过关于水质生物稳定性试验的研究和分析，进一步有力地证明了供水管道中水质生物稳定性确实良好。

7.2.2　水质生物稳定性实验研究与分析

最近十几年来，配水管网出现细菌重新生长和繁殖（Re‐growth 或 After‐growth）的报道不断增多，满足卫生要求的出厂水（细菌总数＜1000CFU/L，大肠菌群＜0 个/100mL），在经过管道输送到达用户后，微生物学指标超标的现象时有发生。

AOC 是指可生物降解有机物中能被转化成细胞体的那部分，主要与低分子量的有机物含量有关，它是微生物极易利用的基质，是细菌获得酶活性并对有机物进行共代谢最重要的基质。BDOC 是指饮用水中有机物里可被细菌分解成 CO_2 和水或合成细胞体的部分，是细菌生长的物质和能量的来源。1995 年，日本学者 Sathasivan 等在研究东京管网水中的限制因子时提出了一种新的生物检测方法——细菌再生长潜力（Bacterial Regrowth Potential，BRP）法。这种方法以水样中的土著微生物为接种菌种，经过适当的培养后对水样中的细菌进行计数，以细菌含量（CFU/mL）表示水样中的有机物在不同的无机限制因子条件下支持细菌再生长的潜力。该方法操作简单，只需要常规仪器即可完成；接种细菌为土著混合菌，可充分利用水样中的营养基质，恰好综合了 AOC 法不需要贵重仪器和 BDOC 法不需要特殊菌种的优点，是一种简便、可行的饮用水生物稳定性的判别方法。对该方法接种液比例、培养时间和细菌计数方法进行了比较和优化，并将改进的 BRP 方法称为细菌生长潜力（Bacterial Growth Potential，BGP）法。

本项目采用 BGP 作为生物稳定性的检测指标，以 BGP 实验结果不高于 $12×10^4$ CFU/mL 作为判定标准，可以间接表示管道中 BDOC 低于 $0.20～0.25$ mg/L，以此说明新丰江水库长距离输水时水质的生物稳定性。

实验结果表明，新丰江水库水在未进入输水管道之前，其细菌生长潜力（Bacterial Growth Potential，BGP）分析显示为 2250CFU/mL，含量较低（远远小于 $12×10^4$ CFU/mL），是优质的饮用水源。原水在管道内连续运行 16h、30h、35h 和 76h 后，BGP 分别为 1343CFU/mL、3353CFU/mL、2133CFU/mL 和 3360CFU/mL，BGP 值虽然出现了一定的波动，但整体来看 BGP 变化不大；而且 BGP 值均远远低于 $12×10^4$ CFU/mL，也间接表明 BDOC 值低于 $0.20～0.25$ mg/L，说明水质的生物稳定性极好。随着原水在管道内运行时间的不断增加，BGP 出现波动，最大值达到 5207CFU/mL（第 15 天），最小值为 660CFU/mL（第 7 天），但 BGP 的总体趋势是趋于稳定的。而且 BGP 值始终低于 $12×10^4$ CFU/mL，也间接表明 BDOC 值低于 $0.20～0.25$ mg/L，证明管道内水质在长时间运行过程中依然保持着较高的生物稳定性。实际上新丰江原水只在输水管内流动 24h 之内即达到目的地，因此其生物稳定性没有疑问。虽然 BGP 实验结果表明：新丰江水库进行长距离输水时，可以保证水质的生物稳定性。然而，试验结果只是从理论上证明了新丰江水库进行长距离输水的生物稳定性。在工程实际当中，为了保证长距离输水的长期生物稳定性，还需要采取一定的措施，如加强对水源地的保护，并严格规范设计施工，设计合适的管材，对管道运行进行有效的管理，并完善管道水质监测机制等。因此可以得到这样的结论：通过输水管道将新丰江水库优质水源输送到珠江三角洲的深圳、东莞、广州等各城市，在保持水质生物稳定性方面是可行的。在实际工程当中，为了保证长距离输水的生物稳定性，还要加强对水源的综合保护、严格规范设计施工、选择合适的管材、对管网运行进行有效管理、完善管网水质监测机制，从而更好地保持水质生物稳定性，提高珠江三角洲各大中城市的供水质量。

7.3 水质稳定性设计要点

7.3.1 水锤爆管分析与防护措施

在压力输水管路中，由于闸阀的启闭或水泵的启动与突然停机，造成管路中水流速度的剧烈变化，进而引起管路压力的一系列急骤交替变化，称此为水锤现象。这时，液体（水）显示出它的惯性和可压缩性。新丰江水库长距离输水项目中，水锤的分析和计算对于工程的建设、运行和管理都至关重要。该输水项目是以重力为动力，全程自流的供水方式进行输水，所以管道中可能产生的水锤主要为关阀水锤和断流弥合水锤。因此，要避免水柱分离式的断流弥合水锤的产生，并且要合理的控制关阀时间，以防止关阀水锤的发生。

1. 新丰江水库输水项目水锤类型分析

水锤也称水击，或称流体（水力）瞬变（暂态）过程，它是流体的一种非恒定（非稳定）流动，即液体运动中所有空间点处的一切运动要素，包括流速、加速度、动水压强、切应力与密度等不仅随空间位置变化，而且随时间而变。压力管路中，如果末端阀门关闭较快（即管路中流速变化较剧烈），由于管中水流的惯性，开始在整个管路中就形成了一个阀口到水池传播的减速增压运动，水体压缩，密度增大，一直传到水管进口，水流呈瞬时静止状态，此阶段称增压波（直接波）逆传过程；接着压力和密度大的阀门处水流有反向压力池的趋向，这样形成一个与原流速方向相反的流速，从而压力和密度慢慢恢复正常，在管路中就形成了一个压水池到阀门传播的减速减压运动，此阶段为降压波（反射波）顺传过程；管中的流速瞬时恢复正常，由于水流惯性，接着从阀门向水池产生一个反方向的流速，水体膨胀，密度减小，管路中形成一个阀门到水池的增速降压运动，称此过程为降压波逆传过程；管路瞬时膨胀静止后，由于水池的压力，又开始恢复原始状态，因而又产生一个水池向阀门的流速，密度恢复正常，称此过程为增压波顺传过程。此后的水锤现象又将重复进行上述的四个传播过程。如果不计水力阻力，这种传播过程将周而复始地进行下去，这就是突然瞬时关阀后所发生的水锤波的基本传播方式。一般的水锤现象都将运用这个原理进行水力过渡分析。

水锤的形成与阀门的迅速关闭/开启有关，由于阀门关闭/开启时间 T 与水锤波相长 $\mu = 2L/a$ 的差异，表现为直接水锤和间接水锤两种形式。当 $T < \mu$ 时，在阀门关闭过程中，反射回来的负水锤波尚未到达阀门时，阀已关死，关阀水锤所产生的总压强增高值无负水锤波的干扰作用，这种水锤称为直接水锤；当 $T > \mu$ 时，在阀门关闭过程中，反射回来的负水锤波到达阀门时，阀门尚未完全关闭，负水锤波导致压强增值受到了干扰（即降低），水锤峰值被削减，这种水锤称为间接水锤。在同一条件下，停泵水锤比启动水锤和关阀水锤的危害性要大，直接水锤比间接水锤的危害性要大，但危害最大的是当管路中出现水柱分离而产生的断流弥合水锤。综上可知，新丰江水库长距离输水管道中要避免水柱分离式的断流弥合水锤的产生，并且要合理的控制关阀时间，以防止关阀水锤的发生。

2. 新丰江水库长距离输水管道中水锤计算方法

新丰江水库直饮水项目长距离输水工程采用的是水库水位势能静压水头的压力流方

式。输水过程中能引起流速变化和导致水锤的因素很多，如阀门的正常（或事故）启闭和调节、阀瓣的损坏脱落；管道的事故堵塞或泄漏等。尤其是应充分地认识到水柱弥合水锤的危害。长距离输水管道中，流速变化是经常出现的，管道中水流速度变化时，致使管道中水压力的升高或降低，在压力低于水的汽化压力时，水柱就被拉断，出现断流空腔，在空腔处的水流弥合时将产生强烈的撞击，管道中的水升压，则就形成断流弥合水锤。

　　因此，新丰江水库直饮水长距离输水压力管道进行水锤分析是十分必要的，而且具有重大的意义。首先，水锤分析进一步确定了工程的安全可行性，为可能出现的问题给出了理论预测；其次，进行水锤分析对管道选材也有很大影响，能够指导管材的选取；最后，进行水锤分析并建立相关的模型，也是水锤防护措施的理论基础，综上可知，进行水锤分析是十分必要的。应在设计阶段对不同的工况进行水锤分析计算和研究，一方面解决设计中的问题，同时也对将来的运行提出要求。

　　经过相关分析研究，新丰江水库长距离输水管道中的水锤问题，用特征线法求解是可行的，合理的。即把两个偏微分方程（运动方程、连续性方程）进行线性组合，然后联立解得到四个全微分方程，即两组特征方程。虽然它们已经是常微分方程，但由于摩阻项中流速 V 与 t 时间（或距离 x）的关系不能建立，无法积分求出解析式，故只能用数值方法计算。在当今计算机时代，用有限差分法求积分的数值是克服积分难题的一个有效手段，特征方程的求解也采用这种手段，即将这些方程表示成有限差分的形式，用各管段统一时间步长的矩形网格计算法，通过计算机求解。特征线法的优点：①可以建立微分方程求解的稳定性准则；②边界件很容易编成程序；③可以处理非常复杂的系统；④在所有有限差分法中具有最好的精度；⑤容易编程；⑥可以给出全部表格化的结果。

　　3. 新丰江水库直饮水工程长距离输水管路水锤现象的初步分析

　　从新丰江水库到终点受水池（桥头、松子坑或东圃）长距离输水管纵断示意图见图 7-1。

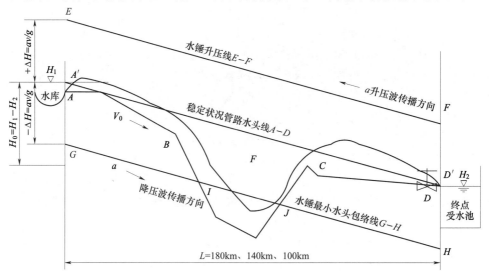

图 7-1　水静压力长距离输水管稳定状况与 D 处关闸水锤压力升降示意图

V_0—稳定工作流速；g—重力加速度；a—水锤波传播速度，视与声速
传播相同；H_0—新丰江水库与受水池间水位差，即输水管总静压水头

图中 A 点是新丰江水库取水口，B 点是丘陵向平原过渡的地形陡坡拐点，C 是小丘顶点，D 为终点受水池前闸门。输水管总静压水头为 $H_0 = H_1 - H_2$。式中 H_1 和 H_2 分别为新丰江水库和受水池常水位标高。在稳定工况下，库水从取水口经压力管路，以流速 V_0 向受点受水池流去。设输水管沿线水力阻力是均匀的，则稳定工况下输水管的水压线为 A-D，一条连接水库水面与受水池水面的斜线。

在输水管常年运行中，一旦因流量调节或终点水池检修，终点或中途受水池前闸门 D 突然关闭，就会引起输水管中水流状态的骤然变化。仅靠闸门的水流质点群受关闭闸板的阻止，流速由原来 V_0 骤然变化为零，首先停止了流动。依靠惯性其后的质点群仍然以流速 V_0 向前流动，必然撞击前面的水体，然后也停止流动。于是，水体受压缩密度增大，产生撞击性水压升高。紧接着再后的水流也同样继续前进，撞击前面水体……这样水流挤撞压力升高的波动就由闸门处开始向上游新丰江水库方向传播过去，一直到新丰江水库取水口。这时整条输水管中水流呈瞬时静止状态。全部水流质点受挤压，密度增高，而压力水头增高，其值为：

$$H'_X = H_X + \Delta H = H_X + a\frac{V_0}{g} \tag{7-5}$$

式中 H'_X——输水管沿线各点在水锤压力增高下的压力水头；

H_X——稳定工况下沿线各点压力水头；

ΔH——水锤压力增高值；

a——水锤波的传播速度，与声速同；

g——重力加速度。

此为由于突然关闭闸门 D 引起水锤波的第一阶段直接波，水力波动并未就此停止。正由于输水管中水的质点群密度增大，压力水头增高，水质点群受挤压，在取水口 A 点处，输水管中水头大于水库水面，就产生了管中水体向水库方向运动的趋势，于是一小股水流冲向水库，其流速也为 V_0，而方向相反。A 点处水流质点密度和压力水头都恢复到稳流时的状态。这种水质点群密度和压力水头恢复的运动，就由 A 点沿输水管向 D 点传播下去。水锤波到达 D 点后，全线压力水头、水流质点群密度都恢复到正常状态，但都具有与稳定状态相反的流速负 V_0，这是水锤波传播的第二阶段。瞬间平静之后，由于负 V_0 速度的惯性，D 点处质点群先被拉疏，密度下降，压力水头下降，流速负 V_0 骤然变为零。压力水头下降值也是 $\Delta H = aV_0/g$。质点群密度下降，压力水头下降的运动又由 D 点向上游 A 点取水口处传去。传到 A 点处，全线流速为零，沿线压力水头将为：

$$H'_X = H_X - \Delta H = H_X - a\frac{V_0}{g} \tag{7-6}$$

式中 H'_X——沿输水管沿线各点在下降波传播中的最小压力水头。

将沿线各点最小压力水头连线，就形成了水锤最小水头包络线，图 7-1 中 G、I、J、H 直线即是。此为水锤波传播的第三阶段。但此时，A 点处输水管中的压力水头小于水库水位的压力水头，水库中水又向管中挤压过来，先在 A 点处水流质点密度和压力水头又恢复到稳定状态的数值，并获得 V_0 的流速。这种运动又由 A 点向受水池 D 点处传播，但水锤波的速度 a 传到 D 点时，全线水流密度和压力水头都恢复到稳定状况，压力水头

线为 AD。这是水锤波传播的第四阶段，但此时全线水流具有 V_0 的流速，并有 A 点向 D 点传来。于是又发生了与关闭时相同的情景，全线管路中水流质点都有一个以速度 V_0 由 A 点向 D 点流动的趋势。D 点闸门处发生的现象又和当初关闸时一样重复出现。由于突然关闭闸门，引起的水流流速以质点群压缩与膨胀、压力的升降周期性反复传播，如果输水管的水力阻力为零，将永远继续下去。实际上由于输水管的水力阻力，每个周期的撞击都会减弱下来。以致在短暂的时间内停止下来，但往往会造成严重的工程事故。

　　这种由于输水管中水流流速突然变化而造成的水流质点群周期性的压缩、膨胀和压力升降的水力波动现象称之为水锤（水击）。水流质点群疏密和压力升降运动沿输水管的传播称为水锤波的传播。在水锤波传播过程中，水流各质点仅在它们各自的平衡位置附近振动，并没有在波动传播方向上流动或继续前进，即水锤波是运动状态的传播，而不是运动质点的流动。当水锤波在有压管流中传播时，水流质点群周期性的疏密变化，使水体中的质点群时而受压，时而受拉，产生压力的升降。当压力降低现象以降压波沿管路传播时，管路上各点在不同时刻出现了该点的最低水头，管线各点处最低水头的连线称为"最低水头包络线"。某些点或某些管段的管中心线位于最小水头包络线之上，管路中便出现了真空。当管路中某处的水压降到当时水温的饱和蒸汽压以下时，液态水迅速汽化并产生空管段，又加上下降管段内水柱的回落，使水流的连续性遭到破坏，从而造成水柱分离现象。图 7-1 中示意的 ABI 和 JCD 等相当长的管段都在最低水头包络线之上，都会产生真空，其中最危险的点是 B 点和 C 点，真空汽化再加上下降管段水柱的回落，极易发生水柱分离现象。水柱分离后，空管段有很高的真空度，管路上游段的水体将以很大的速度和加速度回冲，使空管段缩小和溃灭。当两端水柱弥合撞击时，会产生压力很高的水柱断裂弥合水锤。对长距离输水管道工程的危害巨大，甚至是惊人的。

　　水锤事故的发生，不但影响正常供水，带来巨大的经济损失，而且会使地下水、地面河川水、地面污水混合输入管道中，长时期影响新丰江优良饮水的品质，带来不良的社会影响。水锤现象，水锤波的往复传播虽然历时短暂，但带来的后果极为严重。所以在长距离输水管的工程设计中，必须认真调查沿途地形、地貌，据输水管的实际运行工况，正确地进行水锤分析，采取确实的防护措施，保障输水管线的正常进行，把优良的饮水安全地送到珠三角城市之中。

7.3.2　新丰江直饮水工程长距离输水管道水锤防护措施

　　长距离输水管道因为设计上的不周或操作上的失误，水锤事故时有发生。准确而周到地选定安全可靠、经济适用的长距离输水管水锤防护措施和相应设备是长距离输水管道系统规划与设计的重要内容。所有水锤防护系统的任务，是降低管道系统中流速变化的梯度，避免水流工况的骤然变化。水锤事故一旦发生，可泄水降压，避免压力陡升，也可向负压管段中注水，防止水柱分离，从而就防止了长距离输水管道水柱分离引发的水柱再弥合的强大的撞击高压。

　　1. 双向调压塔

　　对输水干管而言，双向调压塔是一种兼具注水与泄水缓冲式的水锤防护设备，其主要设置目的是：防止压力输水干管中产生负压，一旦管道中压力降低，调压塔迅速向管道补水，以防止管道中产生负压。当管路中水锤压力升高时，它允许高压水流进入调压塔中，从而起到缓冲水锤升压的作用。双向调压塔其构造为以开口的水池——大水柱,装设于输水干管上易于发生水柱分离的高点或折点处,而且该处水头线超出地面不高。当发生突然事故时,它能向管路中补充水,以防止水柱分离,可有效地消减断流弥合水锤升压。

双向调压塔一般用于大流量长管路系统,其结构简单,工作安全可靠,维护工作很少,但在多数情况下由于面积大、高度大,造价偏高。

2. 单向调压塔

单向调压塔是防止产生负压和消减断流弥合水锤过程过高升压的经济有效、稳妥可靠的水锤防护措施与设备,它应设置于输水干线上容易产生负压和水柱分离的诸主要特异点处。他的组成部分主要是:体积不很大的水箱或容器、带有普通止回阀的向主干管中注水的注水管以及向调压塔中充水的满水管。注水管上的止回阀只允许塔中水流入主干管中,它是本设备的核心部件,其准确而及时的启闭必须切实得到保证。

3. 单向调节池

其运作机理与单向调压塔相同,在长距离输水管道中,地形条件合适的易发生真空的地方,可以增大水箱面积,降低水箱标高,甚至落地,就变成了单向调压水池。显然比柱状的调压塔更为经济。

4. 缓闭阀门

合理选择阀门种类,延长其启闭历时——进行阀门调节和控制,阀门缓慢地关闭和开启,可减少输水干管流速的变化率——梯度,从而可以减少水锤压力的升高和降低。为此,可选用两阶段关闭的可控阀(如蝶阀)或各种形式的缓闭止回阀。

7.3.3 防止长距离输水管水质污染的设计与运行要点

1. 新丰江直饮水工程输水管路定线

输水管路设计的要点如下。

(1)力争输水距离最短。这不但节省工程量、降低工程造价,有很大的经济效益。而且输水路程短,水力停留时间也缩短,流水更新鲜。因此,应反复进行勘探和方案比较后确定管路走向和路由。

(2)因地制宜地处理复杂地形的管道路由。从新丰江水库取水口至石坝为东江两岸谷地平原,石坝、麻陂和杨村一带多为海拔 $60\sim100\mathrm{m}$ 波状起伏的红岩山地。小金口之下则进入平原区。输水管线在途中经常会遇到山嘴、山谷、山丘等障碍物,也经常要穿越河流、沟渠。此时,应该比较:在山嘴地段是绕过山嘴还是开凿山嘴;遇到山丘时是从远处绕过还是穿洞通过;穿越河流和山谷时是绕过还是倒虹,都得做确实的比较决定。

(3)少占田地,不占良田,远离居住区避免拆迁。这不仅是支援农业发展,减少工程费用的策略,也是避免村镇污水、农田、化肥等外环境污染的有效举措。

(4)尽力不与高速公路、铁路、河川交叉。

(5)本工程输水管道通过地区,地质复杂,取水口至小金口段为断陷构造盆地,和低山区,小金口下游多为第四纪地层。输水管路应尽力避免穿越滑坡、岩层、沼泽、高地下水位和河水淹没及冲刷地带。

2. 新丰江直饮水工程输水管的纵向设计

新丰江水库设计最高水位 $123.60\mathrm{m}$,常水位 $116.00\mathrm{m}$,防洪限制水位 $113.00\mathrm{m}$,死

水位 93.00m。结合水库基本功能和分水方案恰当确立长距离输水管路的上游水池水位有着实际经济价值和水资源合理利用的社会意义。建议以防洪限制水位 $H_1 = 113.00m$ 作为上水位，广州、深圳、东莞受水城市地面标高和受水池标高均在 $H_z = 20 \sim 30m$ 上下，持有近百米备用水头，记为 $H_z = H_0 - H_x$。输水管沿途地形和地质条件多变，也使全程纵向设计更为复杂。纵向设计的要点是：

（1）管径设计。充分利用备用水头 $H_z = H_1 - H_x$，以水静压力进行长距离输水，是本工程的有利条件，将会大幅度降低输水成本和工程不安全风险。但沿途上要合理分配资用水头，据不同特殊的地面坡降、选择不同管段的管径，以保持管道内水压线与地面标高、管轴标高的均衡，使管道内压在一定范围之内，不产生大的波动，是供水安全的保障。所以在复杂地形地区以上游水库水静压力输水的长距离输水管路，其管径不是以简单的水力计算所能决定的，全程不一定是统一管径。

（2）务必使全程输水管路的轴线均在动水压线之下。在长距离输水管的走向、路由、管径管材、上游水库和下游水池水位确定之后，就自然形成了输水管路全程的水压线。如果某些管段的轴线在动水压线之上，管内水压就会小于大气压力，形成真空状态。在真空状态下运行的管段，会使地下水、地面污水有可乘之隙进入管内，污染水质。更严重的是，一旦内水压在某一温度下小于水的汽化压力，管段内的水就会蒸发为水蒸气，形成气穴，会影响输水管路的输水能力。更甚者会造成大空腔，存在着水柱分离的危险，水柱分离后，由再次弥合产生水柱弥合水锤，使管段爆裂，造成重大的工程事故。不但会污染水质，还要停水检修。所以沿途各管段的埋深、管轴与动水压线、地面线间的关系十分重要，工程设计时务必重视。

（3）管路坡度。如前所述，管段坡度，应根据地形坡度、动水压线来确定。但是在平原的平坦地段，也应最小保持 $1/1000 \sim 1/2000$ 的坡度，以便形成管路顶点和低点，便于安装排气阀和泄水阀。另一方面平直管段并非平直，由于施工条件和技能的限制，实际上是由许许多多短小的波折管段所组成的。在一定条件下就会形成许多顶点气穴，气体不易排出，影响管路的输水能力。

3. 正确放置管道配件

在长距离输水管路，启动充水和正常运行的切换、检修操作，都需要配件来协助执行。正确决定配件的种类、位置和数量，也是长距离输水工程和水质安全保障的重要部分。

（1）闸阀。在长距离输水管路的全程上，应每千米设置一个闸阀，在管路的分枝点，两条平行管路的联络管处及中间和终点受水池前也应设置闸阀。如前所述，以缓闭闸阀为宜。在关闭的操作上应制定规程并严格执行。

（2）排气阀。在长距离输水管启动充水时，管内的大量空气要及时排出，否则不但要影响充水，同时也可能产生空气压缩压力爆管事故，通称为"气爆"。在日常运行中，聚集在各管段顶点的气体也必须及时排出，因此应在波折管段的顶点设置排气阀，其型号和排气能力应根据设计决定。

（3）泄水阀。在长距离输水管路上，起伏波折管段的低点应设泄水阀。定期排除沉淀物。在管道检修、切换操作及事故等情况下，用于放空管段。

（4）减压恒压阀。减压恒压阀适于型输水工程，能够既减动压又减静压，无论进口压力和流量如何变化，出口压力都可保持恒定，并且出口恒定值可方便的设定。

4.管材选择

管材选择关乎于工程造价、施工方案和运行安全，一定要慎重决定。第6章选用了玻璃纤维增强热固树脂夹砂管（GRP管），通称玻璃钢管。当然有其道理，GRP管内壁光滑，水力阻力小，同样管径下有更大的过水能力，而且具有重量轻，耐腐蚀，不结垢等许多优点。造价并不高，也有工程先例，无可厚非。但是就本工程长距离输送优良新丰江水而言，有两点使人担忧之处。其一，输送饮用水的管道，其材质必须对水质没有任何影响，直饮水工程在此点上更应讲究。GRP管毕竟为热固树脂而成，化学合成的树脂对水质有无影响？有些水质工学专家是有怀疑的。其二，本工程输水地区地形与地质都较复杂，又是地震多发地带。对管路的抗弯性能，抗地基与基础不均匀沉陷性能要求高，而GRP管壁薄，质脆，抗弯强度低。对基础和施工过程回填土等操作的要求都很严格。在漫长两百余千米的途径中稍有疏忽都将给工程造成隐患。会有接口渗漏、管壁破损等现象发生，也要影响水质安全，建议在工程设计中再次认真比选。

7.4 结 论

新丰江直饮水工程是促进珠江三角各城市经济持续发展，保障居民饮水安全，提高生活质量的区域性基础工程；也是河源市发展经济，提高人民收入的举措。对保护新丰江流域水环境，新丰江水资源持续利用有重大意义。可以实现河源与珠三角自然环境资源优势与经济优势的互补，推进全省社会经济协调发展。新丰江水库水质优良，至1959年建库以来，一直保持着Ⅰ类水体《地表水环境质量标准》（GB 3838—2002）。这是因为新丰江流域人烟稀少，森林茂密，农耕欠发达，植被良好，水土稳定。河源市人民和河源市委市政府自始至终高度重视新丰江水资源与水环境的保护。严格控制了影响水环境的农业开发项目，防止了农业面污染；严格控制库区旅游项目开发，落实了生态建设规划；拒绝了污染严重的工业项目。几乎没有面污染，没有大型污染工业，县镇点源污染轻微之故。

但是，长距离输水工程设计与施工是复杂的，只有科学与合理的设计，规范与严谨的施工操作，才能免于输水管在长年运行中不发生工程事故，不受外部环境的污染，保证水质新鲜，原有的优良口味。设计上应特别注重的要点是：①尽力以最短距离，最短时间将优质饮用水送到受水区域；②正确选择管径，在全程上合理利用新丰江水库水位势能；③全线输水管路轴线均要埋置于动水压线之下，避免产生真空管段，防止外来污染渗入；④纵断设计上，避免大起大落，少突然上升、下降的拐点，防止水柱分离；⑤在初步设计之中，必须进行长距离输水管路的水锤设计，根据计算结果，设置综合的水锤防护设施；⑥水锤防护综合措施的主要内容应在骤然下降的拐点，设置缓冲水锤压力的调压水池或调压水塔。施工上应特别注重以下要点：①严格执行施工验收规范；②遇到设计中未知的地质地形等问题时，及时与设计单位协商，合理修改设计；③制定周密的施工组织设计。在运行管理上应注意的问题是：①健全新丰江水库和其上游水文水质检测系统；②不断增强新丰江流域水环境保护力度；③建立输水管路全线监测管理系统。诚如是，则新丰江水库直饮水工程，优良水质完全可以保持。因此，新丰江水库直饮水工程不但势在必行，而且势在可行。新丰江水库水质优良而且常年稳定，pH 值与硬度适中，常年水温低，悬浮颗粒少，具有较高的化学稳定性。经计算与分析：Langelier 饱和指数 $LSI = -0.08$，Ryznar 稳定指数 $RSI = 7.33$，碳酸钙沉淀势 $CCPP = -0.9$，拉森比率 $LR = 0.29$，Riddick 腐蚀指数 $RCI = 16.94$。这些指标均表明，新丰江水库水质在长距离输送过程中，不会发生沉淀，具有微腐蚀性，在管材选择上若应考虑这一点后对水质没有影响。

　　新丰江水库水经生物学分析，属于贫营养水，而且，常年水温低，不利于细菌生长。生物稳定性指标 BGP 最高为 5207CFU/mL，远低于判定标准 12×10^4CFU/mL；管道中 $BDOC$ 低于 $0.20 \sim 0.25$mg/L。表明新丰江水库水生物稳定性良好。2010 年夏季在北京工业大学水质科学与水环境恢复工程北京市重点实验室进行的新丰江水库原水生物稳定性的动态与静态实验结果表明，新丰江水库水在长距离输水管中，以流速 $0.8 \sim 1$m/s，流动 20 天，水质的生物稳定性均没有发生变化，直饮水工程长距离输水的水力条件，远远优于实验室的实验状况，输水中管流速 2.76m/s，供广州流速 2.20m/s，供东莞流速 1.66m/s，供深圳流速 1.88m/s，流达时间分别为：20.81h、18.25h、19.25h。管道的流速高，流达时间短，更有利于水质的保鲜和安全。经过以上详细的长距离输水工程环境因素、水力因素、水中营养物浓度、颗粒物浓度的分析与计算，经过水质化学和生物学稳定性的实验室实验研究，可以明确指出新丰江直饮水工程经长距离输水到达受水地区，水质没有变化，仍然是优良的直饮水水质。

第8章 直饮水工程管理体制
及其保障措施

新丰江水库现有的管理体制存在职能交叉和职权冲突。从水资源调度管理体制来看，广东省水行政主管部门具有区域水资源的配置权限，负责监管整个区域水资源调配和管理；新丰江水库隶属于广东省粤电集团有限公司，其发电调度由电力部门主管，而汛期防洪调度又必须服从省防汛指挥部的统一指挥，是个双重管理模式下的企业。一方面，企业运行以市场为准则，而流域管理以区域水资源合理配置为准则，两者之间存在着利益的交叉和冲突；另一方面，新丰江水库位于河源市境内，又要在相关领域接受地方政府的管理。河源市属于粤北欠发达地区，客观上当地政府有借新丰江水库的资源优势进行强市富民的愿望，需要妥善协调地方和部门之间的利益关系。实现区域水资源的合理配置，充分发挥水资源的综合效益，需要研究新丰江水库的功能调整及管理体制，以适应新的发展形势。

8.1 新丰江水库功能调整的
必要性和可行性

新丰江水电站工程兴建于 20 世纪 50 年代末 60 年代初，是我国"一五"计划重点工程之一，当时是广东省最大的常规水力发电站。20 世纪六七十年代，新丰江水电站担负着广东电网基荷任务，发电量约占全省的一半；随着 80 年代较大容量火电厂的相继投产，新丰江水电厂的发电任务逐步过渡为调频、调峰；2001 年 8 月在"厂网分开"的电力体制改革中，新丰江水电厂成为"粤电集团"麾下一员，2003 年 3 月新丰江水电厂经过公司化改制更名为"广东粤电新丰江发电有限责任公司"。一方面，随着电网规模和结构的变化，新丰江水电站发电功能已退居到次要地位，2007 年发电量仅约占全省总发电量的 0.3%；另一方面，改革开放以来，东江流域内外的经济社会发展使用水需求量激增，对供水保证率，特别是保障饮水安全的要求越来越高，在客观上均需要对新丰江水库的功能作相应调整，从原设计功能以发电为主，兼顾防洪、航运等综合利用，调整为以防洪、供水、灌溉为主，兼顾发电、航运、压咸等综合利用。

8.1.1 水库功能调整的必要性

1. 以人为本，保证城乡供水安全

根据《广东省东江流域水资源分配方案》，2010 年 90% 来水频率分配水量约占地表径流量的 32.6%，接近东江流域适宜水资源可利用量。目前，东江中、下游及部分支流水环境污染问题日渐突出，东深供水太园泵站取水口水质为Ⅲ类~Ⅳ类，石龙以下水质更降为Ⅴ类甚至是劣Ⅴ类，而水质下降趋势仍未得到有效的遏制，已影响到城乡居民饮水安

全。目前，珠江三角洲净水器的普及率和桶装水的入户率居全国最高，深圳达到了 90%，广州接近 86%。随着城市化进程的加快以及城市建设标准的提高，城市居民对城市供水安全的要求相对提高，供水的突出问题已由满足"量"的需求提升到提高"质"的要求，现有的供水模式已难以满足人们对优质饮用水的需求，与该地区经济高速发展、人民生活水平迅速提高以及广东省率先基本实现现代化的要求形成巨大反差。

《中华人民共和国水法》将保证城乡居民生活用水放在用水优先顺序的首位，科学发展观要求以人为本，向东江下游城市供应优质饮用水是实现现代化、保障人民身体健康的迫切要求，分质供水、优水优用是解决当前水源污染与人们饮水安全之间矛盾的有效措施，是我国饮水文化发展与社会进步的重要标志。新丰江水库为多年调节水库，水质优良且长期稳定，是广东省特别是珠三角地区难得的优质供水水源，调整新丰江水库功能为以防洪、供水为主是必然趋势，可有效地改善珠三角城市居民的饮水质量，提升人民群众生活的幸福指数，同时可将水源区良好的生态优势转化为经济优势，加快山区脱贫奔小康的步伐，实现河源与珠三角城市群的水资源优势与经济发展优势互补，改善民生，促进社会和谐与区域协调发展。

2. 人水和谐，保障河道内基本生态用水

根据《广东省东江流域水资源分配方案》的规定，除特枯水年外最小控制流量的约束指标为：新丰江东江入口 150m³/s，枫树坝水库出口 30m³/s。

对新丰江水库 1961—2008 年的日平均入库流量、出库流量（图 8-1）和降水量分析表明，在以发电为主的原调度方式下存在以下问题。

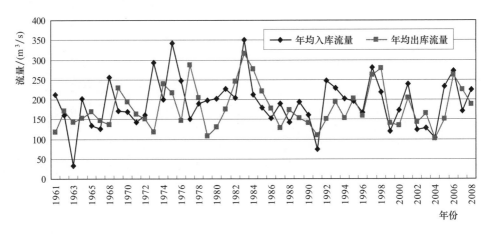

图 8-1　新丰江水库径流多年调节图

（1）难以满足断面最小控制流量的要求。新丰江水库日均出库流量大于等于断面最小控制流量 150m³/s 的天数与全年天数的比值（最小控制流量保证率）为 59.1%，枯水期（10 月 1 日至次年 3 月 31 日）为 59.3%。2002 年广东省人民政府印发了关于将新丰江、枫树坝等 3 座水库功能从发电为主调整为防洪、供水、灌溉为主兼顾发电、航运的实施意见，但由于多种原因，这一文件没有得到及时、有效的执行。

（2）水库供水功能未能有效发挥。新丰江水库为多年调节水库，其死水位为 93.0m，正常高水位为116.0m，兴利库容为64.91亿m³。利用水库兴利库容将丰水年多余水量蓄存起来，以提高枯水年份的供水量。与天然流量相比，按年均出、入库流量粗略统计1961—2008年新丰江水库调蓄供水总量约238亿m³，同期弃水量为58亿m³，弃水量约占供水总量的24.4%，水库多年供水调节功能未能有效发挥。

（3）枯水期最小控制流量保证率低于60%，4—5月最低，不足50%。造成4—6月汛期前半段出库流量小，甚至小于枯水期的主要原因是：

1）降雨量大、需水量减小。东江流域多年平均4月、5月、6月的降雨量最大，高于7月、8月、9月，而同期农业的雨养水平高，需水量减小。

2）水库蓄水、发电量低。一般3月新丰江水库的水位最低，多年平均水位接近死水位93.0m，有些年份甚至低于死水位，由于水库水位低，发电效率不高，所以电力调度中较少给电站分配调峰任务，这一时期水库集中蓄水抬高水位，而且，在2007年9月《广东省东江流域水资源分配方案》制定以前，尚未对新丰江入东江最小控制流量提出明确要求。因而尽管4—6月水库的入库流量大，出库流量却调节得很小（图8-2），严重影响了河道生态流量的保证率，需要转变这种以发电为主的不合理调度方式。

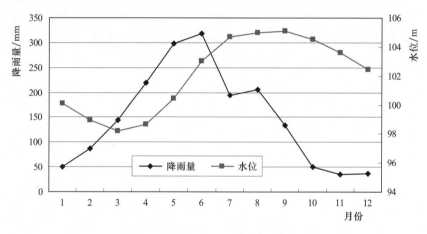

图8-2　1961—2005年流域月均降雨量和月均水位图

（4）枯水期新丰江和枫树坝水库日总出库流量不低于230m³/s（150＋80）的保证率亦较低。在以发电为主的管理模式和调度方式下，2000—2007年枯水期新丰江水库、枫树坝水库总出库流量不低于230m³/s（150＋80）最小控制流量保证率低于60%，2004年和2005年甚至低于30%；全年总出库流量不低于180m³/s（150＋30）最小控制流量保证率约70%（图8-3）。

综上所述，新丰江、枫树坝水库，原定功能均以发电调峰为主，尽管从2003年起兼顾了供水，但尚未完全实现以防洪供水为主的联合统一调度，未能有效发挥新丰江水库"调丰补枯"的多年调节作用，亦未满足主要断面最小控制流量要求。因此，合理调整水库功能是保障东江流域人与生态和谐发展的必然要求。

3. 合理配置水资源，保障经济社会发展用水与水环境质量

东江流域水量较为充沛，但流域内部时空分布不均，降水量的时空差异使枯水期难以保障正常供水和生态用水需求，需要通过水库合理调节水量的时空分布，调丰补枯保障流

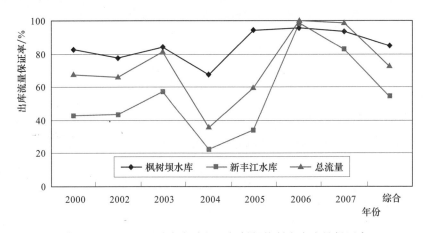

图8-3　2000—2008年新丰江、枫树坝控制出库流量保证率

域用水的稳定性和可持续性。

《中华人民共和国水法》规定："开发、利用水资源，应当首先满足城乡居民生活用水，并兼顾农业、工业、生态环境用水以及航运等需要。"随着东江流域社会经济用水的增长，社会经济内部以及与生态系统的用水矛盾日益突出，2003—2005年东江流域年均地表水资源量为182.74亿m³，供水总量87.6亿m³（含对港供水7.7亿m³），开发利用率达到45%，已接近水资源承载能力上限。为维持东江博罗—石龙Ⅱ类～Ⅲ类水质，兼顾生态压咸需求，加上经济发展供水要求，要求博罗水文站最小控制流量为320m³/s，而博罗水文站多年平均最枯月平均流量仅288m³/s，97%特枯年的最枯月平均流量只有91.2m³/s，可见在正常年枯水月份，东江下游及其三角洲经济社会发展对水资源的需求已超过了水资源承载能力，枯水年和特枯年则问题更为严重。因此，必须采取有效措施，充分利用东江三大水库的调蓄能力、统一管理并合理配置水资源，缓解水资源的供需矛盾。

根据《广东省东江流域水资源分配方案》，考虑到新丰江、枫树坝、白盆珠水库尚未纳入水行政主管部门统一调度管理，在现状调度方案下，并按照建设节水型社会的要求，在充分考虑节约用水、压缩用水的前提下，2010年东江流域多年平均需水量104.49亿m³，供水量为102.67亿m³，缺水量1.82亿m³，缺水率1.74%；50%、75%、90%典型年缺水率依次为0.6%、3.67%和6.88%，在枯水和特枯水年，由于缺乏水库联合调度和优化调节，对流域供水和河道内生态基流的保证率偏低，将严重影响河道水质及取水断面的正常供水。若调整三大水库功能以防洪、供水为主，通过优化水库的运行方式，则2010年东江流域多年平均缺水量减少到1.02亿m³，缺水率降为0.98%；50%、75%、90%典型年缺水率将依次下降到0.32%、1.71%和4.35%。可见，在东江三大水库纳入水行政主管部门后，可在很大程度上改善水资源时空分布不均带来的水资源供需矛盾，有效增加可供水量，提高流域整体供水保证率。同时，水库功能调整后，枯水期及枯水年份下泄水量增加，使下游河道的纳污能力有所提高，有利于改善水环境质量。因此，调整水库功能是合理配置水资源、保障经济社会发展用水需求与水环境质量的需要。

4. 全面协调发展，促进水源区经济社会发展

东江为珠三角城市、东深供水的主要生产生活水源，位于东江流域上游的河源市为保护东江水质做出了不懈努力。河源市长期以来践行"既要金山银山、更要绿水青山"的发展理念，严格控制工业发展和矿山开发，在引进工业项目中设置了严格的准入门槛，放弃了许多发展经济和安置就业的机会，为保证万绿湖水源付出了巨大的经济和社会代价。目前河源市仍是广东省欠发达地区之一，人均 GDP 仅占全省平均水平的 1/3，地方财政自给率仅 28.3%，各级政府为城乡群众提供的基本公共服务明显不足，与东江下游的繁荣与发展形成了强烈的反差。

从水资源合理配置、社会和谐和共同富裕的角度，应把河源的水资源优势转化为经济优势，加快山区脱贫步伐，推进区域协调发展。促进河源经济发展也有助于进一步改善河源生态环境、防治水土流失、控制环境污染、减轻灾害危害，为河源发展经济、摆脱贫困、解决库区 28 万移民问题创造良好的生产建设条件和投资环境，使河源在对外竞争中更具优势，实现河源经济、资源和环境的可持续发展，实现河源与珠三角水质性缺水城市优势互补，推进全省区域协调发展。

5. 优水优用，保障直饮水工程供水水源

作为直饮水工程水源地，新丰江水库为多年调节水库，水质优良且长期稳定，但目前水库调节以发电为主，水库直接供水对象仅为河源市区生活用水，年供水量仅 1700 万 m^3 左右，水库的供水功能远未得到发挥，调整新丰江水库功能为以防洪、供水为主是必然趋势。初步估算，直饮水工程一期（供给东莞和深圳）需水量 4.48 亿 m^3，二期（供给广州）需水量为 1.0 亿 m^3，需水总量为 5.48 亿 m^3，供水保证流量为 $17.4m^3/s$，占新丰江出口最小控制流量的 11.6%，而且保证率要求很高。在目前生态用水需求都不能满足的情况下，如果不调整水库调度方式，直饮水工程的供水保证率将更难得到保障。

东江流域的新丰江、枫树坝、白盆珠三大水库控制径流量达 113.6 亿 m^3，占全流域径流量的 54%。三大水库的原定功能均是以防洪、发电为主的调度方式，这种调度方式不能使流域生活、生产供水和生态用水保证程度达到最优效果。依据科学发展观的要求，优先满足城乡居民生活用水和保障最小生态用水是水资源开发利用的基本原则，为了改善珠三角地区的饮用水质量，必须对新丰江水库的功能和调度方式进行调整，满足直饮水工程对优质水源的需求，提高供水保证率，并实现与枫树坝、白盆珠水库的联合调度，挖掘三大水库的调蓄能力，在保障供水的条件下，提高对下游的生态补偿调节。

8.1.2　水库功能调整的可行性

《中华人民共和国水法》规定："建设水力发电站，应当保护生态环境，兼顾防洪、供水、灌溉、航运、竹木流放和渔业等方面的需要。"新丰江水库、枫树坝水库和白盆珠水库分别建成于 1969 年、1974 年和 1987 年，当时流域内用水量较小，依靠天然调节基本能够满足生态基流的要求，而水库发电量在地区供电系统中又占有举足轻重的地位，因此水库的功能定位是以发电、防洪为主。随着社会经济的发展，社会经济与生态用水的矛盾日益突出，水污染导致生态环境进一步恶化，对流域水资源配置和调度提出了更高的要求，以发电为主的水库功能传统管理模式已无法满足东江流域饮水安全、生态安全和经济发展的需求。新丰江水库功能调整的可行性主要体现在两个方面。

1. 新丰江水电站在广东电网中的发电功能已退居到次要地位

新丰江水电站归属于广东省粤电集团，该集团共有装机容量 2105.32 万 kW，以火电和核电为主，水电装机容量约为 89.4 万 kW，仅占总装机容量的 4.15%，并且这个比例还在逐渐减小，该集团尚有在建大型电站 6 座，全部为火电、核电以及新能源电站。新丰江水电站的装机容量为 33.5 万 kW，仅占粤电集团总装机容量的 1.6%，在集团内部居于次要的地位。

2007 年，广东省粤电集团年发电量 955 亿 kW·h，约占全省年发电量的 1/3，而新丰江水电站多年平均发电量不足 10 亿 kW·h，仅占粤电集团的 1% 和全省的 0.3%，新丰江水电站的发电功能处在非常次要的地位。

新丰江水电站在广东电网中的调峰功能也已经居于次要地位。2000 年广州抽水蓄能电站 8 台机组全部投产，总装机容量 240 万 kW；在建的惠州抽水蓄能电站设计装机容量也为 240 万 kW，共 8 台机组，2008 年年底第一台机组已投产。加上已有的水电站，目前可用于调峰调频的水电总装机容量为 359.4 万 kW，新丰江水电站仅占其 9.3%，待惠州抽水蓄能电站全部投产时，新丰江水电站在广东省电网调峰调频水电装机容量的份额仅为 5.9%。由此可见，新丰江水库功能调整，对广东省电网的正常运行影响不大。

2. 水库功能调整已有了一定的实践基础

2002 年广东省人民政府印发了《关于调整省属七座水库利益分配和工作责任的实施意见》，第一次明确提出："新丰江、枫树坝、流溪河 3 座水库原以发电为主的水库功能，调整为防洪、供水、灌溉为主并兼顾发电、航运。"2004 年惠府函〔2004〕2 号文："决定将白盆珠水库的功能由防洪、灌溉、发电、调节供水调整为以防洪、供水为主，兼顾灌溉、发电。"2007 年东江流域管理局提出了《东江流域广东省水资源分配方案》，经广东省水利厅审批，新丰江水库正式实行该方案的时间为 2008 年 11 月 1 日。经过 6 年的探索，新丰江水库的功能转变已具备了政策支持、技术指导和实践基础，水库功能的调整到位已指日可待。

在东江流域水资源与水生态问题凸显的情况下，以科学发展观为指导，以区域协调发展、促进和谐社会建设为准则，合理调整水库的功能，保障流域水资源与生态和经济社会的全面协调可持续发展是必然选择。

8.2　新丰江水库功能及管理体制调整 应把握的基本原则

8.2.1　水库功能调整应把握的原则

1. 以科学发展观为指导

遵循以人为本，全面、协调、可持续的科学发展观，把以人为本、保障城乡人民饮水安全和人与自然和谐相处、保护生态环境放在突出位置。新丰江水库建于 20 世纪五六十年代，受历史局限，原设定的水库功能对供水和生态重视不够，应按照科学发展观的要求进行合理调整。

2. 以发电服从供水为导向

按照以人为本原则和全面建设小康社会的目标,供水安全在水资源开发利用过程中已上升到优先保障的地位,《中华人民共和国水法》也已经明确将保证城乡居民生活用水放在用水优先顺序的首位。东江流域承担着广州、深圳、东莞乃至香港等重要城市的供水任务,在新丰江水电站在广东电网中的功能已退居次要地位的现实状况下,遵循发电服从供水的原则调整水库功能,对促进流域经济发展以及保障社会稳定具有重要意义。

3. 以发电服从生态为准则

生态文明建设是中国共产党第十七次全国人民代表大会提出的重要目标,人与自然和谐相处,人与河流协调发展,是科学发展观对开发利用水资源的基本要求。在东江流域生态日益恶化的条件下,必须将维护河流健康生命放在突出位置,将生态保护和恢复作为水利工程建设和管理的重要目标,调整水库功能向发电服从生态安全的运行管理模式转变。

4. 促进水资源合理配置

新丰江水库是东江流域三大水库之一,以往受发电、防洪为主的管理模式所限,影响了流域水资源合理配置水平和水库联合调度功能,导致季节性供水紧张和河道内生态流量保证率偏低的状况。应加快水库功能调整,促进流域统一管理,充分利用东江三大水库的调蓄能力,在区域间和行业间合理配置、统一调度水资源,缓解水资源的供需矛盾。

5. 增加可供水量和提高供水保证率

东江流域的水资源供给量在一定程度上已达到水资源可利用量的极限,在用水需求不断增长的情况下,遵循有利于增加供水的原则,利用水库的多年调节能力,通过合理调整水库功能和调度方式提高水资源的利用效率和供水保证率是保障供水安全的重要途径。

8.2.2 水库管理体制调整应把握的原则

1. 水资源统一调度与管理

进行水资源统一调度与管理就是要在流域和区域实施水资源统一规划、统一分配、统一调度、统一取水许可、统一节水管理、统一征收水资源费。新丰江水库管理体制的调整尤其要遵循水资源统一管理中的统一调度原则。要通过统一管理,保证下游的最小生态流量,合理协调水库供水和发电之间的关系,正确处理不同管理单位之间的责、权、利关系,建立有效的约束和激励机制。

2. 优化配置水资源,提高水资源综合利用效率

调整新丰江水库的管理体制,要有助于促进水资源优化配置,充分发挥水库保障防洪安全、供水安全、生态安全的功能和其他综合效益。特别是在供水安全方面,要最大限度地降低下游城市的缺水率,保障社会经济的可持续发展;提高直饮水工程的供水保证率,有效提高下游城市生活用水的质量,保障居民用水安全,提高下游居民的生活质量。

3. 坚持政府调控与市场机制相结合

通过政府调控与市场机制相结合,达到兼顾水库社会公益性服务与生产经营性服务的目的。在明晰工程产权的基础上,建立政企分开、事企分开、管理科学、经营规范的水管单位运行机制,在防洪、水资源保护、水土保持等社会公益性服务方面充分发挥政府调控的作用;同时,以政府调控为前提,在供水、发电等兴利功能方面充分发挥市场化作用,提高水资源的利用效率和效益。

4. 坚持责、权、利相统一

为保证新丰江水库水质，长期以来水库上游地区承担着水源区生态保护和环境建设的责任。要正确处理责、权、利的关系，既要明确政府各有关部门和水管单位的责任和权力，又要建立有效的激励、约束和补偿机制，使管理责任、工作绩效和切身利益挂钩。

5. 正确处理改革、发展与稳定的关系

既要从新丰江水库的实际情况出发，考虑水库功能调整后的基本定位，大胆探索，勇于创新，又要积极稳妥，充分考虑各方面的意愿和利益关系，兼顾改革方案的合理性和可行性，把握好改革的时机与步骤，确保改革顺利进行。

6. 保障流域上下游公平、协调发展

东江流域上下游的贫富差距较大，要按照科学发展观促进区域间协调发展、优势互补的要求，充分利用下游地区的经济优势和上游地区的资源环境优势，促进和谐流域、和谐社会建设，实现流域上下游对生态环境和水资源的共建共享，保障全流域的协调发展和可持续发展。因此，调整新丰江水库的管理体制，应优先考虑支持河源市加快发展的问题，通过直饮水工程、流域共建共享等手段促进上下游之间的互利共赢；当河源市在水库公益性服务方面发挥重要作用的同时，管理体制的建立也应同时保障其享有水库兴利功能带来的经济效益，以保障流域上下游公平、协调发展。

7. 充分考虑管理体制调整的可操作性

新丰江水库管理体制调整涉及到多个利益相关方，包括政府与企业之间、省级政府与地市级政府之间以及不同的政府部门之间的关系，需要统筹考虑，充分协商，综合协调，既要有利于水资源统一管理，又要充分考虑现状，提高方案的可操作性。

8.3　水库功能调整及管理体制改革方案构想

按照统一管理、严格保护、合理开发、永续利用的指导思想，理想的状况是构筑相对独立的决策、执行和监督"三位一体"的管理结构，而历史形成的现实状况是水库管理的多部门决策和多部门执行。

长期以来，新丰江水库大坝和水电厂由电力部门管理，水库功能以发电为主，电力调度在水库调度中起主导作用。随着东江流域水资源供需矛盾和水环境问题的日益突出，这种调度方式与水库的供水、生态功能效益越来越不协调。从全局考虑，合理调整新丰江水库功能，理顺水库管理体制，对充分发挥其防洪、供水、灌溉、发电、生态等综合效益较为有利。但是，要彻底理顺管理体制，首先必须理顺水库、电站的资产权属关系，牵涉到资产重组或资产划转等一系列问题，需要履行一系列的协商和行政审批程序。依据改革目标不同，本次提出了三种管理体制改革方案构想：

方案一基本维持新丰江水库现行管理体制（图8-4），主要依据粤府办〔2002〕82号文件规定，重点着眼于新丰江水库的功能调整、调度方式转变和水资源保护，以利于减少改革难度。该方案基本不改变现行管理体制，由河源市成立新丰江水库水资源保护管理处，加强水源保护，并按文件规定落实各方的责、权、利关系。该方案的主要缺点是多头管理的状况依然存在，水源地保护主体的责、权、利不对等，水源地生态保护效益大部转移到下游，不利于发挥地方政府的积极性，利益关系比较复杂，协调和监督的难度较大。但是，只要建立起权威、有效和切实可行的协调监督机制，该方案同样能达到流域水资源统一管理和保障防洪安全、供水安全、生态安全的目标。

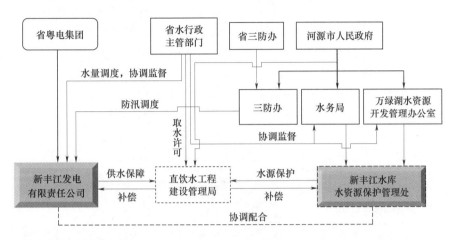

图 8-4 新丰江水库管理体制（方案一）

（注：三维框—水库管理主体；虚框—拟成立部门；粗线—直属关系）

方案二着眼于流域水资源统一管理的目标（图 8-5）。新丰江水库是东江流域的控制性大型水利枢纽，受益范围涉及五个地市的 4000 万人口，随着东江流域水资源问题的加剧，依据《中华人民共和国水法》推进东江流域水资源统一管理，实行水资源统一调度、水量统一分配，已成为提高流域水资源的利用效率、优化水资源配置、改善流域生态环境的必然要求。建议广东省政府将新丰江水库及电站的国有资产从电力资产转变为水利资产，授权由水利部门统一管理，从根本上理顺管理体制。新丰江水库由省水行政主管部门接管，设立新丰江水库管理局，全面负责新丰江水库的水资源与水环境保护、生态环境建设、水库及电站的运行调度和经营管理工作，并按照责、权、利统一的原则，理清水库管理局与河源市的责、权、利关系。河源市政府相关部门根据地方政府的管理事权，对新丰江水库管理局行使相关的社会管理职能。但该方案对河源市利益考虑不够，不利于充分发挥地方政府的积极性。

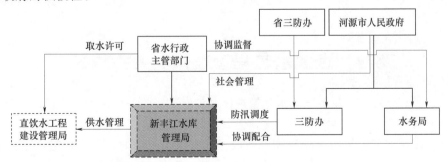

图 8-5 新丰江水库管理体制（方案二）

（注：三维框—水库管理主体；虚框—拟成立部门；粗线—直属关系）

方案三着眼于支持河源市经济发展，调动水源地保护主体的积极性（图 8-6）。区域协调发展是科学发展观的基本要求，促进偏僻山区发展、扶持经济欠发达地区也是全面实现小康的要求。河源市属于粤北经济欠发达地区，是东江流域的水土保持、生态建设重点治理区和生态发展区。长期以来，河源市为保护新丰江水域一直坚守着严格的环保标准，失去了许多经济发展的机会，做出了重大的贡献，今后生态建设与环境保护的任务必将更为艰巨。因此，在新丰江水库管理体制改革中，应充分考虑河源市长期付出的代价和对未来发展的期盼，给予政策性倾斜和扶持，支持河源市发展。由省政府将国有资产管理权直接委托给河源市政府，经省政府授权，由河源市政府组建新丰江水库管理局，接受省水行政主管部门和河源市政府的双重领导，有利于保障新丰江水库的优化调度和管理，更有利于发挥地方政府的积极性，但改革难度较大。

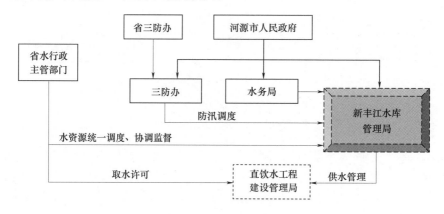

图 8-6　新丰江水库管理体制（方案三）

（注：三维框—水库管理主体；虚框—拟成立部门；粗线—直属关系）

以上三个方案的比选取决于改革目标的设定。若以改革难度最小为目标，可选择方案一；若以强化流域水资源统一管理为目标，可选择方案二；若以促进区域协调发展，加强水源地生态建设和环境保护为目标，则可选择方案三。但无论新丰江水库由谁管理，都必须服从流域水资源统一管理、统一调度，必须遵循电调服从水调的原则，即发电服从防洪、服从供水、服从生态，必须服从省政府颁布的基于水库功能调整的分水方案，必须遵循责、权、利统一的原则，承担相应的责任和义务，这是水库功能调整和管理体制改革的根本目的。

8.4　直饮水工程管理体制方案构想

直饮水工程管理体制与新丰江水库管理体制没有直接的关系，不论新丰江水库实行何种管理体制，都不是影响直饮水工程建设的关键因素。

参照"南水北调中线工程管理体制"模式，直饮水工程的管理应遵循"政府宏观调控，公司市场运作，用户参与管理"的基本原则，按照"政府控股，授权经营，统一调度，分级管理"的方式进行运作。省政府和有关地方政府联合组成高层领导机构——"新丰江直饮水工程协调领导小组"（以下简称"领导小组"），决策、监督、协调直饮水工程建设与管理中的重大事项，以体现政府宏观调控的基本原则。在建设期，由领导小组研究组建受水城市"直饮水工程建设管理局"。考虑到河源市是直饮水工程的水源所在地，河源市现已成立了万绿湖水资源开发管理办公室，且河源市与深圳、东莞、广州等城市签订的框架协议中已明确"直饮水项目的主管道工程由河源市负责规划、勘测、设计工作"，故可以在"河源市万绿湖水资源开发管理办公室"的基础上由河源市人民政府组建河源市新丰江直饮水工程管理局，主要负责主管道工程的规划、勘测、设计、施工等工作。工程建成后各供水工程管理局改制为"直饮水工程供水有限责任公司"，按公司市场运作。

新丰江直饮水工程管理体制结构见图 8-7。

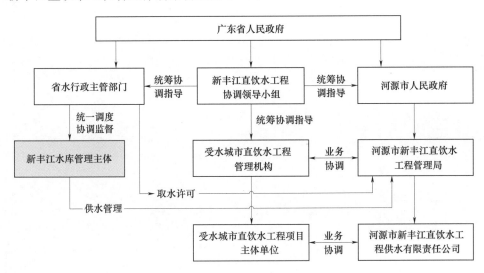

图 8-7　新丰江直饮水工程管理体制

8.5　强化东江流域三大水库统一调度的构想

新丰江水库、枫树坝水库和白盆珠水库是东江流域具有控制性作用的三大水库。尽管本次研究的主要任务是新丰江水库功能合理调整及管理体制研究，但鉴于东江流域水量分配方案是建立在上述三大水库同时贯彻落实粤府办〔2002〕82 号文件规定、合理调整水库功能和三库联合调度的基础上，所以强化三库统一调度、理顺水库管理体制是顺利实施水量分配方案，保障东江流域防洪安全、供水安全、生态安全，实现水资源可持续利用的关键。为此，对三库统一调度提出以下两种建议方案。

1. 基于粤府办〔2002〕82 号文件的统一调度

在不改变现行水库管理体制的情况下，全面贯彻落实粤府办〔2002〕82 号文件规定，合理调整三大水库功能，严格执行"电调服从水调"、"发电服从防洪、服从供水、服从生态"以及省政府颁布的东江流域水量分配方案，由省水行政主管部门与水库现行主管部门联合制定水库运行调度图，联合组建协调监督机构，确保粤府办〔2002〕82 号文件的贯彻落实和三大水库水资源统一调度目标的实现。

2. 基于省水行政主管部门统一管理下的统一调度

遵照《中华人民共和国水法》有关规定，由省政府授权将三大水库移交省水行政主管部门统一管理、统一调度，实现真正意义上的全流域水资源统一管理、统一调度，为东江流域水资源的合理配置、有效保护和可持续利用提供体制性保障。

第9章　项目实施风险分析
及保障管理措施

9.1　新丰江水库直饮水供水模式

随着经济快速发展，污染源日益增多，治污的时间滞后性，以及随着人们生活水平的提高，对健康与饮水安全的日益关注，新丰江优质水资源的潜在市场需求将日益扩大，资源的稀缺性与潜在的经济效益将日益凸显。根据前期尼尔森公司对3个受水城市的市场调研，水源水质是居民选择管道直饮水的主要考虑因素，超过四成的受访者表示未来一年在住所开通新丰江直饮水的意向，近三成表示不确定的受访者通过一定的市场宣传以及随着对新丰江优质水源认识的提高，有可能从潜在消费者变成现实消费者。因此，新丰江管道直饮水的供水模式应充分利用优质原水，在促进城市大直饮、全面提高居民生活用水水质的前提下，最大范围地满足受水城市的受益人群，同时要有利于实现优质水资源的经济效益。

根据先期研究，新丰江水库直饮水的供水模式设想为：①利用两套管网供水，即利用原有自来水管网供应普通自来水，新建一套管网供应直接饮用净水；②利用两套管网供水，即利用原有自来水管网供应普通自来水，新建一套管网供应直接饮用净水与厨用净水（口腔接触水量）；③利用两套管网供水，一套管网供应直接饮用净水、厨用净水、沐浴、洗漱用水（人体接触水量），另一套管网供应杂用水或回用水。

根据广州现有的五个直饮水示范区的经验，新建城区——大学城的管道分质供水模式最可取。大学城直饮水示范区利用两套管网供水，一套管网供应南洲水厂的优质水，全面提升该区域人群的生活用水水质；另一套管网供应从珠江就近抽取的杂用水。该种供水模式既节约了南州水厂的优质水资源，全面提升了水质，又降低了项目的投资成本与制水成本，从而降低了综合水价，项目的经济性与公益性得以提高。

根据《广州市直饮水水源选择可行性研究专题报告》的分析，在考虑以新丰江水库水作为原水的四种方案中（表9-1、表9-2），方案1利用两套管网，分质供应中心城区直接饮用净水与普通自来水，单位生产成本最高，为6.71元/m³，终端水价最高，为159.03元/m³。由于该方案直饮水需水量有限，只有0.14亿 m³/a，剩余的0.86亿 m³/a只能作为东部水厂普通自来水原水，造成优质原水的浪费。存在水质风险、工程实施风险与用户接受风险。

方案2也采用两套管网，分质供应中心城区（除荔湾区、越秀区及白云区部分地区）直接饮用水、厨用水与普通自来水，由于直饮水需水量增加，此方案相对于方案1单位生产经营成本与终端水价都有所下降，分别为3.39元/m³，67.94元/m³。该方案全部应用了新丰江优质原水，未造成水资源浪费，但同样存在水质风险、工程实施风险与用户接受风险。

表 9 - 1　　　　　　　　　　广州市利用新丰江水库原水供水方案比较

项目方案	用水与供水方式	直饮需水量 /(亿 m³/a)	剩余水量 /(亿 m³/a)	单位生产经营成本 /(元/m³)	终端水价①/(元/m³)	
					不计原水价	计入原水价
方案 1	中心城区直饮，剩余水量作为东部水厂水源，两套管网供水	0.14	0.86	6.71	129.03	159.03
方案 2	中心城区厨用与饮用水（除荔湾区、越秀区及白云区部分地区），两套管网供水	1.00	0.00	3.39	37.94	67.94
方案 3	南沙区与番禺区生活用水水源，一套管网供水	1.00	0.00	2.17	18.15	48.15
方案 4	知识城生活用水，镇龙区域居民用水及制作桶装水，两套管网分别供优质水与回用水	1.00	0.00	1.45	6.38	36.38

注　数据来源：《广州市直饮水水源选择可行性研究专题报告》，广东省建筑设计研究院，2010 年《新丰江水库直饮水项目研究总报告》，2009 年。

①　终端水价按企业贷款投资固定资产收益率为 8% 时计算。前期论证的原水水价为 30 元/m³。

表 9 - 2　　　　　　　　　　四种供水方案优缺点及风险比较

项目方案	优　点	缺　点	风　险
方案 1	提高饮用水质；相对桶装水价格优势明显	部分提升水质，原水未能充分利用，水质不明显高于自来水，但水价却高出很多；工程规模大、投资大、对市民生活影响大，实施难度大；建设周期长、建设期内供水户未达设计数量，整体用水量低，经济效益差	水质风险：初期系统用户少，水龄长；循环难度大，易出现死角。 工程实施风险：需新敷设一套直饮水系统及加压泵站，征地问题较难解决。 用户接受风险：广州引进西江水后，全市水质将达到双标水标准，水质与直饮水相差不大，但水价相差悬殊
方案 2	受益人数增加；提高饮用与厨用水质；相对桶装水价格优势显著	部分提升水质，原水未能充分利用，水质不明显高于自来水，但水价却高出很多；工程规模大、投资大、对市民生活影响大，实施难度大；建设周期长、建设期内供水户未达设计数量，整体用水量低，经济效益差	水质超标风险：厨用水夜间几乎不流动，管网二次污染风险加大，多级提升、多级加氯导致水质口感下降。此外，与方案 1 一样，存在工程实施风险与用户不接受风险
方案 3	解决南沙区缺水问题，全面改善用户水质	优质原水用于全部生活用水，造成浪费；工程规模大、投资大、对市民生活影响大，实施难度大；原水成本高；政府需对水价补贴，增加财政负担	工程实施风险
方案 4	全面改善用户水质，节约水资源；新建区域，工程实施容易	相对自来水水价高	存在用户接受风险

注　资料来源：《广州市直饮水水源选择可行性研究专题报告》，广东省建筑设计研究院，2010 年。

方案 3 利用一套管网供应南沙区与番禺区全部生活用水，新丰江原水全部吸纳，管网投资成本大幅度降低，单位生产经营成本与终端水价进一步降低，分别为 2.17 元/m³，48.15 元/m³，但造成优质原水浪费，存在工程实施风险。

方案 4 利用两套管网供应新建区域知识城、镇龙区域居民全部生活用水及制作桶装水。其中一套管网是供应新丰江优质源水的优质水供水系统，另一套管网是污水回用水系统。由于新建成区工程实施容易，投资成本降低，单位生产经营成本与终端水价在四种方案中最低，分别为 1.45 元/m³，36.38 元/m³。全面提升水质，优质水资源得以充分利用，回用水系统节约水资源，由于水价高于普通自来水，存在用户接受风险。

四种方案比较后发现：方案 4 最可取，在新建成区建设分质供水项目，成本与价格优势最明显。但水价高于自来水价格，一定程度上存在用户接受风险。

根据广州已建项目经验与预建项目评估，利用两套管网结合新建成区的直饮水供水模式既能充分利用优质原水，全面提高用户水质，扩大受益范围，又能降低投资成本与生产经营成本，项目的经济性与公益性较为显著。

根据上述研究，新丰江直饮水应结合三个受水城市的新建城区规划建设，或选择具备安装条件的老城区结合管网改造建设，采用两套管网供水：一套管网供应满足人体接触水量的优质直饮水，全面提高用户水质；另一套管网供应杂用水或回用水，降低水处理成本，实现水资源的节约利用。优质原水如有剩余，可考虑采取桶装水、瓶装水等方式，以确保优质原水的充分利用，实现其应有的市场价值。

在国家与各地推行城市大直饮，追求与发达国家优质居民供水标准接轨，但同时又缺乏国家与地方直饮水项目实施标准与执行范例的前提下，新丰江优质水因其较大的供水规模（一期供给东莞与深圳 4.48 亿 m³/a，二期供应广州 1 亿 m³/a，总计 5.48 亿 m³/a），采用双管的供水模式预期可收到以下益处：一是顺应各受水城市推行直饮，全面提高水质的供水理念与发展趋势，有可能成为促进各受水城市推行直饮，全面提升居民水质的示范工程，有利于城市大直饮的相关实施标准与执行标准的制定；二是能够充分利用新丰江稀缺的优质水资源，做到优水优用，有利于供水城市与受水城市投资效益的实现；三是采用回用水或杂用水供水系统可大大节约水资源，降低取水与制水成本，有利于各受水城市应对未来经济社会发展对水资源的巨大消耗所造成的水资源短缺问题，符合节约型社会的发展理念。

9.2 项目运营模式

9.2.1 模式 1：由省政府统筹协调，相关地方政府主导，实行分段建设经营

借鉴南水北调工程的政府统筹协调模式，在省政府主导下，成立项目协调办，包括与项目相关的省水利厅、省发改委、省国土资源厅、省建设厅、省环保厅以及河源市、深圳市、东莞市、广州市政府及相关部门。由项目协调办统筹协调项目的行政许可、立项审批，相关制度制定与行政监督，以及项目建设过程中的融资、征地、拆迁与环保等问题，加强项目主体间协调，促进项目的顺利进行。

在项目协调办的领导下，项目的主管道，即从河源取水口至各受水城市分水口的管道

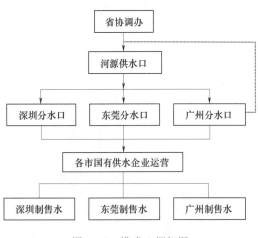

图 9-1　模式 1 框架图

及净水设施，由河源市政府主导下的项目公司（国有水资源公司）投资建设经营；从各分水口至各受水城市的输配管网、净水设施及成品水销售由各受水城市政府主导下的项目公司（国有供水企业）投资建设经营。在政府投资主导的前提下，可适当考虑吸纳社会资本投资，缓解政府投资压力，即采用政府与市场相结合，以政府为主，市场为辅的混合投资机制，见图 9-1。

该模式的优点：由省政府统筹协调，工作阻力减少，项目建设责任分工明确；有利于更好地调动供、受水城市的积极性，促进项目的有序推进；供、受水城市各自负责筹资进行项目建设，有利于各市因地制宜，结合旧城管网改造，新城区供水设施建设降低投资与运营成本；该模式下，政府投资，国有企业运营，各受水城市各自负责本市的输配管网建设、供水水质保证，用户开通与成品水销售，有利于增加市场接受程度，最大限度地降低市场风险。

但此模式由于分段实施建设经营，供、受水城市之间的思想认识及项目建设进度如果不同步，可能出现主管网与分管网施工不同步，供、受水步调不统一，项目的投资风险会增加。

9.2.2　模式 2：政府主导，河源控股，多市参股，股份制运营

此模式由河源及各受水城市及相关单位，联合组成政府投资主导的项目公司，实行由河源控股，各市参股，政府投资主导，民营资本参与的股份制（有限责任）经营，见图 9-2。

该模式的优点：根据投资规模分配股权比例，明确投资收益，责、权、利统一。有利于吸纳社会资本，降低政府投资规模与投资风险，提高项目运作效率。

该模式的缺点：供、受水城市间的思想难以统一，各受水城市的工作积极性、主动性较难调动，公司主体间的利益分配不易协调，资金筹措难以短期到位，各阶段工程建设不易协调，项目成本较难控制，下游市场接受难度加大，项目净收益的不确定性提高，整体投资风险增加。

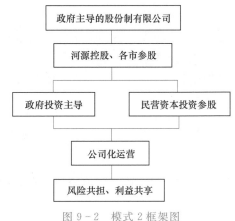

图 9-2　模式 2 框架图

9.2.3　模式 3：省政府统筹协调，政府主导，实力强者控股，股份制运营

此模式在省政府统筹协调下，按照公司法成立股份有限责任制的项目公司，在供、受水城市中选择资金实力强，具备项目管理能力与运营能力的投资主体控股，其他投资主体

根据各自投资规模分配股权，明确项目投资－建设－运营期间的责、权、利，实现主体间利益共享，风险共担，见图9-3。

该模式的优点：由省政府统筹协调，有利于项目主体间的协调与项目的整体推进和统一调度。实力强者控股有利于项目降低投资风险与市场风险，提高项目收益。

该模式相对于模式2，虽然可降低主体间的协调难度，但并没消除主体间的分歧，项目各主体间的协调依然是制约项目运营的主要障碍，相应地项目的投资风险与市场风险相对较高，项目净盈利的不确定性增加。

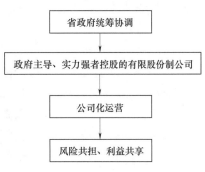

图9-3 模式3框架图

9.2.4 模式4：项目融资❶，政府特许，市场化公开招募业主，实行BOT运营

目前，发达国家和地区的城市基础设施建设在"以政府为主体、市场为导向"的基础上，出现了BOT、TOT、ABS、PPP等项目融资方式。这些方式均有各自的特点和不同的适用范围，有效地实现了以多种不同手段引导各类资本（民间资本、各种贷款、外资等）进入城市基础设施建设，解决政府资金投入不足的问题，丰富了城市基础设施的投融资渠道。

由于新丰江水库直饮水项目具有投资额大、投资回收期长、建成后收益稳定的特点，BOT模式较为适宜。BOT（Build－Operate－Transfer）模式，即建设-经营-转让方式，是指政府部门通过特许权协议，授予投资者承担公用基础设施项目的建造、经营和维护，在协议规定的期限内，投资者拥有项目的所有权，通过项目运营收回投资和运营成本，并获取合理的收益，特许期满后，项目所有权由政府无偿收回。该模式有时也被称为"暂时私有化"过程，见图9-4。

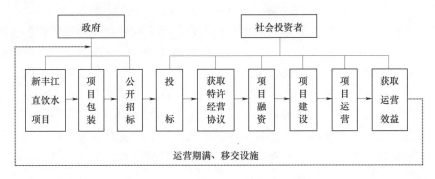

图9-4 模式4框架图

该模式的优点是：BOT项目的融资完全由项目公司承担，不需要政府对项目借款、

---

❶ 项目融资是以项目未来的净现金流量和项目自身的资产作为偿还贷款的保证，以项目导向、有限追索、风险分担为主要特点的一种融资模式。项目融资是一种现代融资模式，它与传统的公司融资模式在融资理念上有着明显的区别，其关注点是项目本身的经济强度，项目未来的收益，而不是投资者的资产、资信和财务状况。

担保、保险等负连带责任，大大减少政府的债务负担。BOT 模式的项目建设速度快，建设成本和运行成本低，效率高，一般选择发达国家和地区具有实力的私营机构来承担，可以带来先进的技术和管理经验。通过引进 BOT 的融资方式，项目建设可以打破资金紧缺的瓶颈，还可以学习国外先进的建设技术和管理经验，使项目更好地为各受水城市服务。BOT 模式可实现以下目的：①转移更多的风险到私人部门；②提高工程项目的成本利用效率；③提高对社区使用者的收费效率和水平。

该模式的缺点是：BOT 的操作过程复杂，中间环节较多，涉及到工程技术、经济、法律等诸多问题，需要通过规范的运作程序和比较完善的特许协议来规避项目实施过程中存在的风险。在 BOT 项目中，最重要的是资金的融资方式、风险的分担、资金的结构、回报率的确认以及政府与项目公司各自的地位等问题，这关系到项目的成功与否和双方合作关系的长久维持。BOT 项目需严格控制工程的建设进度和工程质量，确保项目的顺利实施。此模式中，政府对项目主体的控制难度增加，政府信誉风险有可能提高。

9.2.5 推荐模式

根据上述分析，本研究认为有助于项目推进的运营模式应具有以下特点：

（1）运营模式应有助于降低主体间的协调难度。本项目涉及三个受水城市，参与项目投资的资金来源可能多样，包括政府投资、国有企业投资、民营资本投资、信贷资本投资等。项目主体与项目投资资金来源的多元化使项目主体间的协调成为决定项目运营成败的关键因素。因此，有助于项目运营的模式应确保主体间共识达到最大，协调难度达到最小。

（2）根据项目提供产品的准公共物品属性，新丰江直饮水应兼具公益性与经济性，应采用政府与市场相结合的混合提供机制，并且应以政府为主，市场为辅。近年来，随着公共事业领域投资主体的多元化发展，政府在公共项目投资中的重要性和主导性在减弱，但是政府作为项目公司的成员参与公共项目的投资建设，有助于利用政府的声誉资本撬动社会资本，降低项目公司的努力成本，确保项目的公益性。同时，引入市场机制有助于提高项目运营效率，确保项目的经济收益。

（3）根据对公私主体运营的直饮水项目的比较，无论从公益性还是从经济性的角度来看，国有集中化运营模式都要优于私有分散化运营模式。本研究认为新丰江直饮水应纳入受水城市大直饮供水系统，项目运营模式应体现政府主导，企业化运营的特点。

结合供需双方对项目分段建设的意愿，通过上述四种运营模式优劣势的综合权衡，模式 1：由省政府统筹协调，相关地方政府主导，实行分段建设经营的可行性最高，理由如下：

（1）模式 1 最大程度地体现了项目主体间的共识，虽然也存在主体间的协调难度，但相比其他 3 种模式，主体间的协调难度最小。因此，此种模式会减少项目运营中可能遇到的阻力，有助于项目的顺利推进。

（2）模式 1 主张政府主导下的国有供水企业的市场化运作，体现了政府与市场相结合的准公共物品提供机制，能兼顾项目的公益性与经济性。既能提高受水城市居民的社会福祉，又能实现投资各方的投资收益。

（3）模式 1 主张由各受水城市进行各自区域内的输配管网规划与建设以及终端市场拓展，一方面，有利于提高用户开通率，促进项目规模经济效应的实现，降低市场风险；另一方面，有利于各受水城市结合各自的旧城管网改造，新城区规划进行项目设计，有利于降低项目投资与运营成本。

综上所述，"由省政府统筹协调，相关地方政府主导，实行分段建设经营"的运营模式最符合供需双方意愿，体现项目公益性与经济性兼顾的准公共属性。如果采用此模式，可减少行政上的协调，利于调动各市及各有关部门的积极性，降低项目的投资与运营成本，降低项目的市场风险，有利于推动与加快项目建设。

9.3 项 目 风 险 分 析

9.3.1 宏观经济波动风险分析

项目投产后的收入来源主要是售水收入，如果项目在正常运营期遭遇宏观经济波动，经济增长减缓有可能导致社会用水需求减少；人们饮水观念的改变，社会节水技术的提高等因素，也可能导致用水需求减少。如果由于上述原因导致项目的销售水量和市场综合水价未达到预期目标，将会导致项目销售收入减少，项目预期经济效益下降。

根据前期研究，新丰江直饮水主要供居民人体接触水量的生活用水，基本不涉及工业供水，而这部分生活用水属于"刚性"需求，需求弹性很小，宏观经济增长减缓不会导致用水量大幅度下降。根据前期的财务分析数据，假定一期工程运营期间，由于宏观经济增长减缓，售水收入减少导致利润总额减少，如果整个项目期内各年售水收入减少1%，则利润总额减少最高的年份是第9年，为5.33%，此后逐年递减，到第18年，仅为利润总额的1.7%，完全在项目可承受风险范围内❶（表9-3）。

表9-3   利率上升与售水收入减少的影响

序号 项目	6	7	8	9	10	11	12	13	14	15	16	17	18
利息支出 /亿元	5.06	17.99	16.85	15.63	14.30	12.87	11.33	9.66	7.85	5.91	4.61	3.20	1.69
总成本/亿元	25.47	44.37	49.22	53.97	58.62	83.70	87.79	91.75	95.57	99.25	103.58	107.8	111.92
利息支出 增加10%， 总成本增加 的百分比	1.95	3.90	3.31	2.81	2.38	1.51	1.27	1.04	0.81	0.59	0.44	0.30	0.15
年售水收入 /亿元	13.31	31.66	50.01	68.36	86.71	168.09	185.37	202.64	219.92	237.19	254.47	271.74	289.02
利润总额 /亿元	−12.34	−13.13	0.14	13.50	26.96	82.20	95.17	108.26	121.48	134.85	147.58	160.40	173.34
售水收入减 少1%，利润 总额减少的 百分比	—	—	—	5.33	3.32	2.09	1.99	1.91	1.84	1.79	1.75	1.72	1.70

注　1. 序号代表一期工程从第6年到第18年运营期。
　　2. 数据来源：《新丰江水库直饮水项目研究总报告》，2009年。

---

❶　根据《新丰江水库直饮水项目研究总报告》对项目所做的敏感性分析，项目投资与收益两个因素变化率在10%以内时，财务内部收益率均高于基准收益率8%，具有一定的抗风险能力。

随着经济快速发展，生活节奏加快，城市大直饮的推进以及人们对"水营养"的关注，"生饮"将逐渐超越"熟饮"的饮水观念，直饮水需求量会日益增加；随着节水技术的提高与推广，新丰江优质水可进一步扩大受水城市的受益人群，扩展受益面。因此，宏观经济波动、饮水观念的改变以及节水技术的发展不会导致项目售水收入的减少，后两方的变化反而有利于本项目的实施与推进。

9.3.2　利率风险分析

从项目整体投资来看，由于项目主体多元化，项目投资中除政府投资、政府担保投资外，还可能吸纳一定规模的社会资本。如果项目使用了浮动利率贷款，利率的上升会增加还贷利息，从而增加投资成本。

根据《新丰江水库直饮水项目研究总报告》提供的相关数据，以一期工程为例，假定在整个项目期内，因项目利用浮动利率贷款导致各年利息支出增加 10%，相应地，各年的总成本将增加。根据计算，在项目期的第 7 年，利息支出增加导致总成本增加的额度最高，为 3.9%，此后逐年递减，到项目运营的第 18 年，利息支出导致总成本的增加仅为 0.15%，完全在项目的风险承受范围内（表 9-3）。

浮动利率贷款导致的成本增加可通过以下方式解决：①项目前期减少使用浮动利率贷款，尽量争取固定利率贷款；②浮动利率贷款应尽可能通过利率期货、利率期权、利率掉期、远期利率等金融衍生工具来规避风险。另外，随着水价低估问题的解决，普通自来水价格会呈上升走势，利率提高时，直饮水的期望收益率也会提高，因此，一定程度的水价提升也会部分转移风险。

总体来看，由于政府投资的参与，会撬动大规模的社会资本参与项目投资，使项目投资贷款利率的选择性增加，甚至可完全规避浮动利率贷款，即使使用了一定规模的浮动利率贷款，如果规避得当，加之水价的总体上升态势，也不会给项目收益带来较大影响，项目总体的利率风险有限，在项目可承受范围内。

9.3.3　施工不同步风险分析

项目运营模式 1 采用工程分段实施的方式，河源负责把水输送到各受水城市附近的配水口，配水口以下的净水厂和市内配水管网均由各受水城市的供水公司建设，如果供、受水城市的思想不统一，会导致配套工程建设迟缓，致使工程发挥效益的时间推后或仅能部分发挥效益。

该风险是工程分段实施模式所要考虑的最基本风险，规避风险的方法如下。

（1）通过供受水城市政府间、相关公司间、供受水城市政府与相关公司间签订合同，明确配套工程完成时间及相关违约条款。

（2）在省政府的全面协调下，通过行政手段来督促供受水城市政府及相关供水公司履行各自的义务。通过合同的法律保护与省政府的全面协调与行政监督，本项目的施工不同步风险可得以化解。

9.3.4　施工成本与运营成本上涨风险分析

由于本项目建设周期长，投资规模较大，如施工期与运营期原材料成本与工人工资上涨，则可能导致项目建设成本、运营成本增加，降低项目预期收益，延长还贷期，增加项目投资风险。

该风险属于项目期间风险，所有大型项目都需考虑该种风险。规避风险的关键在于预防。具体方法如下。

(1) 在项目初期做好充分的可行性研究工作，避免盲目扩大工程规模，对项目进行分期建设。

(2) 在建设过程中与供应商签订建立在固定价格基础上的长期建筑材料供应协议，预留工资上涨空间，从而最大限度地降低成本风险。

9.3.5 市场不接受风险分析

由于直饮水价格高于普通自来水价格，有可能抑制市场需求，导致用户开通率低，一定程度存在市场不接受风险，从而降低项目的预期收益。

根据对受水城市的走访以及前期研究，如果本项目采用由省政府统筹协调，相关地方政府主导，实行分段建设经营的运营模式，新丰江直饮水纳入受水城市的大直饮供水系统，由各受水城市结合新建城区规划建设或结合具备安装直饮水条件❶的老城区的管网改造进行施工建设，可大幅度降低投资成本与输配成本；新丰江优质原水有利于降低制水成本；两套管网的供水模式，不仅有利于节水，提高受益范围，而且有利于降低项目的运营成本。由于各项成本的大幅度降低，新丰江直饮水的终端水价可得到有效控制。

现有广州市公共运营的直饮水价格普遍高于自来水，水价体现了取水成本、输配成本与运营成本，不同示范区之间由于成本差异导致水价不同。随着自来水水价低估的逐渐纠正，直饮水与自来水价格间的差距将会缩小，随着城市大直饮的推进，公众对直饮水将普遍认同。

根据前期尼尔森公司对三个受水城市的市场调研，水源水质是居民选择管道直饮水的主要考虑因素，超过四成的受访者表示未来一年在住所开通新丰江直饮水的意向。近三成表示不确定的受访者通过一定的市场宣传以及随着对新丰江优质水源认识的提高，极有可能从潜在消费者变成现实消费者。受访者对于安装直饮水管道的态度较为正面，63％的受访者表示安装直饮水管道对他们完全没有影响，另有26％的受访者表示虽然有影响，但仍然会考虑安装。

本项目采用政府为主，市场为辅的直饮水提供机制，以及政府投资，企业运营的模式，能有效确保项目的公信性，再辅以项目运作期与建设期内有效的市场宣传，使公众充分了解新丰江的原水优势，市场用户将认可优水优价，用户开通率能得到有效保障。

通过对项目可能涉及的上述风险分析，本研究认为项目的总体风险不高，相关风险通过相应的避险措施可以得到有效化解，不会影响项目的顺利进行及投资收益。

9.3.6 结论及建议

1. 结论

(1) 我国经济的快速发展，将导致生产生活用水需求不断增加，环境污染源不断增

---

❶ 根据前期尼尔森公司的市场调研，新丰江水库直饮水开通意向高的人群主要以家庭月收入较高，自购住房，特别是自购小区楼盘的人群为主。

多，在环境治理存在时滞的前提下，分质供水将成为我国解决水资源短缺的一种供水发展趋势，从长期发展的角度看，管道大直饮供水系统将成为国内分质供水的主要选择模式。

（2）新丰江直饮水项目属于准公共项目范畴，宜纳入受水城市未来的大直饮系统，采取政府为主，市场为辅的提供机制，选择两套管网分别供应满足人体接触水量的优质直饮水与回用水（杂用水）的供水模式。该种直饮水提供机制与供水模式不仅顺应与促进未来受水城市大直饮供水系统的发展，而且有利于节约优质水资源，扩大受益范围，充分实现新丰江优质水资源的经济价值，达到降低水处理成本与投资成本的目的。

（3）本研究在综合分析研究的基础上，推荐"由省政府统筹协调，相关地方政府主导，实行分段建设经营"的运营模式。该模式最符合供需双方意愿，能够体现项目公益性与经济性兼顾的准公共属性。可减少行政上的协调，利于调动各市及各有关部门的积极性，降低项目的投资与运营成本，降低项目的市场不接受风险，有利于推动与加快项目建设。

（4）通过对项目可能涉及的相关风险的分析，本研究认为项目的总体风险不高，都处在可控范围内，相关风险通过相应的避险措施可以得到有效化解，不会影响项目的顺利进行及投资收益。

2. 建议

（1）省政府应加强协调，供需双方政府应进一步协商供水模式与原水水价，尽快确定合作框架，以利于项目的后续推进，确保投资各方的投资收益。

（2）投资各方应充分利用项目运作期与建设期，做好市场宣传，使受水城市广大市民充分认识到河源原水优势，使市场做好接受未来直饮水水价的心理准备，促进市场的接受程度。

（3）目前，我国的城市大直饮供水系统尚处于起步阶段，相应的制度法规欠缺，不利于各地直饮水项目的推进。建议相关的各级政府主管部门制定城市大直饮的行业规范、行业标准及相关的法律法规，加强对直饮水项目的监督与指导，从而促进我省城市大直饮高效、有序地进行。

9.4 水源地开源节流措施

除了利用水库联合调度外，河源市还规划多种开源节流措施确保直饮水工程的运行，提高供水可靠度。

9.4.1 增加森林覆盖率，提高流域径流量

根据森林水文学，面积较小的集水区和流域（数十平方千米以下），森林的存在会减少年径流量，其原因在于流域面积较小时，森林蒸腾大量水分起着主要作用。面积较大的流域（数百或数千平方千米以上），情况相反，有林流域的年径流量比无林或少林流域的为多，森林覆盖率每增加 1%，年径流量增加 0.8mm 至数毫米。新丰江流域集雨面积为 5734km^2，属集雨面积较大的流域，随着项目的实施，河源地区环保力度的加大，森林覆盖率的提高同时会增加土壤的含水量，若新丰江流域森林覆盖率每增加 1%，则每年至少可增加供水量约 460 万 m^3。

9.4.2　增加水源地调蓄能力

根据 2004 年注册登记统计，河源市有小型水库 450 宗，其中小（1）型 78 宗、小（2）型 372 宗，总库容 25699 万 m³，总灌溉面积 37.53 万亩，保护总人口 112.73 万人，保护总耕地 70.83 万亩。河源市可以进行小流域规划开发，增加雨洪资源的利用。

自 20 世纪 80 年代时，新丰江水库移民倒流情况严重，在 116m（正常蓄水位）高程以下进行耕种作物情况严重。因此，如解决好移民问题，对现有大坝进行加高，提高新丰江、枫树坝两大水库的有效库容，也可增加水源地的调蓄能力。

9.4.3　东水西调

为提高直饮水供水保证率，本次报告论证了新丰江与枫树坝联合调度的情况，将来也可以通过工程措施加强两库之间的水力联系，由于新丰江库容大，集雨面积小，水库常年低水位运行，而枫树坝水库库容小，集雨面积大，年均有 3 亿 m³ 左右的水通过泄洪排放，造成中下游不同程度的洪涝灾害，也白白浪费了宝贵的水资源。通过开渠凿洞，将枫树坝水库的水经龙川、和平到东源的船塘河，再流入灯塔盆地规划建设的滞洪区，形成调节水库、湖泊和湿地，最后进入新丰江水库。初步测算表明，利用两库自然近 60m 的落差，通过船塘河输水，实际工程输水距离仅 69km，建议研究论证该方案的可行性。

9.4.4　河源市节水型社会的建设

通过调整产业结构、提高工业用水重复利用率、扩大农业节水灌溉面积、加强城市自来水管网更新改造、推广节水器具、充分挖掘现有水利工程的供水潜力（如治理病险水库、利用雨洪资源、调整供水结构、尽量一水多用）等，进行节水型社会建设。

第10章 对流域水资源
分配格局的影响

新丰江水库直饮水工程影响的研究范围为整个东江流域，对新丰江水库现有多目标功能的影响论证范围为发电、防洪和供水；对东江水资源供给能力的影响论证范围为整个东江流域的供水范围，重点是东江水量分配方案所涉及的供水区域；对东江水文情势和水体功能的影响论证范围为枫树坝水库大坝和新丰江水库大坝以下河段，重点是河源、江口、岭下、博罗和东岸等五个控制站及河段，主要包括对流量、水位、纳污能力、通航、压咸的影响；对受水城市现有供水布局及供水方式的影响论证范围包括深圳、东莞和广州的自来水供水系统和供水区域。

根据第5章，近期调水主要通过新丰江单库功能调整来实现；中远期通过新丰江水库与枫树坝联合调度，以便确保新丰江入东江口断面处流量不小于规定最小流量；在远期实施三库联合调度的模式，以提高博罗站控制流量标准，并与远期两库联合调度时各控制断面流量保证率进行比较，分析实施三库联合调度的影响。

10.1 对新丰江水库现有多目标功能和
规模的影响评价

10.1.1 对新丰江水库发电功能的影响

新丰江水库设计是以发电为主，兼顾防洪、航运、压咸和灌溉。建设直饮水工程后，新丰江水库现有的功能将调整为以防洪和供水为主，以发电为辅，这样势必对新丰江水电站的发电量产生一定的影响。本节重点分析新丰江水库自身功能调整以及与枫树坝水库联合调度后，各规划水平年发电量损失，并分析损失电量所占电网的比例。

新丰江水库2007年执行广东省水利厅《分配方案》以来，水库已从传统的防洪、发电向防洪、供水功能转变，新丰江水库的主要调度职能是防洪和供水，辅助一定的电站调峰调频任务。由于调峰调频任务带有一定的随机性和不确定性，没办法精确模拟。分析对发电量的影响主要从两个方面：一个是发电量分析、另一个是库水位分析。发电量分析的是在不用水条件下有无明显变化，变化程度多大，新的功能条件下，发电量能否得到满足；库水位分析是分析水库水位是否太低，水库能否保持一个高水位高库容，满足电站调峰调频任务。

1. 年平均发电量

新丰江水库执行广东水利厅分水方案后，水库承担的任务主要是防洪、供水并兼顾发电，发电不再作为电站最主要的目标。电站通过向下游供水下泄流量进行发电。表10－1是电站执行新功能后的发电量（直饮水工程启动前）与以往历史发电量的对比。

表 10-1　　　　　新丰江水库功能调整后计算发电量与历史值对比（现状）　　　　单位：亿 kW·h

年份	计算值	历史值	年份	计算值	历史值	年份	计算值	历史值
1965	6.72	8.40	1979	9.04	4.66	1993	8.64	9.29
1966	6.49	8.56	1980	10.97	6.21	1994	10.58	7.29
1967	6.59	6.28	1981	9.80	8.92	1995	9.85	10.25
1968	6.25	6.29	1982	10.93	12.35	1996	8.58	7.96
1969	7.72	10.90	1983	14.64	14.90	1997	11.75	12.71
1970	7.61	7.31	1984	10.24	13.34	1998	11.85	14.41
1971	7.55	5.71	1985	9.02	9.73	1999	7.48	5.42
1972	7.44	5.39	1986	8.59	7.10	2000	7.38	5.18
1973	10.87	5.16	1987	9.07	5.69	2001	8.72	10.58
1974	9.49	11.82	1988	7.74	7.40	2002	7.64	6.36
1975	13.08	9.96	1989	9.22	6.94	2003	7.42	7.31
1976	11.77	14.38	1990	7.74	6.61	2004	6.73	4.19
1977	8.59	13.10	1991	7.06	4.57	2005	6.47	8.00
1978	9.30	8.41	1992	7.36	7.24	2006	9.88	13.31

现状条件下，新丰江水库功能调整后计算发电量多年平均值 8.91 亿 kW·h，历史多年平均值为 8.56 亿 kW·h。从多年平均发电量看，执行新的功能后发电量基本可以保证。执行广东水利厅分水方案之前，新丰江水库电站的主要功能是发电，根据电网的任务进行调峰调频发电。执行广东水利厅分水方案之后，虽然电站执行功能主体发生了改变，但仍可以利用下泄流量进行发电。通过以上对比看，年平均情况下，电站的发电量不受影响，见图 10-1。

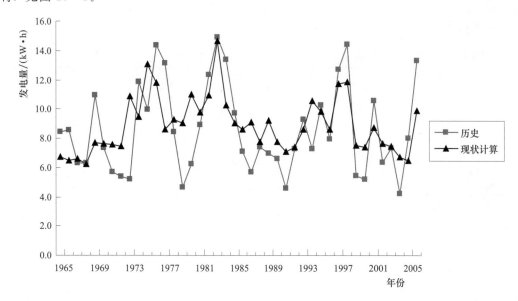

图 10-1　新丰江水库功能调整后现状计算发电量与历史值对比

下面再分析直饮水项目启动后对发电的影响。各个水平年直饮水量对发电量的影响见图 10 - 2。

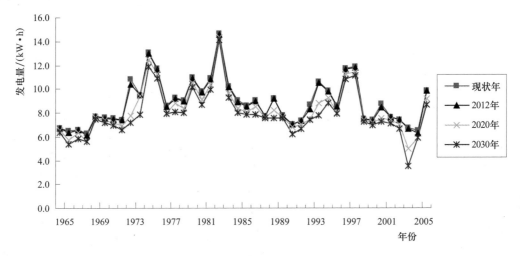

图 10 - 2　各个水平年发电量对比

从库区引走直饮水量不可避免地要影响发电量，通过对比方案可以看出保证出力和年发电量均有所降低，在不同水平年下，年平均发电量从 8.90 亿 kW·h 降低到 8.82kW·h、8.30kW·h、7.90kW·h，平均降低 3344.98 万 kW·h。不过这点电量和出力对庞大的广东电网来讲是微不足道的。而且从经济效益来讲，直饮水工程项目启动后，电站的发电损失效益完全可由直饮水供水效益来补偿；从生态环境效益来讲，直饮水工程对环境保护建设有着重要的促进意义，将河源的资源优势转化经济优势。

2. 库水位分析

对电站来说，调峰调频关键在于库容和水位。通过对不同用水条件下的水库调节，库水位见表 10 - 2。

表 10 - 2　　　　　新丰江各个水平年库水位调节计算情况　　　　　单位：m

年份	现状	近期	中期	远期	年份	现状	近期	中期	远期
1955	111.52	111.49	111.29	111.11	1966	100.91	100.81	100.29	99.94
1956	109.58	109.51	108.50	107.65	1967	97.12	96.88	95.69	94.88
1957	113.00	113.00	113.00	113.00	1968	106.17	106.10	105.66	105.29
1958	111.66	111.62	111.36	111.14	1969	109.46	109.24	107.93	106.82
1959	112.83	112.79	112.56	112.35	1970	108.53	108.16	105.91	103.94
1960	112.75	112.71	112.51	112.32	1971	107.00	106.47	103.17	100.23
1961	113.14	113.11	112.91	112.69	1972	106.64	105.95	101.63	97.68
1962	111.41	111.36	111.03	110.74	1973	112.82	112.69	111.62	108.10
1963	99.49	99.27	98.09	97.32	1974	112.92	112.87	112.54	111.46
1964	100.52	100.44	99.94	99.51	1975	113.62	113.59	113.44	113.31
1965	98.53	98.27	96.98	96.03	1976	113.15	113.12	112.95	112.79

续表

年份	现状	近期	中期	远期	年份	现状	近期	中期	远期
1977	111.81	111.76	111.43	110.69	1993	112.20	112.07	109.35	108.12
1978	112.07	112.01	111.65	111.26	1994	112.42	112.38	111.70	110.98
1979	112.95	112.91	112.62	112.32	1995	112.36	112.32	112.03	111.68
1980	112.03	112.00	111.74	111.53	1996	112.06	112.01	111.65	110.93
1981	113.14	113.10	112.83	112.55	1997	113.24	113.20	112.95	112.61
1982	113.86	113.84	113.71	113.61	1998	111.66	111.62	111.36	111.15
1983	112.15	112.11	111.85	111.64	1999	105.76	105.56	104.30	103.24
1984	112.56	112.51	112.21	111.96	2000	106.47	106.12	103.91	102.01
1985	112.69	112.64	112.37	111.96	2001	111.51	111.38	109.58	107.16
1986	111.10	111.04	110.66	109.86	2002	107.55	107.38	104.88	101.39
1987	111.36	111.30	110.99	110.58	2003	105.11	104.76	101.12	96.98
1988	109.22	109.02	107.85	106.87	2004	97.56	97.10	93.76	93.05
1989	110.10	110.01	109.46	108.71	2005	104.78	104.70	104.25	103.87
1990	109.51	109.31	108.15	106.82	2006	111.16	111.10	110.71	110.38
1991	100.63	100.21	97.66	95.84	2007	111.70	111.64	111.22	110.44
1992	108.35	107.85	104.80	104.25	平均	109.29	109.15	108.15	107.21

通过表 10-2 可以看到，直饮水工程启动后，虽然对库水位有一定影响，但仍能维持在一个 107～109m 的较高水位，也就是说，水库仍留有较大的水头和库容进行调频和调峰。

10.1.2 对新丰江水库防洪功能的影响

根据本次研究所设定的新丰江水库调度规则，新丰江水库首先要根据上游来水，满足水库自身的防洪和安全要求，即新丰江水库调度按照水库控制线（汛限水位、正常蓄水位和死水位）进行调控水量。因此，直饮水工程对新丰江水库的防洪功能没有影响。

10.1.3 对新丰江水库供水和灌溉的影响

新丰江水库目前的调度方式以发电为主，兼顾东江下游防洪、航运、压咸、供水等综合利用。直饮水工程对新丰江水库目前所承担的对东江下游供水的影响详见下节。

10.2 对东江水资源供给能力和水量分配方案的影响

10.2.1 对东江水资源供给能力的影响

1. 新丰江水库自身功能调整下的东江供水能力影响

根据《分配方案》，在三大水库功能以防洪供水为主并纳入水行政主管部门统一调度管理之后，新丰江出口断面的最小控制流量为 $150 \text{m}^3/\text{s}$。本次论证通过分析不同直饮水供水规模下，新丰江水库下泄流量是否满足《分配方案》所制定的最小控制流量，来论证对东江水资源供给能力的影响。

入流按 1955 年 4 月至 2008 年 3 月的 53 年水文长系列，需水按 2012 年 0.28 亿 m^3 计算。通过 53 年逐月调节计算，最小下泄量 150m^3/s，按照保证率（历时）计算公式：

$$P = 正常工作历时（月）/[运行总历时（月）+1] \qquad (10-1)$$

表 10-3 是基准年与 2012 年直饮水工程上马后最小下泄流量的破坏历时与保证率统计。

表 10-3　　　　　　　　　　单库调度下最小控制流量保证率统计表

分类项目	工作总历时/月	破坏历时/月	历时保证率/%
基准年	636	8	98.59
2012 年工程后	636	10	98.27

从表 10-3 可以看出，基准年最小控制流量保证率为 98.59%，大于 95%；通过对比，近期规划水平年下，直饮水工程启动后，2012 水平年新丰江出口断面的最小控制流量保证率为 98.27%，大于 95%，相比基准年降低 0.32%，影响较小。

不同来水频率下的新丰江水库下泄流量见表 10-4。

表 10-4　　　　　　　单库调度不同频率下新丰江水库下泄流量　　　　　　单位：m^3/s

月份	50%（1995 年 4 月 至 1996 年 3 月）		75%（1988 年 4 月 至 1989 年 3 月）		90%（2003 年 4 月 至 2004 年 3 月）		95%（2004 年 4 月 至 2005 年 3 月）	
	基准年	2012 年	基准年	2012 年	基准年	2012 年	基准年	2012 年
4	150.00	150.00	150.00	150.00	150.00	150.00	150.00	150.00
5	150.00	150.00	150.00	150.00	150.00	150.00	150.00	150.00
6	219.06	210.24	150.00	150.00	150.00	150.00	150.00	150.00
7	163.16	162.27	150.00	150.00	150.00	150.00	150.00	150.00
8	477.27	476.38	150.00	150.00	150.00	150.00	150.00	150.00
9	150.00	150.00	150.00	150.00	150.00	150.00	150.00	150.00
10	150.00	150.00	150.00	150.00	150.00	150.00	150.00	150.00
11	150.00	150.00	150.00	150.00	150.00	150.00	150.00	150.00
12	150.00	150.00	150.00	150.00	150.00	150.00	150.00	150.00
1	150.00	150.00	150.00	150.00	150.00	150.00	150.00	133.95
2	150.00	150.00	150.00	150.00	150.00	150.00	47.90	29.52
3	150.00	150.00	150.00	150.00	150.00	150.00	125.08	125.08

从表 10-4 可以看出，在新丰江水库功能调整后，$p=50\%$、$p=75\%$、$p=90\%$ 来水频率下，各月的新丰江水库下泄流量都能满足最小控制流量，且调水前后各典型年流量变化不大。在 $p=95\%$ 来水频率下基准年有两个月流量不满足最小控制流量要求，直饮水工程启动后，有三个月不满足最小控制流量要求。

2. 新丰江水库和枫树坝水库联合调度下的东江供水能力

根据第 5 章，两库联合调度重点从联合供水提高供水对象的保证率和可供水量分析入手。本次论证通过分析不同直饮水供水规模下，江口站流量是否满足《分配方案》所制定的 $270\text{m}^3/\text{s}$，来论证对东江水资源供给能力的影响。

（1）2020 年。新丰江和枫树坝联合调度下 2020 年最小控制流量保证率见表 10-5。

表 10-5　　　　　　　　双库调度下 2020 年最小控制流量保证率统计表

分类项目	工作总历时/月	破坏历时/月	历时保证率/%
基准年	636	0	99.84
2020 年工程后	636	0	99.84

从表 10-5 可以看出，双库联合调度下现状年江口站最小控制流量保证率为 99.84%，大于 95%；通过对比，中期规划水平年下，直饮水工程启动后，双库调度最小控制流量保证率维持在 99.84%。

不同来水频率下直饮水工程启动后，江口站流量见表 10-6。

表 10-6　　　　　　　　双库调度下 2020 年不同频率下江口站流量　　　　　　　单位：m^3/s

月份	50%（1995 年 4 月至 1996 年 3 月）		75%（1988 年 4 月至 1989 年 3 月）		90%（2003 年 4 月至 2004 年 3 月）		95%（2004 年 4 月至 2005 年 3 月）	
	基准年	2020 年	基准年	2020 年	基准年	2020 年	基准年	2020 年
4	356.95	356.95	463.76	463.76	433.61	433.61	404.71	404.71
5	336.67	336.67	512.29	512.29	534.49	534.49	399.61	399.61
6	599.33	548.12	380.58	380.58	453.31	453.31	339.45	339.45
7	587.00	576.32	323.15	323.15	307.02	307.02	331.82	331.82
8	898.59	839.10	309.73	309.73	282.70	282.70	284.55	284.55
9	326.18	326.18	343.61	343.61	270.00	270.00	277.28	277.28
10	304.04	304.04	270.00	270.00	270.00	270.00	270.00	270.00
11	288.03	288.03	275.36	275.36	270.00	270.00	270.00	270.00
12	277.97	277.97	278.03	278.03	270.00	270.00	270.00	270.00
1	304.94	304.94	384.85	384.85	270.00	270.00	270.00	270.00
2	285.27	285.27	300.89	300.89	270.00	270.00	270.00	270.00
3	389.55	389.55	314.72	314.72	298.55	270.00	326.85	270.00

从表 10-6 可以看出，2020 水平年在两库联合调度下，$p=50\%$、$p=75\%$、$p=90\%$、$p=95\%$ 来水频率下，各月的新丰江水库与枫树坝水库下泄流量之和都能满足最小控制流量。

（2）2030 年。表 10-7 可以看出，通过对比，远期规划水平年下，直饮水工程启动后，双库调度最小控制流量保证率为 99.37%，相对于基准年 99.84% 的保证率，降低 0.47%。

表 10-7　　　　　双库调度下 2030 年最小控制流量保证率统计表

分类项目	工作总历时/月	破坏历时/月	历时保证率/%
基准年	636	0	99.84
2030 年工程后	636	3	99.37

不同来水频率下的江口站流量见表 10-8。

表 10-8　　　　　双库调度下 2030 年不同频率下江口站流量　　　　　单位：m^3/s

月份	50%（1995 年 4 月 至 1996 年 3 月）		75%（1988 年 4 月 至 1989 年 3 月）		90%（2003 年 4 月 至 2004 年 3 月）		95%（2004 年 4 月 至 2005 年 3 月）	
	基准年	2030 年	基准年	2030 年	基准年	2030 年	基准年	2030 年
4	356.95	356.95	463.76	463.76	433.61	433.61	404.71	382.97
5	336.67	336.67	512.29	512.29	534.49	534.49	399.61	399.61
6	599.33	548.12	380.58	380.58	453.31	453.31	339.45	339.04
7	587.00	576.32	323.15	323.15	307.02	307.02	331.82	331.82
8	898.59	736.92	309.73	309.73	282.70	282.70	284.55	282.92
9	326.18	326.18	343.61	343.61	270.00	270.00	277.28	270.00
10	304.04	304.04	270.00	270.00	270.00	270.00	270.00	270.00
11	288.03	288.03	275.36	275.36	270.00	270.00	270.00	270.00
12	277.97	277.97	278.03	278.03	270.00	270.00	270.00	265.30
1	304.94	304.94	384.85	384.85	270.00	270.00	270.00	211.68
2	285.27	285.27	300.89	300.89	270.00	270.00	270.00	246.95
3	389.55	389.55	314.72	314.72	298.55	270.00	326.85	270.00

从表 10-8 可以看出，2030 水平年在两库联合调度下，$p=50\%$、$p=75\%$、$p=90\%$ 来水频率下，各月的新丰江水库与枫树坝水库下泄流量之和都能满足最小控制流量，在 $p=95\%$ 来水频率下调水后有三个月流量不满足最小控制流量要求。

　　3. 新丰江、枫树坝、白盆珠水库联调的东江供水能力影响

通过三库联调，增加了流域水资源供应的保障程度。本次论证通过分析不同直饮水供水规模下，东岸站流量是否满足《分配方案》所制定的 320m^3/s，来论证对东江水资源供给能力的影响。

表 10-9 是现状情况与 2030 年三库联调下直饮水工程上马后东岸站最小下泄流量的破坏历时与保证率统计。从表 10-9 可以看出，三库联调下东岸站最小控制流量的保证率为 99.53%，较基准年降低 0.31%；与两库联调时相应站最小控制流量保证率 99.37% 相比，提高了 0.16%。

表 10-9　　　　　三库调度下东岸站最小控制流量保证率统计表

分类项目	工作总历时/月	破坏历时/月	历时保证率/%
基准年	636	0	99.84
2030 年工程后	636	2	99.53

三库联调下不同来水频率东岸站流量见表 10-10。

表 10-10　　　　　　　　　　　三库调度不同频率下东岸站流量　　　　　　　　　　单位：m³/s

月份	50%（1995 年 4 月至 1996 年 3 月）		75%（1988 年 4 月至 1989 年 3 月）		90%（2003 年 4 月至 2004 年 3 月）		95%（2004 年 4 月至 2005 年 3 月）	
	基准年	2030 年	基准年	2030 年	基准年	2030 年	基准年	2030 年
4	418.65	418.65	533.76	533.76	551.14	551.14	485.27	463.53
5	394.56	394.56	582.29	582.29	660.49	660.49	522.95	522.95
6	669.33	618.12	450.28	450.28	588.21	588.21	433.29	432.87
7	657.00	646.32	393.15	393.15	385.11	385.11	434.75	434.75
8	1053.26	891.59	379.73	379.73	370.43	370.43	378.46	376.83
9	424.35	424.35	422.62	422.62	353.06	353.06	362.82	355.54
10	396.83	396.83	348.03	348.03	345.50	345.50	352.00	352.00
11	358.03	358.03	342.33	342.33	343.20	343.20	345.43	345.43
12	347.97	347.97	348.03	348.03	339.70	339.70	340.00	333.24
1	374.94	374.94	454.85	454.85	337.60	337.60	336.85	308.53
2	355.27	355.27	370.89	370.89	334.00	334.00	325.72	309.12
3	459.24	459.24	384.72	384.72	368.55	340.00	396.85	346.76

从表 10-10 可以看出，在新丰江水库功能调整后，$p=50\%$、$p=75\%$、$p=90\%$ 来水频率下，各月的新丰江水库下泄流量都能满足最小控制流量，且调水前后各典型年流量变化不大。在 $p=95\%$ 来水频率下基准年全年流量均满足最小控制流量要求，直饮水工程启动后，有两个月不满足最小控制流量要求。

10.2.2　对东江水量分配方案的影响与衔接

2007 年，广东省水利厅制定了东江流域水资源分配方案，近期分配方案主要考虑到东江流域内新丰江水库、枫树坝水库、白盆珠水库尚未纳入水行政主管部门统一调度管理，三大水库功能还是以发电为主调度运行，在此来水条件下制定分水方案；远期按照粤府办〔2002〕82 号文件和惠府函〔2004〕2 号文件精神，调整三大水库功能以防洪为主并纳入水行政主管部门统一调度管理，三大水库功能以防洪供水为主调度运行，在此来水条件下制定的分水方案。

东江各市逐月分配流量及各断面最小控制流量见表 4-12 和表 4-13。根据本次研究提出的新丰江水库直饮水供给方案，在优先保证广东省水利厅提出的东江水资源分配方案下，再向广州、东莞和深圳提供直饮水。因此，本次研究提出的新丰江水库直饮水量是通过新丰江水库自身功能调整或水库联合调度，在广东省水利厅提出的分配方案之外增加的供水量，不占用《广东省东江流域水资源分配方案》的分配指标。

第11章 对流域生态环境的影响

11.1 对东江中下游水文情势的影响评价

11.1.1 模型

采用第 5 章的调度模型，下游断面的流量为水库下泄流量与区间入流之和。在调度模型中双库调度下以江口站最小控制流量为目标，三库调度下以东岸站最小控制流量为目标，因此对东江干流主要断面流量的影响主要包括单库调度下对下游断面、双库调度下对东岸站流量的影响。

11.1.2 对东江干流主要断面流量的影响

本次论证选取江口和东岸两个断面为控制断面，研究不同的直饮水供给方案对东江干流主要断面流量的影响程度。根据《广东省东江流域水资源分配方案》，江口、东岸站最小控制流量分别为 270m³/s、320m³/s。

1. 新丰江水库自身功能调整下的流量影响

分析各控制断面，新丰江水库功能调整后，调水前后不同频率下的流量变化（列出调水前后不同频率下 10 月至次年 3 月的逐月流量，作对比分析）见表 11-1 和表 11-2。

表 11-1　　　　新丰江功能调整不同频率下调水前后江口站流量对比　　　　单位：m³/s

月份	50%（1995 年 10 月至 1996 年 3 月）		75%（1988 年 10 月至 1989 年 3 月）		90%（2003 年 10 月至 2004 年 3 月）		95%（2004 年 10 月至 2005 年 3 月）	
	基准年	2012 年	基准年	2012 年	基准年	2012 年	基准年	2012 年
10	304.04	304.04	270.00	270.00	270.00	270.00	270.00	270.00
11	288.03	288.03	275.36	275.36	270.00	270.00	270.00	270.00
12	277.97	277.97	278.03	278.03	270.00	270.00	270.00	270.00
1	304.94	304.94	384.85	384.85	270.00	270.00	270.00	270.00
2	285.27	285.27	300.89	300.89	270.00	270.00	270.00	270.00
3	389.55	389.55	314.72	314.72	298.55	298.55	326.85	326.85

表 11-2　　　　新丰江功能调整不同频率下调水前后东岸站流量对比　　　　单位：m³/s

月份	50%（1995 年 10 月至 1996 年 3 月）		75%（1988 年 10 月至 1989 年 3 月）		90%（2003 年 10 月至 2004 年 3 月）		95%（2004 年 10 月至 2005 年 3 月）	
	基准年	2012 年	基准年	2012 年	基准年	2012 年	基准年	2012 年
10	396.61	396.61	340.00	340.00	345.50	345.50	352.00	352.00
11	358.03	358.03	345.36	345.36	343.20	343.20	345.43	345.43

月份	50%（1995年10月至1996年3月）		75%（1988年10月至1989年3月）		90%（2003年10月至2004年3月）		95%（2004年10月至2005年3月）	
	基准年	2012年	基准年	2012年	基准年	2012年	基准年	2012年
12	347.97	347.97	348.03	348.03	339.70	339.70	340.00	340.00
1	374.94	374.94	454.85	454.85	337.60	337.60	336.85	336.85
2	355.27	355.27	370.89	370.89	334.00	334.00	325.72	325.72
3	458.36	458.36	384.72	384.72	368.55	338.55	396.85	396.85

从长系列来看功能调整后不实施直饮水工程，江口、东岸站最小控制流量保证率为99.69%，实施直饮水工程仍能维持99.69%的保证率，基本无影响。

从计算结果中可以看出2012水平年50%、75%、90%、95%来水频率下江口、东岸站各月流量均满足最小控制流量，调水前后各典型年流量几乎无变化。

2. 联合调度下的流量影响

双库调度下，江口站流量及保证率见表10-5～表10-8，三库调度下远期水平年直饮水工程对东岸站流量的影响见表10-9和表10-10，因此联合调度下的流量影响主要分析双库调度下东岸站的流量及其保证率的变化。

（1）2020年。调水前后不同频率下东岸站的流量变化（列出调水前后不同频率下10月至次年3月的逐月流量，作对比分析）见表11-3。

表11-3　　　　双库联合调度不同频率下调水前后东岸站流量对比　　　　单位：m³/s

月份	50%（1995年10月至1996年3月）		75%（1988年10月至1989年3月）		90%（2003年10月至2004年3月）		95%（2004年10月至2005年3月）	
	基准年	2020年	基准年	2020年	基准年	2020年	基准年	2020年
10	396.61	396.61	340.00	340.00	345.50	345.50	352.00	352.00
11	358.03	358.03	345.36	345.36	343.20	343.20	345.43	345.43
12	347.97	347.97	348.03	348.03	339.70	339.70	340.00	340.00
1	374.94	374.94	454.85	454.85	337.60	337.60	336.85	336.85
2	355.27	355.27	370.89	370.89	334.00	334.00	325.72	325.72
3	458.36	458.36	384.72	384.72	368.55	368.55	396.85	396.85

基准年东岸站最小控制流量保证率为99.84%，实施直饮水工程后中期水平年东岸站最小控制流量保证率维持不变。从计算结果中可以看出，双库调度下实施直饮水工程后，2020水平年四个来水频率下东岸站流量均满足最小控制流量。

（2）2030年。调水前后不同频率下东岸站的流量变化（列出调水前后不同频率下10月至次年3月的逐月流量，作对比分析）见表11-4。

基准年东岸站最小控制流量保证率为99.84%，实施直饮水工程后远期水平年东岸站最小控制流量保证率降低至99.37%。从计算结果中可以看出，双库调度下2030水平年，50%、75%、90%来水频率下东岸站枯水月份流量均满足最小控制流量要求。95%来水频率调水前枯水月份流量满足最小控制流量要求，调水后有两个月不满足最小控制流量要求。

表 11 - 4　　　　　　2030 年调水前后不同频率下东岸站流量对比　　　　单位：m³/s

月份	50%（1995 年 10 月至 1996 年 3 月）		75%（1988 年 10 月至 1989 年 3 月）		90%（2003 年 10 月至 2004 年 3 月）		95%（2004 年 10 月至 2005 年 3 月）	
	基准年	2030 年	基准年	2030 年	基准年	2030 年	基准年	2030 年
10	396.61	396.61	340.00	340.00	345.50	345.50	352.00	352.00
11	358.03	358.03	345.36	345.36	343.20	343.20	345.43	345.43
12	347.97	347.97	348.03	348.03	339.70	339.70	340.00	335.30
1	374.94	374.94	454.85	454.85	337.60	337.60	336.85	281.68
2	355.27	355.27	370.89	370.89	334.00	334.00	325.72	316.95
3	458.36	458.36	384.72	384.72	368.55	339.40	396.85	346.76

11.1.3　对东江干流主要断面水位的影响

本次论证选取岭下和博罗断面为控制断面，研究不同的直饮水供给方案对东江干流主要断面水位的影响。

1. 新丰江水库自身功能调整下的水位影响

分析各控制断面，调水前后不同频率下的水位变化（列出调水前后不同频率下 10 月至次年 3 月的逐月流量，作对比分析）见表 11 - 5 和表 11 - 6。调水前后岭下、博罗站的水位几乎无变化。

表 11 - 5　　　　　　2012 年调水前后不同频率下岭下站水位对比　　　　单位：m

月份	50%（1995 年 10 月至 1996 年 3 月）		75%（1988 年 10 月至 1989 年 3 月）		90%（2003 年 10 月至 2004 年 3 月）		95%（2004 年 10 月至 2005 年 3 月）	
	基准年	2012 年	基准年	2012 年	基准年	2012 年	基准年	2012 年
10	13.60	13.60	13.52	13.52	13.52	13.52	13.52	13.52
11	13.56	13.56	13.54	13.54	13.52	13.52	13.52	13.52
12	13.54	13.54	13.54	13.54	13.52	13.52	13.52	13.52
1	13.60	13.60	13.77	13.77	13.52	13.52	13.52	13.52
2	13.56	13.56	13.59	13.59	13.52	13.52	13.52	13.52
3	13.78	13.78	13.62	13.62	13.59	13.59	13.65	13.65

表 11 - 6　　　　　　2012 年调水前后不同频率下博罗站水位对比　　　　单位：m

月份	50%（1995 年 4 月至 1996 年 3 月）		75%（1988 年 4 月至 1989 年 3 月）		90%（2003 年 4 月至 2004 年 3 月）		95%（2004 年 4 月至 2005 年 3 月）	
	基准年	2012 年	基准年	2012 年	基准年	2012 年	基准年	2012 年
10	3.79	3.79	3.58	3.58	3.61	3.61	3.63	3.63
11	3.66	3.66	3.61	3.61	3.60	3.60	3.61	3.61
12	3.62	3.62	3.62	3.62	3.58	3.58	3.58	3.58

月份	50% (1995年4月至1996年3月)		75% (1988年4月至1989年3月)		90% (2003年4月至2004年3月)		95% (2004年4月至2005年3月)	
	基准年	2012年	基准年	2012年	基准年	2012年	基准年	2012年
1	3.72	3.72	3.95	3.95	3.57	3.57	3.57	3.57
2	3.64	3.64	3.70	3.70	3.56	3.56	3.52	3.52
3	3.96	3.96	3.75	3.75	3.69	3.69	3.79	3.79

2. 新丰江水库和枫树坝水库联合调度下的水位影响

(1) 2020年。分析各控制断面，调水前后不同频率下的流量变化见表11-7和表11-8。从计算结果中可以看出，2020水平年四个典型年双库调度下岭下站水位减小幅度为0~0.13m，博罗站水位调水前后基本无变化，可见影响较小。

表11-7　　　　　2020年调水前后不同频率下岭下站水位对比　　　　　单位：m

月份	50% (1995年4月至1996年3月)		75% (1988年4月至1989年3月)		90% (2003年4月至2004年3月)		95% (2004年4月至2005年3月)	
	基准年	2020年	基准年	2020年	基准年	2020年	基准年	2020年
10	13.60	13.60	13.52	13.52	13.52	13.52	13.52	13.52
11	13.56	13.56	13.54	13.54	13.52	13.52	13.52	13.52
12	13.54	13.54	13.54	13.54	13.52	13.52	13.52	13.52
1	13.60	13.60	13.77	13.77	13.52	13.52	13.52	13.52
2	13.56	13.56	13.59	13.59	13.52	13.52	13.52	13.52
3	13.78	13.78	13.62	13.62	13.59	13.59	13.65	13.52

表11-8　　　　　2020年调水前后不同频率下博罗站水位对比　　　　　单位：m

月份	50% (1995年4月至1996年3月)		75% (1988年4月至1989年3月)		90% (2003年4月至2004年3月)		95% (2004年4月至2005年3月)	
	基准年	2020年	基准年	2020年	基准年	2020年	基准年	2020年
10	3.58	3.58	3.58	3.58	3.61	3.61	3.65	3.65
11	3.58	3.58	3.58	3.58	3.60	3.60	3.58	3.58
12	3.58	3.58	3.58	3.58	3.58	3.58	3.59	3.59
1	3.62	3.62	3.83	3.83	3.57	3.57	3.73	3.73
2	3.61	3.61	3.82	3.82	3.56	3.56	3.78	3.78
3	4.08	4.08	4.07	4.07	3.69	3.69	3.87	3.87

(2) 2030年。分析各控制断面，调水前后不同频率下的流量变化见表11-9和表11-10。从计算结果中可以看出，2030水平年四个典型年双库调度下岭下站水位减小幅度为0~0.13m，博罗站水位在50%、75%频率下基本无变化，90%来水频率下有1个月水位减小0.11m，95%来水频率下水位减小幅度为0~0.14m；影响较小。

表 11－9　　　　　　　　2030 年调水前后不同频率下岭下站水位对比　　　　　　单位：m

月份	50％（1995 年 4 月至 1996 年 3 月）		75％（1988 年 4 月至 1989 年 3 月）		90％（2003 年 4 月至 2004 年 3 月）		95％（2004 年 4 月至 2005 年 3 月）	
	基准年	2030 年	基准年	2030 年	基准年	2030 年	基准年	2030 年
10	13.60	13.60	13.52	13.52	13.52	13.52	13.52	13.52
11	13.56	13.56	13.54	13.54	13.52	13.52	13.52	13.52
12	13.54	13.54	13.54	13.54	13.52	13.52	13.52	13.51
1	13.60	13.60	13.77	13.77	13.52	13.52	13.52	13.39
2	13.56	13.56	13.59	13.59	13.52	13.52	13.52	13.47
3	13.78	13.78	13.62	13.62	13.59	13.52	13.65	13.52

表 11－10　　　　　　　　2030 年调水前后不同频率下博罗站水位对比　　　　　　单位：m

月份	50％（1995 年 4 月至 1996 年 3 月）		75％（1988 年 4 月至 1989 年 3 月）		90％（2003 年 4 月至 2004 年 3 月）		95％（2004 年 4 月至 2005 年 3 月）	
	基准年	2030 年	基准年	2030 年	基准年	2030 年	基准年	2030 年
10	3.79	3.79	3.58	3.58	3.61	3.61	3.63	3.63
11	3.66	3.66	3.61	3.61	3.60	3.60	3.61	3.61
12	3.62	3.62	3.62	3.62	3.58	3.58	3.58	3.53
1	3.72	3.72	3.95	3.95	3.57	3.57	3.57	3.43
2	3.64	3.64	3.70	3.70	3.56	3.56	3.52	3.46
3	3.96	3.96	3.75	3.75	3.69	3.58	3.79	3.61

3. 新丰江、枫树坝、白盆珠水库联合调度下的水位影响

分析远期水平下，博罗站调水前后不同频率下的水位变化见表 11－11。

表 11－11　　　　　　　　2030 年调水前后不同频率下博罗站水位对比　　　　　　单位：m

月份	50％（1995 年 4 月至 1996 年 3 月）		75％（1988 年 4 月至 1989 年 3 月）		90％（2003 年 4 月至 2004 年 3 月）		95％（2004 年 4 月至 2005 年 3 月）	
	基准年	2030 年	基准年	2030 年	基准年	2030 年	基准年	2030 年
10	3.79	3.79	3.58	3.58	3.61	3.61	3.63	3.63
11	3.66	3.66	3.61	3.61	3.60	3.60	3.61	3.61
12	3.62	3.62	3.62	3.62	3.58	3.58	3.58	3.56
1	3.72	3.72	3.95	3.95	3.57	3.57	3.57	3.44
2	3.64	3.64	3.70	3.70	3.56	3.56	3.52	3.44
3	3.96	3.96	3.75	3.75	3.69	3.58	3.79	3.61

从计算结果中可以看出，2030 水平年三库联合调度下 50％、75％频率博罗站水位调水前后无变化，90％来水频率下有一个月水位减小 0.11m，95％来水频率有 4 个月水位减小，减少幅度为 0～0.18m，影响较小。

4. 占分水指标时的影响

根据新丰江水库直饮水项目论证附件一之《受水城市直饮水需求分析》，不考虑供水管网漏损率，近、中、远期直饮水需求量分别为 0.88m³/s、10.18m³/s、17.39m³/s。由于广州市、东莞市、深圳市原有引水均在东岸站下游，因此将分水方案中东岸站最小控制流量减去各城市直饮水净需水量作为新的控制指标，即东岸站控制流量近、中、远期分别为 319.12m³/s、309.82m³/s、302.61m³/s。按照新的控制指标计算东岸站最小控制流量保证率，近、中、远期保证率分别为 99.69%、99.84%、99.69%，与不占用分水指标时的保证率相比，仅双库调度下 2030 水平年保证率提高 0.32%。

11.2 对东江中下游水体功能的影响

根据新丰江水库的来水条件，分析新丰江水库不同的水资源调度方案对东江中下游水生态的影响程度和发展趋势，并提出有效对策。

11.2.1 对河道生态基流的影响

河道生态基流量是指维持河流生态系统发育、演替和平衡所需的基本水量。河流是连接流域各生态单元的重要"廊道"，其河道生态基流量主要包括维持河流生态平衡和河口湿地生境保护的水量，以及与河流水资源有密切关系的沿河生态系统补给水量等。从新丰江直接引水可能会对东江的河道水资源总量产生影响，同时也可能会影响到敏感生态期和枯水时段的河道水量分配，从而影响到河道生态基流。

本次研究主要分析博罗断面的生态基流影响。

1. 新丰江水库自身功能调整下的生态基流影响

根据《广东省东江流域水资源分配方案》，博罗断面逐月河道内需水流量为 150m³/s。论证工作的主要目的是通过分析不同直饮水供水规模下博罗断面的流量，并与《广东省东江流域水资源分配方案》所制定的河道内需水流量进行比较，进而论证直饮水工程对生态基流的影响。资料选取 1955 年 4 月至 2008 年 3 月。

表 11-12 是现状情况与 2012 年直饮水工程上马后博罗断面的生态基流的破坏历时与保证率统计。

表 11-12　　　　　　　　新丰江功能调整博罗断面生态基流保证率统计表

分类项目	工作总历时/月	破坏历时/月	历时保证率/%
基准年	636	0	99.84
2012 年工程后	636	0	99.84

从表 11-12 可以看出，2012 年，博罗断面的生态基流保证率为 99.84%；通过对比，近期规划水平年下，直饮水工程启动后，博罗断面的生态基流控制流量保证率没有变化。在新丰江水库自身功能调整后，不同来水频率下的博罗断面流量均能满足最小生态基流要求。

2. 新丰江水库和枫树坝水库联合调度下的生态基流影响

(1) 2020 年。表 11-13 是现状情况与 2020 年直饮水工程上马后博罗断面生态基流的破坏历时与保证率统计。

表 11-13　　　　　　　2020 年两库调度博罗断面生态基流保证率统计表

分 类 项 目	工作总历时/月	破坏历时/月	历时保证率/%
基准年	636	0	99.84
2020 年工程后	636	0	99.84

从表 11-13 可以看出，两库联调博罗断面基准年生态基流的保证率为 99.84%；通过对比，中期规划水平年下，直饮水工程启动后，博罗断面的生态基流控制流量保证率维持不变，无影响。

（2）2030 年。表 11-14 是现状情况与 2030 年直饮水工程上马后博罗断面生态基流的破坏历时与保证率统计。

表 11-14　　　　　　　2030 年两库调度博罗断面生态基流保证率统计表

分 类 项 目	工作总历时/月	破坏历时/月	历时保证率/%
基准年	636	0	99.84
2020 年工程后	636	0	99.84

从表 11-14 可以看出，2030 水平年，博罗断面的生态基流保证率与 2020 水平年情况一样。

3. 三库联合调度下的生态基流影响

表 11-15 是现状情况与 2030 年直饮水工程上马后三库调度博罗断面生态基流的破坏历时与保证率统计。

表 11-15　　　　　　　2030 年三库调度博罗断面生态基流保证率统计表

分 类 项 目	工作总历时/月	破坏历时/月	历时保证率/%
基准年	636	0	99.84
2030 年工程后	636	0	99.84

从表 11-15 中可以看出，2030 水平年三库调度下调水前后博罗断面生态基流保证率均维持在 99.84%，可见调水前后对博罗断面生态基流的影响较小。

根据博罗站的流量序列可知，三库调度下博罗断面各月的流量均满足生态基流。

11.2.2　对纳污能力的影响

新丰江水库直饮水工程采用优水优用、合理配置水资源的原则，丰水期东江流域水量丰沛，其河道纳污功能强大，在枯季，工程建设后减少了新丰江水库的下泄水量，从而影响对东江干流的纳污功能。根据东江的水文特征、水质状况、水功能利用现状、水质目标以及东江流域未来经济社会发展和生态保护对水资源的要求，在设计水文条件下，采用一维衰减模型分析新丰江水库直饮水工程对东江干流纳污能力的影响。

根据各控制站的流量，计算各功能区段调水前后的纳污能力，并进行比较，分析新丰江水库调水对纳污能力的影响。

1. 计算模型及方法

纳污能力是指对确定的水体，在满足水域功能要求的前提下，按给定的水质目标值、设计水量、排污口位置及排污方式下，水体所能容纳的最大污染物量。

$$W = [C_s - C_0 \exp(-kL/u)]Q_r$$

式中 　W——计算河段的纳污能力，g/s；

　　　C_s——控制断面污染物浓度，mg/L；

　　　C_0——起始断面污染物浓度，mg/L；

　　　k——污染物综合自净系数，s^{-1}；

　　　L——河段长度，假定河段的自净长度为河段长的一半，m；

　　　u——设计流量下岸边污染带的平均流速，m/s；

　　　Q_r——上游设计来水量，m^3/s。

2. 计算结果

对东江干流各水功能区进行计算，根据各控制区间的水质目标，确定所采用的计算参数值见表 11-16，各水功能区流量见表 11-17，纳污能力见表 11-18。

表 11-16　　　　　　　　　　　东江干流各水功能区参数值

控制区间	L/km	COD			氨氮		
		C_0/(mg/L)	C_s/(mg/L)	K/(1/d)	C_0/(mg/L)	C_s/(mg/L)	K/(1/d)
河源—岭下	87	12	12	0.15	0.5	0.5	0.1
岭下—博罗	59	12	12	0.15	0.5	0.5	0.1

表 11-17　　　　　　　　现状及规划水平年水功能区不同频率年均流量　　　　　单位：m^3/s

水功能区	水 平 年	50%	75%	90%	95%
河源—岭下	基准年（单库基准年）	412.9	346.4	327.5	309.5
	2012	412.0	346.4	327.5	309.5
	基准年（双库基准年）	412.9	346.4	327.5	309.5
	2020	402.8	346.4	327.5	304.8
	2030	394.2	346.4	325.1	295.0
岭下—博罗	基准年（单库基准年）	492.2	417.1	414.6	392.7
	2012	491.3	417.1	414.6	392.7
	基准年（双库基准年）	492.2	417.1	414.6	392.7
	2020	482.1	417.1	414.6	387.9
	2030	473.6	417.1	412.2	379.6
	基准年（三库基准年）	492.5	417.1	414.7	392.9
	2030	473.8	417.1	412.3	381.8

表 11-18　　　　　　　　现状及规划水平年水功能区不同频率纳污能力变化率　　　　　　　　　%

水功能区	水平年	50%		75%		90%		95%	
		COD	氨氮	COD	氨氮	COD	氨氮	COD	氨氮
河源—岭下	2012	−0.01	−0.01	0.00	0.00	0.00	0.00	0.00	0.00
	2020	−0.09	−0.06	0.00	0.00	0.00	0.00	−0.08	−0.05
	2030	−0.17	−0.11	0.00	0.00	−0.03	−0.02	−0.24	−0.16
岭下—博罗	2012	0.00	0.00	0.00	0.00	0.00	0.00	0.00	0.00
	2020	−0.04	−0.03	0.00	0.00	0.00	0.00	−0.03	−0.02
	2030	−0.08	−0.05	0.00	0.00	−0.01	−0.01	−0.09	−0.06
	2030（三库）	−0.08	−0.05	0.00	0.00	−0.01	−0.01	−0.08	−0.05

注　正负号分别表示纳污能力增加、减小；2012 年纳污能力变化率指相对于新丰江自身功能调整下不实施直饮水工程；2020 年、2030 水平年是指相对于双库联合调度下不实施直饮水工程。

表 11-18 表明，在各来水频率下，河源—岭下、岭下—博罗两个区间纳污能力变化率为 −0.24%~0%，影响不大。

比较远期水平年双库调度与三库调度对水体纳污能力的影响，在 $p=95\%$ 的来水频率下三库调度对纳污能力的影响略小于双库调度的影响。

2007 年整个珠江流域城镇生活污水处理率达到 59%，而各大城市普遍高于这一数值（深圳：85%，东莞：78%，广州：76%），随着污水处理厂建设步伐加快，城市污水处理率将不断提高，取用的水量大部分经处理后将回流至东江流域，直饮水取水对下游纳污能力的影响将进一步减弱。

11.2.3　对东江三角洲咸潮上溯的影响

新丰江水库直饮水工程降低了东江博罗控制站的流量，对东江三角洲的咸潮上溯有所影响。采用一维水动力水质耦合模型定量分析直饮水工程不同建设方案取水对东江三角洲咸潮上溯的影响，研究范围包括整个东江三角洲，选取典型枯水潮型分析计算直饮水工程建设前后东江三角洲咸界的变化。

1. 东江三角洲咸潮特性

东江三角洲的咸潮界跟博罗站的来流量密切相关。根据 2004 年广东省水文局惠州水文分局在东江三角洲的三次较大规模的水文测验成果可知，当东江博罗站下泄流量为 150m³/s 时，250mg/L 的咸潮界在南支流东城水厂—潢涌村—大坦—北干流仙村运河口一线；当博罗站下泄流量为 175m³/s 时，250mg/L 的咸潮界在南支流莞城—万江水厂—高埗水厂—北干流刘屋洲一线；当博罗站下泄流量为 200m³/s 时，250mg/L 的咸潮界在南支流南城区—官桥村—中堂水厂—北干流大塘洲一线。距离口门较近的泗盛围站，由于离虎门较近，基本常年受潮汐动力影响，咸潮界进退该河段较为容易，只有洪水期，博罗流量超过 400m³/s 时，泗盛围的含氯度才较小。

2. 东江三角洲一维潮流与含氯度耦合数学模型

此模型主要用来计算分析新丰江直饮水工程对东江三角洲咸潮及水动力规律的影响。研究范围包括东江下游及东江三角洲。上边界取在博罗站，下边界到狮子洋。模型共模拟

34 条河段，模拟河长 42.5km，共布设 545 个断面，河道模拟断面间距约 100~500m。

3. 工程方案对咸潮上溯的影响分析

在各供水保证率的情况，2012 年通过新丰江水库单库调度基本能满足直饮水调水和下游供水的需求，2020 年、2030 年可通过新丰江、枫树坝水库联合调度基本满足直饮水和下游供水的需求，根据直饮水工程前后博罗站流量的变化分析东江下游及三角洲地区咸潮变化情况。

在近期水平年 2012 年，博罗站的流量通过新丰江水库单库调度，受新丰江下泄流量 150m³/s 的控制，博罗站流量直饮水工程前后无变化，东江三角洲 250mg/L 的咸潮界无变化。

在 2020 年及 2030 年，博罗站的流量通过新丰江、枫树坝水库联合调度，在低于博罗站控制流量 320m³/s 的月份（1 月），平均流量由 336.85m³/s 减少到 281.68m³/s，减少了 55.17m³/s，东江三角洲 250mg/L 的咸潮界往上游推移了约 3.4km，咸潮的界线变化见图 11-1。

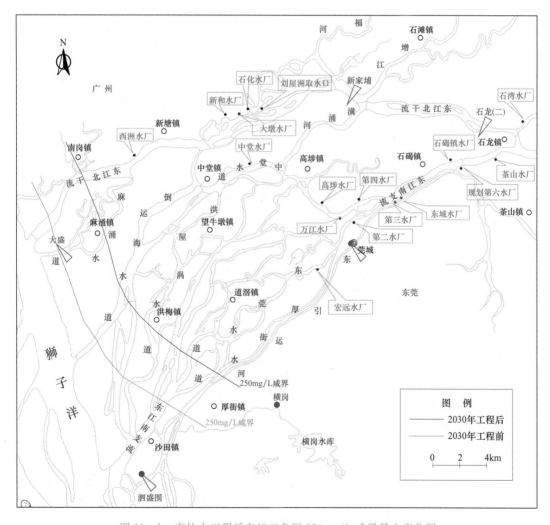

图 11-1　直饮水工程后东江三角洲 250mg/L 咸界最大变化图

直饮水工程实施后通过新丰江水库单库调度以及和枫树坝水库联合调度，各水平年下，在低于博罗站 320m³/s 的月份（1 月），博罗站的来流量最大减少了 55.17m³/s，使东江三角洲的咸潮界上移了约 3.4km，250mg/L 的咸潮界未超过东江三角洲主要水厂的取水口，因此直饮水工程的实施配合水库的调度后，不会影响下游地区各取水口的取水。

11.2.4　对航运的影响

新丰江水库向受水城市供给直饮水可能会造成东江中下游河道水量减少和水位变化，水量的减少和水位变化又对航运产生影响。

根据岭下、博罗站和水位，对照最低通航水位分别分析不同水平年、不同频率下的通航水位影响。

根据《东江中游（河源—惠州）航道整治工程可行性研究》报告，岭下以及博罗站设计最低通航水位分别为 13.36m、3.03m（珠基），则不同水平年、不同频率下调水后通航水位影响见表 11-19～表 11-21。

表 11-19　　　　　　　　单库下岭下及博罗站航运水位保证率统计表

分　类　项　目		工作总历时/月	破坏历时/月	历时保证率/%
岭下	基准年	636	0	99.84
	2012 年工程后	636	0	99.84
博罗	基准年	636	0	99.84
	2012 年工程后	636	0	99.84

表 11-20　　　　　　　　双库下岭下及博罗站航运水位保证率统计表

分　类　项　目		工作总历时/月	破坏历时/月	历时保证率/%
岭下	基准年	636	0	99.84
	2020 年工程后	636	0	99.84
	2030 年工程后	636	0	99.84
博罗	基准年	636	0	99.84
	2020 年工程后	636	0	99.84
	2030 年工程后	636	0	99.84

表 11-21　　　　　　　　三库下岭下及博罗站航运水位保证率统计表

分　类　项　目		工作总历时/月	破坏历时/月	历时保证率/%
岭下	基准年	636	0	99.84
	2030 年工程后	636	0	99.84
博罗	基准年	636	0	99.84
	2030 年工程后	636	0	99.84

表 11-19～表 11-21 表明，单库调度下，岭下、博罗最小通航水位保证率均为 99.84%；双库调度下 2020 水平年、2030 水平年岭下保证率均为 99.84%，2020 水平年、2030 水平年博罗保证率均为 99.84%。三库调度下 2030 水平年岭下、博罗最小通航水位

保证率均为 99.84%。相比调水前，岭下、博罗站最小通航水位的保证率无变化。

11.2.5 对水生生物生境的影响

新丰江水库向受水城市供给直饮水可能会造成东江中下游河道水量减少、水位变化和流速改变，从而会对保护性水生生物，尤其是重要濒危、土著及重要经济鱼类的觅食、繁殖、育幼、栖息、洄游等生态习性和生境产生影响。东江中下游河道的水量减少和水位变化又可能使沿岸的湿地补给水量发生变化，造成湿地水域面积和功能受损。

据惠州市水科所《东江流域渔业资源调查报告》介绍，东江生态群落复杂，纯淡水鱼类、河口鱼类、洄游和半洄游鱼类互相交错，鱼类共计有 125 种，分属于 11 目 25 科；主要经济鱼类 38 种，名贵珍稀鱼类 9 种，东江特有鱼类 5 种：拟平鳅、广东缨口鳅、花斑拟腹鳅、三线拟鲿和白线纹胸鲱，但近几年来捕获的主要鱼类品种仅有鲤鱼、鲫鱼、青鱼、草鱼、赤眼鳟、鳙鱼、鲢鱼、鲮鱼、甲鱼、黄尾鱼、鳊鱼、广东鲂、黄颡鱼、鲈鱼等 60 多个品种。博罗县境内罗阳剑潭江段至罗阳潭公庙江段和龙溪礼村至园洲江段两处共约 25 千米水域是鱼类的主要产卵场所。可见保证博罗断面的最小控制流量，亦保证了东江鱼类主要产卵场所的水量、水位、流速等条件；新丰江水库直饮水工程，充分考虑了河道的生态需水量，保障了生物的栖息、洄游等活动。因此东江水生生物，各种鱼类的觅食、繁殖、育幼、栖息、洄游等生态习性和生境条件受到的影响较小。

通过对大型无脊椎底栖动物状况的调查对东江河流水生态状况进行了分析，发现东江流域上游上坪水物种丰富，维持较好的水生态，中游义都镇、五星站、柏埔河、惠州物种丰度逐渐下降但是仍然保持在较高水平上，下游圆洲大盛港底栖动物只有一种，生物多样性降到零。

东江下游底栖动物大幅度减少主要是由于人类活动把河道规整顺直，河岸硬化造成生物栖息地的隔离，使得流速变得均匀，河床质几乎全是粗沙，过去适宜于底栖动物生存的栖息地，如河湾、通江湖泊、湿地以及河边回水滞流区已经被人类围垦和开发利用，多样性的生物栖息地变得单一化，生物多样性和生物群落指数因而显著降低。因此目前东江下游生态系统的制约因素在于河道地形地貌以及水质。新丰江水库直饮水工程对河道流量的改变对生物多样性的影响不大。

11.2.6 对香港供水水量及水质的影响评价

东深供水工程位于广东省东莞市和深圳市境内，是一项以供应香港、九龙地区用水为主要目标，及对深圳经济特区供水并兼有灌溉、排涝、发电和防洪等效益的综合利用水利工程。工程北起东江，南至深圳河，输水路线全长 83km，它自东莞市桥头镇附近的东江左岸取水，经过各级抽水站和人工渠道、天然河道，输入雁田水库，然后通过白泥坑明渠，跨越雁田水与沙湾河的分水岭，流入深圳水库，最后用输水管道送往香港。2008 年 1 月 18 日，东深供水改造工程全部投产，供水规模达到 24.23 亿 m³/a，其中供香港 11 亿 m³、深圳特区 8.73 亿 m³、东莞沿线乡镇 4 亿 m³。东深供水改造工程设计供水保证率 99%，灌溉保证率 90%。

新丰江水库多年来水库调节的主要任务是保证下泄量不小于 150m³/s，以满足下游东岸水文站最小控制流量不小于 320m³/s，保证下游沿线各城市取用水的供水保证率，特别是要保证东深供水的安全（深圳和香港）。根据《新丰江水库水资源供需平衡和可靠性分析》报告，直饮水工程实施后，在 2012 年通过新丰江水库单库调度东岸站断面最小流量为 320m³/s 的保证率为 99.69％，在 2020 年和 2030 年通过新丰江、枫树坝水库的联合调度，东岸站断面最小流量为 320m³/s 的保证率为 99.84％、99.37％。因此，在各水平年的情况下，新丰江直饮水工程实施后，通过单库调度和水库联合调度可满足东岸站断面最小流量 320m³/s 的保证率达到 99％以上，即不会影响东深供水工程的供水。

11.3　环境影响预测评价

11.3.1　对水质的影响

1. 对库区水质的影响

本工程水库正常蓄水位为 116m，相应库容为 108 亿 m³，年径流量为 6.11 亿 m³，属完全多年调节水库，控制集雨面积 5734km²，水库总库容为 138.96 亿 m³，水库面积 370km²。根据对水库调度运行情况的分析，对新丰江水库 1961—2008 年的日平均入库流量、出库流量和降水量分析表明，水库内的水体交换和流动明显。根据《河源市环境保护规划（2007—2020 年）》，新丰江水库 116m 正常水位线的水域及其向陆纵深 200m 的集雨区陆域范围为饮用水源一级保护区。由于库区周围无大的和污染型工业企业分布，水库库容大，水体自净能力强，加之上游来水水质较好，水库工程建成后对库区现状水质的影响有限。水质基本可保持现状，也不会发生富营养化问题。

但需指出的是，现状情况下，根据水源保护区管理规定，各种污染型工业企业的发展是受到限制的，这也是目前上游水质情况较好的重要原因之一。随着社会经济的进一步发展，当地有关主管部门要进一步协调好环境保护与经济发展的关系，特别是不能在上游建设大型的污染型工业企业，以保护现状新丰江水库上游良好的水质。

2. 对引水线路沿线水质的影响

本工程起点在新丰江水库右岸设隧洞式深孔进水口取水，取水后经闸门井接输水隧洞，后接玻璃钢管输水至小金口，在小金口设连通阀及预留分水叉管，分水至广州。为了控制水库水位的变化而引起流量的变化，在分水叉管处设流量调节阀和工作蝶阀。管线至广州全长 180.4km，至东莞全长 112.2km，至深圳全长 130.3km。沿线经过东江、石马河、曾江等河流根据具体情况，采用埋管形式（或高架桥形式）穿过。

本区河水和地下水的物理性质良好，均为无色、无味、透明的淡水。同时，根据初步查勘，引水隧洞沿线没有有价值及可能产生污染的矿产分布。因此在引水隧洞输水过程中不会对原水水质产生影响。

2010 年夏季在北京工业大学水质科学与水环境恢复工程北京市重点实验室进行的新丰江水库原水生物稳定性的动态与静态实验结果表明，新丰江水库水在长距离输水管中，以流速为 0.8～1m/s，流动 20d，水质的生物稳定性均没有发生变化。通过对长距离输水工程环境因素、水力因素、水中营养物浓度、颗粒物浓度的分析与计算，经过水质化学和生物学稳定性的直饮水工程长距离输水的水力条件，远远优于实验室的实验状况。输水管设计流速为 2.76m/s，供广州市的流速为 2.2m/s，供东莞市的流速为 1.66m/s，供深圳市的流速为 1.88m/s，流达时间分别为：20.81h、18.25h、19.25h。管道的流速高，流达时间短，更有利于水质的保鲜和安全。经过以上详细的实验室实验研究，可以明确指出新丰江直饮水工程经长距离输水到达受水地区，水质没有变化，仍然是优良的直饮水水质。

3. 对下游河道水质的影响

除新丰江水库水质受上游来水影响较大外，下游至河口段水质主要受潮水及沿岸污染物排放影响。工程引水后，丰水期东江流域水量丰沛，其河道纳污功能强大；在枯季，工程建设后减少了新丰江水库的下泄水量，对东江干流的纳污功能有所影响。主要是在枯水期间，进入下游河道的径流减少，将使下游一定范围内感潮河段水体的含氯度有所增加。本工程向外流域供水后，下泄的水量减少，且由于上游来水水质较下游现状水质略优，水量减少使下游用于稀释的清水量减少，水质略呈下降趋势。

根据东江的水文特征、水质状况、水功能利用现状、水质目标以及东江流域未来经济社会发展和生态保护对水资源的要求，通过采用一维衰减水质模型，分析新丰江水库直饮水工程对东江干流下游河道水质的影响。在设计水文条件下，对多种水文流量计算条件（流量条件分析计算现状及规划水平年（2012 水平年、2020 水平年和 2030 水平年时），不同频率下（$p=50\%$，75%，90%，95%）年平均流量对东江下游两个控制区间（河源—岭下，岭下—博罗）水质的常规指标（COD 和氨氮）进行计算。计算结果在各来水频率下，河源—岭下、岭下—博罗两个区间纳污能力变化率为 $-0.24\%\sim0$，影响不大。从纳污能力的变化率可反映水质在供水前后枯水期纳污能力略呈下降趋势，在丰水期纳污能力有所上升，整体而言，水质纳污能力变化较小，水质变化影响较小，不会根本改变下游的水质类别。

11.3.2　对水文情势的影响

1. 对下游河道径流的影响

新丰江水库所在的东江干流全长 562km，流域总面积 35340km² 天然年径流年均量为326.6 亿 m³，新丰江水库流域集雨面积为 5734km²，年径流量达 60.03 亿 m³，多年平均流量为 193.6m³/s，占全流域径流量的 18.4%。工程的兴建对水库下游的水文情势会产生一定的影响。引水工程兴建以后，部分径流被引走，下游河道的径流量减少。

新丰江水库直饮水工程一期工程供给深圳、东莞，直饮水的供水规模为 4.48 亿 m³；二期工程增加供给广州，增加的供水规模为 1.0 亿 m³；两期工程供水总规模为 5.48 亿 m³。新丰江水库通过自身功能调整，《广东省东江流域水资源分配方案》所制定的河道下游的江口、东岸断面最小控制流量保证率维持在 99.69%，基本无影响，岭下、博罗站水位基本无变化；在 2020 年新丰江水库和枫树坝水库联合调度下，岭下站水位减小幅度为 0～0.13m，博罗站水位调水前后基本无变化，2030 年岭下站水位减小幅度为 0～0.13m，博罗站水位在 50%、75% 频率下基本无变化，90% 来水频率下有 1 个月水位减小 0.11m，95% 来水频率下水位减小幅度为 0～0.14m，影响较小。东江三大水库联调时，在 2030 年50%、75% 频率博罗站水位调水前后无变化，90% 来水频率下有 1 个月水位减小 0.11m，95% 来水频率有 3 个月水位减小，减少幅度为 0～0.13m，影响较小。项目对《东江水资源分配方案》及东江中下游水文情势影响有限。

工程建成引水后，在近期新丰江水库通过自身调整，下游河道的水量将变化不大。工程建成后，近期引水量较小，但引水增长需要一个过程。至 2030 年供水规模增加至 5.48 亿 m³/年。根据相关水文情势研究报告，在 3 个水库的联合调度下，通过水库的蓄丰补枯调节，使枯水期新丰江水库下游河道的水量更有保障。

2. 对生态环境需水量的影响

对一般河口区河道生态环境的分析，为维护下游河口区河道生态环境的天然结构和功能，需满足生态需水量的要求。下游生态用水可能包括河道系统中天然和人工动植物、渔业用水，以及两岸地下水的入渗补给水量，滩地、潮间带水生生物栖息地所需的水量等为下游的基本生态环境需水量，另外还包括维持河口流域来沙、海域来沙平衡所需水量，维持下游河道盐量平衡的水量，维持河口系统一定的污染物稀释净化能力的水量等。

遵循分水原则，以需水原则、水资源配置为基础，在东江流域内三大水库纳入水行政主管部门统一调度管理之后，根据广东省东江流域各市获取的逐月水量分配方案（按 90% 频率来水分配），新丰江出口东江入口的控制断面最小下泄流量为 150m³/s。近期水平年（2012 年）采用新丰江水库功能调整后调度，直饮水工程提引量为 0.28 亿 m³，最小下泄流量的保证率为 98.27%，满足设计要求且不影响东江下游的正常供水；中期水平年（2020 年），直饮水工程提引量为 3.21 亿 m³，需要与枫树坝水库联合调度进行补偿调节，最小下泄流量保证率由单库调度的 96.86% 提高到两库联调的 99.84%，直饮水工程供水保证率也达到 98.12%，满足设计要求且不影响东江下游的正常供水；远期水平年（2030 年），提引量为 5.48 亿 m³，通过实施两库联合调度，最小下泄流量供水保证率从单库调度的 95.13% 提高到 99.37%，直饮水工程供水保证率达到 96.08%。远期水平年，东江三大水库（新丰江、枫树坝、白盆珠）联调后，最小下泄流量保证率进一步提高到 99.53%。

通过实施水库联合调度，解决新丰江水库由于直饮水工程提引水的影响而带来对生态环境需水量影响。三库联合调度对保障东江供水安全具有重要作用。东莞、深圳、广州直饮水取水占用《广东省东江流域水资源分配方案》指标后，最小下泄量保证率近期为 98.27%，中期为 96.86%，远期为 95.13%，远期供水保证率都大于 95%。一般情况下不会出现下游河道主河床裸露，对河道的基本生态环境需水产生影响的情况，保证了下游河道基本的河道生态环境用水要求。

3. 对下游用水的影响

新丰江水库下游用水量包括惠州、东莞、深圳和广州等，其中需确保流域对香港供水。新丰江水库多年来水库调节的主要任务是保证下泄量不小于 150m³/s，以满足下游东岸水文控制断面最小控制流量不小于 320m³/s，保证下游沿线各城市取用水的供水保证率，特别是要保证东深供水的安全（深圳和香港）。通过用库群联合调度模型计算，以新丰江东江入口最小控制流量 150m³/s 作为水库控制下泄流量的边界条件，枫树坝出库流量最小控制流量为 30m³/s，江口控制断面 270m³/s，东岸控制断面 320m³/s。中远期供水保证率都大于 95%，基本满足特枯年 95% 频率下的水量分配。与此同时，在 2020 年和 2030 年通过单库调度或者新丰江、枫树坝水库的联合调度，博罗站断面最小流量为 320m³/s 的保证率为 99% 以上，不会产生对东深供水工程的影响。

4. 对东江下游压咸的影响

河口地区咸潮上溯是入注海洋河流的河口最主要潮汐动力过程之一，是河口特有的自然现象，也是河口区的本质属性。珠江三角洲地区河道纵横交错，受径流和潮流共同影响，水流往复回荡，易受咸潮威胁。咸潮上溯已成为珠江河口地区严重的环境问题之一，它对居民生活用水、农业用水以至城市工业生产及其发展都有相当大的影响。珠江三角洲咸潮上溯对受咸河道水质、植物生态、受咸区域地下水和土壤造成不利影响。枯季流域降水减少和上游来水减少是诱发咸潮上溯的根本原因，而下游河道挖沙和航道疏浚是造成咸潮上溯的重要原因。新丰江水库直饮水工程降低了东江博罗控制站的流量，对东江三角洲的咸潮上溯有所影响。东江自石龙进入三角洲后，水文情势在河川径流与南海潮汐共同作用下，复杂多变。枯水季节径流减少，咸潮上溯，历年枯季咸潮上界位置和博罗站相应流量相关。

咸潮上溯影响沿河咸水界以下取水口正常取水和水生物环境，因此需维持一定枯季径流以抵挡咸潮上溯。根据"广东省东江流域综合治理开发研究"提出的目标，必须把咸潮上界控制在鸥涌、芙蓉沙、昌平一线、新塘镇以下，以保证广州市新塘水厂供水水质。此时，博罗站流量应保持在 150m³/s 以上。直饮水工程实施后，由于上游取水量增加，同时通过新丰江水库单库调度以及和枫树坝水库联合调度，博罗站的来流量维持在 150m³/s 是得到充分保证的，但咸界线有所上移。

11.3.3 对生态环境的影响

1. 对陆生生物的影响

本区地带性植被为亚热带常绿阔叶林，终年常绿，其植物种属于华夏植物区系。主要植被类型为常绿阔叶林、针叶林、针阔叶混交林、灌木草丛、竹林。其中常绿阔叶林为最典型的植被类型，为地带性植被，林冠连续，种类丰富，层次结构复杂，所占面积最大，是最稳定的类型；针叶林是以裸子植物高大乔木为优势种的群落，以马尾松为主要优势种，部分原为人工林，现在已成为半自然林，长势良好，能自然扩散，已有其他阳性先锋植物种进入群落。由于水库水面较现状变化很小，相应对陆生植物的影响较小。灌木草丛为建库时原生植被破坏后以及人类活动造成的结果。库区的滩地主要有灌木草丛，为一般性常见类型，其生态分布幅度较广，不存在因本工程建设而消失的情况。但在工程施工时，对施工点周边的植物可能产生一些不利影响，如修路、挖掘和掩埋等，尤其是对拦河闸左岸附近植被的影响稍大。因此要加强施工的组织管理，限制损坏范围，使直接不利影响减小到尽可能低的程度。

工程建设区无古树名木及珍稀树种分布。直饮水工程建设后，水库基本保持其原有的水文特征，仅是较枯水期和平水期有一定的变化，对库区水文、气候、土壤、植被以及人类活动等生境条件的改变较小，库区野生动物的种类、数量和分布等相应的变化较小。

新丰江水库的两栖动物共计 11 种（含亚种，下同），隶属于 2 目 5 科 6 属。在湿地及其周边地区分布的两栖动物的种类中，国家二级重点保护动物 1 种，即虎纹蛙，广东省重点保护动物 2 种——沼蛙和棘胸蛙。工程附近区的爬行类主要有库区两栖动物中占优势的种类如黑眶蟾蜍、中国水蛇，红脖颈槽蛇和竹叶青等。由于工程建成后水库面积较现状库区变化很小，不会对两栖动物产生明显的影响。鸟类的迁移能力较强，没有淹没损失影响等问题，新的生境及通过水库区水源保护的加强，略有利于鸟类的栖息和繁衍。

　　2. 对库区水生生物的影响

新丰江自然保护区作为东江水系的重要组成部分，鱼类资源十分丰富。据历史调查结果，新丰江鱼类共 156 种，主要为淡水性鱼类，同时也包含部分洄游性鱼类和河口区鱼类。新丰江鱼类区系在地理分布上属于东洋区华南亚区。新丰江在拦河筑坝蓄水多年以后，气候温湿、植被丰茂、饵料源充足，逐步形成一个相对稳定的湖泊型生态系统，各类群鱼类的分布虽然受到湖区各部分水体的底质、水体流速等水文因素以及鱼类本身的习性影响，但开阔敞水水域为主要生态类型。在湖区开阔淌水带，有雅罗鱼亚科的青鱼、草鱼、赤眼鳟、鲌亚科的海南红鲌、广东鲂、黄尾鲴，鲃亚科的倒刺鲃，鲤亚科的鲤，鲢亚科的鳙、鲢等分布。在干流和支流的下游，喜缓流种类较多，如鳗鲡科的花鳗鲡，鲤形目亚科的鲫，鲇形目鲇科的鲇、鲿科黄颡鱼、斑鳠、鲈形目鮨科的大眼鳜、刺鳅科的大刺鳅等；在湖区的小支流上游和小溪中，适应急流浅滩型水体的种类较多，如鲤科鱼类亚科的南方马口鱼、拟细鲫。新丰江水库因为水面广阔，水质极佳，水中生活有很多珍稀名贵鱼类和具有较高经济价值的鱼类。其中国家二级保护鱼类 2 种，广东省重点保护动物 1 种。除花鳗鲡为洄游性鱼类外，其他都为纯淡水性鱼类。

新丰江水库在拦河筑坝多年以后，逐步形成了一个相对稳定的水生生态系统，不少鱼类在此栖居繁殖。长期以来，水库库区生态环境受到较好的保护，周围开发和城市化程度都相对较低，工矿企业较少，人口密度不高，未受大规模工业污染和城市污水的影响，水土资源保护相对较好，保持了较好的生态环境。但拦河筑坝也截断了洄游性鱼类的洄游通道，某些名贵的水产品，如鲥鱼、花鳗已在库区消失多年，四大家鱼鱼苗也基本绝迹，洄游性鱼类产卵场基本已经阻断。

本工程建成后不会对鱼类原有的活动范围产生影响，对洄游性鱼类无阻隔影响，但要做好引水设施的合理设计，以避免鱼类进入管网。引水工程建成后，近取水口处原有的缓流环境将由急流环境代替，水体流速变快，有利于好氧型浮游生物生长，不利于有机物质的沉积，底栖动物和水生维管束植物数量会略有减少，产黏性卵的鱼类可能会迁移至缓流区。总体而言，库区水流流态环境与现状变化不大，水生生物区系组成基本不变，水生生态系统保持稳定。

11.3.4　对供水受益区的影响

对引水受益区的水环境影响主要是对水量平衡的影响和由于引水使地区水量增加的同时，如不采取合理的水资源配置方案和节水措施，有可能致使引水受益区的污水排放等情况更趋严重。

受水区水资源量的增加，水环境容量也相应有所增加，使该地区水体的纳污能力增大，在污水排放量不再大幅增加的情况下（考虑污水处理厂建设等因素），受水区的整体水环境质量应该会有所改善。同时，也同样由于受水区将本工程的引水全部用于生活用水中的饮用水，势必也增加该地区生活用水的可供给量。相应地如不实施节水措施，可能会增加生活污染负荷，如不对生活污水加以治理，对地区的水体环境也会带来不利影响。

水资源公报显示，2008 年广东省废污水排放总量 120.6 亿 t，比 2007 年度 124.9 亿 t 减少 4.3 亿 t，减幅为 3.4%。其中工业、建筑业废水占 58.9%，生活污水占 41.1%。与前年工业、建筑业废水占 60.4%，生活污水占 39.6% 的构成对比，工业、建筑业废水比重缩小，生活污水比重加大。生活污水对珠江的影响远远超过工业废水，致使珠江广州河段有机污染突出，并掩盖了工业污染治理所取得的成效。

综合以上的分析，根据对水量的平衡分析，直饮水工程可为引水受益区提供大量的优质饮用水，使受水区的人均用水量和该地区的水环境容量都有所增加，可以缓解该地区用水紧张的状况，进而可以促进该地区经济的发展。在引水的同时，亦有可能使受水区的污水排放量增大，如果不妥善处理增加的污水，将会使原本就已污染较为严重的河道水质更趋恶化。本工程建成后，对引水受益区的影响是双重的，因此，在引水的同时，引水受益区要加强污水处理，并提倡节约用水。

11.3.5 施工对环境的影响

1. 施工对水质的影响

施工对附近河道水质的影响主要来自三个方面：工程开挖、弃渣、混凝土浇筑及搅拌过程中带来的水体混浊度增加；施工机械、汽车等冲洗、维修带来的油污染；施工人员生活垃圾、生活污水排放带来的有机污染等。污染源主要集中在闸址、倒虹吸、引水隧洞进出口及各主要施工支洞区和施工布置区。

汽车、机械设备维修、冲洗废水主要来自汽车、机械设备维修、保养排出的废水和汽车、机械设备的清洗水。此类废水中含有石油类，偏碱性，同时汽车和机械冲洗水中含有泥沙。

生活污水是施工期有机污染的主要来源，主要为施工人员日常的盥洗、卫生用水及食堂污水，其主要污染物为 COD_{Cr}、BOD_5、SS、氨氮等。本工程施工明挖主要集中在引水建筑物和引水管道铺设。在施工开挖过程中，由于地表植被破坏以及地形坡度、土壤密实度等的改变，将导致开挖区局部水土流失强度增加，同时开挖弃渣的流失等也会对沿线河道水质带来一定的不利影响。尤其遇暴雨期间，各开挖面、弃渣场地表土受冲刷流失进入河道，将使河道水体混浊度上升。预计工程完工后，随着施工活动结束，开挖面等基本稳定，并采取衬护等措施后，工程区涉及水体的浑浊度等会逐渐恢复到工程前的水平。

2. 施工噪声对环境的影响

噪声污染主要集中在、施工布置区等工程施工区域，机械设备运行及生产活动产生的噪声声级都比较高，主要施工机械如拌和机、空压机的峰值噪声可达 100dB，装载机、冲击钻机、推土机等峰值噪声可达 90dB 左右，挖土机、自卸汽车、泥浆搅拌机等的峰值噪声可达 85dB 左右，根据预测，单台施工机械约在 100m 远处的噪声值基本能达到施工阶段场界噪声值。

3. 施工对大气环境的影响

施工期的废气来源主要有施工机械燃油废气、施工作业区开挖、填筑、搅拌、水泥装卸产生的粉尘及汽车行驶过程中产生的尾气、扬尘等。以上污染源分别发生在各施工点及辅助企业区周围。

施工机械燃油废气和汽车行驶尾气所含的污染物相似，主要有 SO_2、NO_2、TSP、Pb

等。污染源多为无组织排放，点源分散，其中汽车尾气流动性较大，排放特征与面源相似。但总的排放量不大，根据类似工程分析，基本不会对施工人员产生有害影响。

在土石方明挖及填筑过程中，施工点下风向大气粉尘含量增高，最高可达 $80 \sim 100 mg/m^3$。各主要施工区内场地开阔，扩散条件较好，粉尘含量相对较少，对周边村庄的影响小。

一般情况下，施工运输过程中产生的扬尘在自然风作用下所影响的范围在 100m 以内。

4. 施工区环境卫生

工程施工期间，由于施工人员大量集中，施工场地有限，劳动强度大，极易引起传染病的爆发流行，特别是痢疾、肝炎等病感染率较高，需加强这些区域的卫生防疫工作。同时要做好施工人员劳动保护，以保护施工人员的身心健康和提高劳动效率。

另外，整个工程施工期间将产生垃圾、粪便要集中收集后，集中填埋或交由当地环卫部门集中处理。

5. 施工对生态环境的影响

（1）对景观的影响。因工程建设开挖土石将产生弃渣，扰动原地貌、损坏土地和植被，工程建设区域的水土流失强度比工程前有较大程度的增加，并造成一定的景观破坏，需对各开挖裸露面及弃渣场地采取有效的防护和治理措施。

（2）对动植物的影响。在施工期明显受干扰的地区位于引水区、输水隧洞、管线铺设及施工临时占地等处，由于工程沿线植被的群落结构简单，生物多样性水平较低，因此，小范围内植被减少产生的影响只是局部和暂时的。

施工期对陆生动物的影响局限于施工区及周围一定区域，主要有施工过程中对植被的破坏，缩小其活动范围，影响陆生动物的栖息环境；施工噪声对施工区周围的陆生动物造成惊吓等。由于工程区内人类活动频繁，未见珍稀野生动物活动，一般野生动物也不多见，施工期间对陆生动物的影响较小。

施工期破坏植被造成新的水土流失，施工生产废水和施工人员的生活污水若不经处理直接排放于周边河道，将使局部河道水质下降，影响水生动物的生存环境。

11.3.6　对区域经济社会发展的影响

从库区取水可使东江水资源得到充分利用。新丰江水库直饮水工程作为缓解珠三角水质缺水的重要措施，将广州、东莞、深圳等市未来的饮用水提供可靠的水量和水质保证，极大地缓解该地区水资源短缺的矛盾。而且，水库水质优良，工程沿线的环境状况良好，工程的兴建将促进该地区经济建设持续高速的发展，也将积极促进新丰江水环境保护和东江水资源的开发利用，同时也是一项因地制宜的开发性扶贫措施，可促进河源地区经济发展，早日摆脱落后的面貌，将在东江流域和珠三角可持续发展战略中发挥重要作用。新丰江管道直饮水项目有着显著的社会效益与经济效益。

11.3.7　环境保护对策与建议

工程的环境保护既要减少工程对环境的不利影响，又要确保工程正常供水。针对新丰江水库直饮水工程对环境的不利影响，应采取环境保护措施，使不利影响得到减免和改善。

在施工期应采取的环保措施有：按照取水口水源保护区和管道沿线保护区的规定制定施工规划并严加管理；加强对施工期及运行期的环境管理和环境监测；对施工期生产废水的治理及生活垃圾的处理、噪声及粉尘的防护；对人群健康的保障；对施工区的绿化恢复及水土保持措施等。

对水库和河道应采取的保护措施有：需加强工程运行过程中可能产生水源污染风险的防范，并制定相应的处理预案，保护水质安全；按照工程区实际设置饮用水水源保护区管理要求，严格遵守有关的管理规定；为保证引水区河道水质，需进一步加强对上游生活、农业等各种污染源的管理和治理；建议在取水口附近设置自动水质监测仪器，按国家监测规范要求，进行常规水质监测；为保障下游的基本生态环境用水需求，必须制定严格的制度保障措施，建立明确和强制性的水库调度运行监督管理体制，保障下游的基本环境用水。

新丰江管道直饮水工程的兴建主要是向东莞、深圳、广州等地提供优质的城市生活用水，带来的社会效益和经济效益是巨大的，工程施工对环境的不利影响是次要的和暂时的。因此，从环保的角度出发，兴建工程是可行的。

工程建成后，新丰江的水质保护是重要而关键的问题。加强新丰江上游流域的绿化造林工作，控制水土流失，减少面污染源，改善水环境质量，并形成良性循环，将会使万绿湖的水质保护工作做得更好。

建议在新丰江管道直饮水工程下一阶段的环保设计工作中，应对引水工程沿线的环境现状进行详细调查，开展深入细致的环保设计工作，使新丰江水库直饮水工程的环境保护工作更进一步。

11.4 新丰江水库直饮水项目水土保持分析评价

11.4.1 项目区水土流失与水土保持现状分析和评价

1. 项目区水土流失现状分析与评价

（1）项目所涉区域水土流失现状分析评价。按全国水土流失类型区的划分，新丰江水库直饮水项目所涉及区域在广东省境内主要为花岗岩山地丘陵侵蚀区和沿海及珠江三角洲丘陵台地侵蚀区。花岗岩山地丘陵侵蚀区多为山地丘陵区，海拔多数在 400m 以下，土壤以花岗岩风化发育的红壤为主，由于人为活动频繁，水土流失严重，花岗岩风化壳崩岗侵蚀为区内最主要的土壤侵蚀类型；沿海及珠江三角洲丘陵台地侵蚀区主要指花岗岩山地丘陵侵蚀区以南的地区，特点是平原面积大，山坡坡度和缓，相对高度多在 60～80m 以内，易于开发利用，也是人为水土流失高发区域。

基于全国第二次土壤侵蚀遥感调查成果数据和崩岗调查成果数据显示，项目所涉及的广东省境内东江流域各市（县）共有水土流失面积约 2857.83km²，占土地总面积的 7.08%，其中水力侵蚀为 2281.41km²，占水土流失面积的 79.83%；重力侵蚀面积为 56.10km²，占流失面积的 1.96%；工程侵蚀 520.32km²，占流失面积的 18.21%。水力侵蚀中的轻度侵蚀面积 1700.28km²，占流失面积的 59.50%；中度侵蚀面积 457.13km²，占 16.00%；强度侵蚀面积 88.85km²，占 3.11%；极强度侵蚀面积 26.01km²，占 0.91%；剧烈侵蚀面积 9.14km²，占 0.32%。广东省境内东江流域各市（县）水土流失现状见表 11-22。

表 11-22　　　　　　广东省境内东江流域各市（县）水土流失现状表

| 行 政 区 | 总面积/km² | 水土流失面积/km² | 流失比例/% | 水力侵蚀/km² | | | | | 重力侵蚀/km² | 工程侵蚀/km² |
				轻度	中度	强度	极强度	剧烈		
东莞市	2411.43	205.62	8.53	104.10	27.55	4.32	0.00	0.00	0.00	69.65
广州市辖区	1346.42	50.35	3.74	8.61	16.26	0.13	0.00	0.00	0.00	25.35
广州番禺区	1149.16	18.07	1.57	0.88	5.77	0.00	0.00	0.00	0.00	11.42
广州花都区	963.93	28.30	2.94	12.72	4.66	2.21	0.00	0.00	0.00	8.71
增城市	1734.92	81.74	4.71	27.03	22.61	4.38	0.00	0.00	0.00	27.72
从化市	1991.17	85.75	4.31	51.83	19.72	2.05	0.00	0.00	0.00	12.15
河源源城区	359.73	39.69	11.03	23.37	0.22	3.29	0.00	0.00	0.00	12.81
紫金县	3632.21	297.20	8.18	186.52	57.41	14.29	0.00	0.00	28.63	10.35
龙川县	3082.65	486.59	15.78	348.97	90.11	21.00	16.64	0.95	5.16	3.76
连平县	2276.64	112.34	4.93	90.85	15.25	2.37	0.00	1.00	0.00	2.87
和平县	2294.42	335.93	14.64	316.08	4.16	2.21	0.10	0.00	9.86	3.52
东源县	4013.93	215.16	5.36	136.79	41.76	5.26	0.00	0.00	2.37	28.98
惠州市辖区	404.40	24.15	5.97	10.00	0.11	5.63	0.00	0.00	0.00	8.41
博罗县	2943.66	88.59	3.01	26.11	26.67	0.26	0.00	0.00	0.00	35.55
惠东县	3480.39	321.40	9.23	186.38	56.00	19.49	7.81	0.00	8.39	43.33
龙门县	2266.62	39.77	1.75	26.19	6.99	0.00	0.00	0.00	0.00	6.59
惠阳市	2207.24	176.66	8.00	69.90	4.15	0.02	0.00	2.87	0.00	99.72
深圳市辖区	5.21	0.00	0.00	0.00	0.00	0.00	0.00	0.00	0.00	0.00
深圳南山区	369.99	33.45	9.04	13.83	3.34	0.00	0.00	0.00	0.00	16.28
深圳宝安区	667.68	84.57	12.67	27.76	22.27	1.18	0.50	0.00	0.39	32.47
深圳龙岗区	837.90	108.13	12.90	15.82	25.49	0.76	0.96	4.32	1.30	59.48
新丰县	1928.21	24.37	1.26	16.54	6.63	0.00	0.00	0.00	0.00	1.20
合计/km²	40367.91	2857.83	7.08	1700.28	457.13	88.85	26.01	9.14	56.10	520.32
占流失面积比例/%		100.00		59.50	16.00	3.11	0.91	0.32	1.96	18.21

东江流域水土流失面积占土地总面积的 7.08%，该数值低于珠江流域水土流失面积占土地总面积的比例（14.19%）的一半，说明东江流域水土流失整体现状要优于珠江流域；东江流域水土流失土地中水力侵蚀所占比例为 79.83%，低于整个珠江流域的 98.15%，重力侵蚀比例为 1.96%，高于整个珠江流域的 0.18%，而工程侵蚀所占比例为 18.21%，远高于珠江流域的 1.67%。上述对比表明东江流域水土流失以水力侵蚀为主，而重力侵蚀与工程侵蚀却比珠江流域严重。

由表 11-22 和图 11-2 可知，广东省境内东江流域水土流失类型以水力侵蚀为主，其中面蚀分布广泛，部分地区存在沟蚀，大范围的陡坡耕地和荒山荒坡是水土流失的主要来源，水土流失空间分布与人口的分布基本一致，主要分布在干支流沿岸、盆地和坪坝周边地区。水土流失面积所占比例大于 10％区（县）有河源市源城区、龙川县、和平县、深圳市宝安区与龙岗区，这些地区水土流失比较严重；广州番禺区与花都区、博罗县、新丰县、深圳市市辖区水土流失面积所占比例均低于 3.5％，水土流失面积较小，水土保持较好。

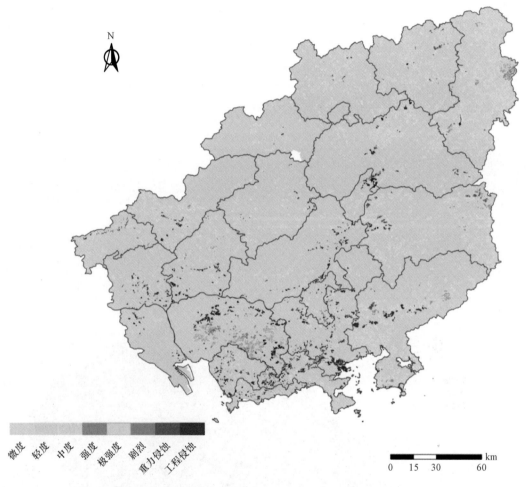

图 11-2　广东省境内东江流域各市县土壤侵蚀图

例如深圳市水源保护区水土流失主要分布在毁林种果区域、开发建设项目区域和山体缺口分布区域。根据 2004 年 7 月遥感调查与人工野外普查：深圳市水源保护区水土流失总面积为 33.39km² （侵蚀模数 500～2000t/(km²·a) 的面积 49.01km² 未统计在内），其中较少级流失［侵蚀模数 2000～8000t/(km²·a)］的占 12.02％，一般级流失［侵蚀模数 8000～20000t/(km²·a)］的占 79.69％，严重级流失［侵蚀模数＞20000t/(km²·a)］的占 8.29％。深圳市水源保护区主要水土流失源来自开发建设项目，包括场平工程、线型工程和弃渣弃土场，其中又以场平工程造成的水土流失最为严重。

东江上游预防保护区内现存大量的花岗岩崩岗尚未得到治理，在汛期强降雨作用下，崩岗迹地以及新崩岗会形成大量的侵蚀泥沙，掩埋农田、道路，侵入河渠，淤积河道，给人民的生产、生活甚至生命财产安全造成危害。目前，在预防保护区内现存崩岗约有 2 万个，这些崩岗是东江流域水土流失的最严重策源地，具有极大的危害性，亟须投入专项资金进行综合治理。

东江源头区按全国水土流失类型区的划分，属于南方红壤丘陵区，该类型区以水力侵蚀为主，主要表现为坡面面蚀，亦有浅沟侵蚀及小切沟侵蚀，部分山丘区存在着滑坡、崩塌、泥石流等重力侵蚀。据江西省第三次土壤侵蚀区遥感调查成果显示，东江源区的安远、寻乌、定南 3 个县共有水土流失面积 853.7km²，占土地总面积的 14.21%（表 11 - 23 和图 11 - 3），轻度流失面积 320.88km²，中度流失面积 254.11km²，强度流失面积 183.43km²，极强度流失面积 29.96km²，剧烈流失面积 65.32km²，其中，强度及其以上流失面积为 278.71km²，占流失面积 32.65%，水土流失较珠江流域更为严重。

表 11 - 23　　　　　　　　江西省东江源区三县水土流失现状表

行 政 区	总面积/km²	水土流失面积/km²	流失面积比例/%	水力侵蚀面积/km²				
				轻度	中度	强度	极强度	剧烈
寻乌县	2313.82	366.52	15.84	93.4	122.99	78.97	14.78	56.38
安远县	2376.83	188.26	7.92	48.17	47.88	74.45	9.66	8.1
定南县	1317.6	298.92	22.69	179.31	83.24	30.01	5.52	0.84
合计	6008.25	853.7	14.21	320.88	254.11	183.43	29.96	65.32
占流失面积比例/%		100.00		37.59	29.77	21.49	3.51	7.65

图 11 - 3　江西省东江源区三县水土流失现状图

根据《江西省赣州市东江源水土保持生态修复治理工程可行性研究报告（2010—2014年）》数据，东江源区寻乌水和定南水流域水土流失总面积为223.47km²，皆为水力侵蚀。东江源区水土流失多为轻度流失，其中寻乌县寻乌水流域水土流失面积最大，而定南县定南水流域水土流失面积最小，且没有强度和极强度水土流失。

东江源区属于赣南地区水土流失较轻的区域，但由于本区属江河源头区域、重要水源保护地，水土流失带来的不利影响远远大于其他地区。稀土开采、乱砍滥伐、陡坡开荒、农作物及果树种植等人为活动造成了东江源区的水土流失，除以上人为因素外，东江源区的自然条件也是水土流失加剧的主要因素：

1）东江源区降雨丰富且时间分布不均，大雨、暴雨出现频率高，暴雨产生强大的降雨侵蚀力导致较为严重的水土流失。

2）东江源区山体主要岩性类型为花岗岩和变质岩，其中花岩风化强烈，石英砂粒含量高，黏粒较少，结构松散，孔隙度大，降雨时土壤水分易达到饱和并超过土壤塑限，极易造成水土流失。

3）东江源区地形以低山、丘陵为主，山地坡度较大，河网密布，水系发达，沟壑密度大，这种地形特征强化了地表径流对土壤的冲刷作用，促进了水土流失的发生发展。

4）东江源区土壤类型主要是红壤土，红壤土水稳性差，遇水易崩解，容易发生水土流失。

（2）新丰江水库集雨区水土流失现状分析评价。基于全国第二次土壤侵蚀遥感调查成果数据和崩岗调查成果数据，结合当地小流域水土流失调查资料，新丰江水库集雨区共有水土流失面积约为287.65km²，占土地总面积的4.98%，其中水力侵蚀面积266.84km²，占流失面积的92.77%；重力侵蚀面积为2.83km²，占流失面积的0.98%；工程侵蚀17.98km²，占流失面积的6.25%。水力侵蚀中的轻度流失面积221.71km²，占流失面积的77.08%；中度流失面积42.19km²，占14.67%；强度流失面积2.00km²，占0.70%；剧烈流失0.94km²，占0.33%。新丰江水库集雨区水土流失现状见表11-24。

表11-24　　　　　　　　　　新丰江水库集雨区水土流失现状表

行 政 区	总面积/km²	水土流失面积/km²	流失面积比例/%	水力侵蚀/km²				重力侵蚀/km²	工程侵蚀/km²
				轻度	中度	强度	剧烈		
从化市	0.10	0.00	0.00	0.00	0.00	0.00	0.00	0.00	0.00
新丰县	1242.76	14.42	1.16	8.67	4.54	0.00	0.00	0.00	1.21
博罗县	0.04	0.00	0.00	0.00	0.00	0.00	0.00	0.00	0.00
龙门县	0.38	0.00	0.00	0.00	0.00	0.00	0.00	0.00	0.00
河源源城区	0.80	0.01	1.25	0.01	0.00	0.00	0.00	0.00	0.00
龙川县	0.37	0.07	18.92	0.07	0.00	0.00	0.00	0.00	0.00
连平县	1959.99	106.35	5.43	86.72	13.82	2.00	0.94	0.00	2.87
和平县	276.97	39.11	14.12	38.65	0.00	0.00	0.00	0.46	0.00
东源县	2293.32	127.69	5.57	87.59	23.83	0.00	0.00	2.37	13.90
合计	5774.73	287.65	4.98	221.71	42.19	2.00	0.94	2.83	17.98
占流失面积比例/%		100.00		77.08	14.67	0.70	0.33	0.98	6.25

新丰江水库集雨区水土流失面积占土地总面积的 4.98%，该数值低于珠江流域的比例（14.19%）的一半，也低于东江流域的比例（7.08%），说明新丰江水库集雨区水土流失整体现状要优于东江流域，更好于珠江流域；集雨区水土流失面积中水力侵蚀所占比例为 92.77%，高于东江流域（79.83%），重力侵蚀比例（0.98%）与工程侵蚀比例（6.25%）均低于东江流域，表明新丰江水库集雨区水土流失以水力侵蚀为主，重力侵蚀与工程侵蚀比整个东江流域轻微。

集水区内自然侵蚀类型以面蚀为主，也有崩岗侵蚀；人为侵蚀以坡耕地、采矿及陡坡开荒诱发的水土流失为主，侵蚀类型主要为沟状侵蚀。从行政区划方面看，新丰江水库集水区涉及韶关市新丰县以及河源市源城区、东源县、连平县、和平县，其中新丰江水库集水面积（河源境内）4340km²，占新丰江总集水区面积的 74.7%。河源市土壤侵蚀以水蚀为主，地形、植被覆盖度、土地利用方式是决定区域水土流失风险的主要因素。河源山地采矿采石场较多，局部地区水土流失严重。东源县东北部的灯塔盆地周边地区、和平的贝敦、黄沙、古寨等镇，地表崎岖，植被覆盖率较低，人类活动强度大，区域水土流失敏感性较高，见图 11-4。

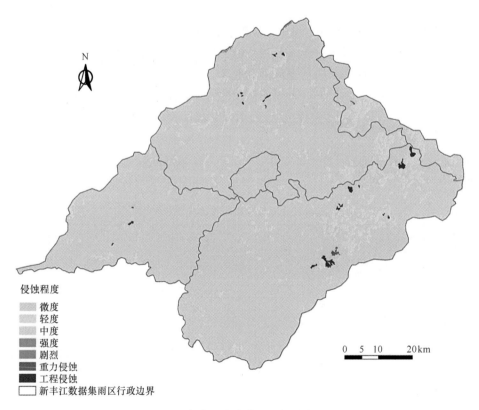

N

侵蚀程度
微度
轻度
中度
强度
剧烈
重力侵蚀
工程侵蚀
新丰江数据集雨区行政边界

0　5　10　　20km

图 11-4　新丰江水库集雨区土壤侵蚀图

此外，水库涨落带、滩涂（库滩地）面积较大，水土流失较严重。新丰江水库设计控制水位 116m，而 40 多年平均年蓄水位才 100m 左右，实际涨落带就达 16m 高、700km 长，这些消落地和崩岗既无林木也无草，因被水库长期冲刷，有一定量的泥沙淤积库中，会在一定程度上影响水库水质，缩短水库使用寿命。

新丰江水库集雨区自然山地水土流失主要发生在裸岩、石砾地、疏林地、植被覆盖度小于30％的荒坡，多呈零星分布，地块面积一般较小。水源保护区水土流失的最大危害是污染水源，降低水质。每遇大雨或暴雨，果园内的残肥、残药和建筑物区的生活垃圾与建筑垃圾随径流泥沙带入河沟，进入塘库，或从斜坡直接冲刷入库，从而使得水源保护区水库的水质呈普遍下降趋势。其次是严重的水土流失造成大量泥沙下泄，抬高河床，影响行洪安全；淤积山塘水库和引水、供水、排水渠道，降低了工程的效益和使用寿命；淤埋山溪，截断溪流，减少了干枯期入库水量；堵塞周边市政排水管网，造成浊水横溢；淹埋道路，阻塞交通，影响行车安全。

2. 项目区水土保持现状分析和评价

(1) 项目所涉区域水土保持现状分析评价。

1) 水土保持生态建设。东江流域预防保护区范围内各级政府在保护东江水资源的工作中做出了积极努力，严格控制各种资源开发，坚持不懈地加强生态建设。特别是东江源头的安远、定南、寻乌三县树立全局观念和大局意识，以确保东江水质水量为己任，以牺牲局部经济发展为代价，提出"既要金山银山，更要绿水青山"，关停了一批破坏生态环境的项目，同时千方百计扩大生态投入，先后实施了小流域综合治理、退耕还林、珠江防护林建设、农业综合开发、农村沼气等一批重大工程，使东江上游生态建设取得了可喜的成绩。

a. 生态建设与保护步入法制化轨道。预防保护区内各级政府注重从法制上入手保护上游的生态，建制度、立规矩，先后出台了一系列法规。2003年8月，江西省人大常委会出台了《关于加强东江源区生态环境保护和建设的决定》，形成了全国第一个保护东江源区的地方性法规。广东省自1981年以来，先后制定了《东江水系保护暂行条例》《广东省东江水系水质保护条例》《东深供水工程饮用水源水质保护规定》等7个条例和规章。为了保护一条江，颁布那么多法规和规章，这在全国是绝无仅有的。

各市、县也出台了近20部关于水土资源的管理规定，如河源市出台了《关于对高岭土陶瓷土实行保护性开采的通知》。安远县制定了《关于加强水土保持工作的通知》《关于加强水土保持生态修复工作的通知》《关于做好水土保持生态修复封禁管护的通告》《安远县水土保持生态修复试点工程管理办法》，定南县颁布了《定南县稀土开采水土保持规定》等水保法规，寻乌县也出台了《寻乌县人民政府关于禁止开垦陡坡地、崩塌滑坡危险区和泥石流易发区的公告》等。

省电力工业局《关于新丰江和枫树坝库区水土流失整治的复函》规定，从1994年1月起，在电费收入中按电量每千瓦时提取5厘钱作为水土保持专项资金，用于库区上游水土流失治理，至2001年累计治理水土流失538km²，其中枫树坝库区上游，累计投入资金5384万元。通过10多年的综合整治，入库泥沙量明显减少，林草植被覆盖率从治理前的38％提高到71％。

b. 积极开展了水土保持规划等前期工作。东江流域预防保护区广东、江西两省的各个县市先后编制了十多部水土保持生态建设规划。如《安远县水土保持生态修复试点工程实施方案》《安远县"十一五"水土保持与生态环境建设发展规划报告》《安远县东江源区水土保持生态环境建设示范区建设实施方案》《江西省定南县 1998—2002 东江上游水土保持与水资源保护重点治理工程规划报告》《江西省定南县东江上游水土保持与水资源保护重点治理第一期可行性研究报告》《寻乌县水土保持生态环境近期建设规划（1999—2010年）》《河源市水土保持生态建设规划报告书（2000—2050 年）》《河源市东江流域上游水土保持生态建设项目可行性研究报告》。2006 年江西省政府有关部门组织编制了《江西省东江源头区域生态环境保护和建设"十一五"规划》，提出了以"青山绿水"为重点的九个重大工程。

　　c. 实施了以小流域为单元的水土保持综合治理工程。预防保护区内各级政府先后投入近 2 亿元，开展以小流域为单元的水土保持综合治理工程，共治理水土流失面积 1422km²，其中建设基本农田 1160hm²，种植经果林 9422hm²，水保林 52782hm²，种草 6674hm²。

　　江西省三县政府从 2000 年以来一直把"生态立县"作为工作目标，把水土保持工作列入重要议事日程，先后在 15 条小流域内开展了水土保持综合治理，治理水土流失面积 185km²，建设基本农田 1160hm²。

　　河源市处于亚热带的南缘和南亚热带的北缘，树木种类繁多，植被好。但在韩江上游的龙川、紫金两县水土流失严重，是河源市整治水土流失的重点区。据 2003 年统计，全市林业用地 121.27 万 hm²，森林覆盖率为 72.5%。大面积造林绿化，已大大改善了地表径流，减少了水土流失，改善了生态环境。据统计，"十一五"期间河源市共完成治理水土流失面积 245km²，建设小流域堤防 7.7km，生态修复面积 200km²，完成土石方 147.08 万 m³，累计投入治理经费 4400 万元，其中中央投资 1200 万元，省投资 2400 万元，市县及群众投劳自筹 800 万元。经过对重点地区水土流失治理和小流域综合整治以及国家和省试点工程的建设，取得了良好的水土保持效益。

　　东江流域水土流失问题一直得到广东省人大、政府、政协等多方关注，1990 年，广东省七届人大二次会议通过《关于整治和开发利用东江上游水土流失区》议案（第 10号）。1995 年，广东省八届人大常委会第十七次会议通过了《关于批准省人民政府整治韩江、北江上游和东江中上游水土流失议案办理结果报告的决议》并同意省政府继续治理东江、韩江、北江的水土流失区，从 1996 年起，又用 5 年时间，按原来议案办理方案要求的原则和方法，安排专项资金和周转金，继续解决水土保持工作中存在的问题，巩固以前的整治成果。

　　2）水土保持监督执法。东江流域预防保护区各县（市）都成立了生态环境监督执法队伍，建立了县（市）、镇、村三级监督网络，大部分开发建设项目的水土保持工作受到监督，水土保持"三同时"制度正逐步展开。河源市在"十五"时期，通过环保、国土资源、林业等部门进行关闭、复绿、验收的东江干流的临江采石场有 60 多家，有效地控制了水土流失和保护了沿岸的生态环境。2004 年，河源市对未落实环境影响评价污染环境的 19 家小矿点，小洗水选矿点进行清理拆除；停产治理 13 家。2005 年，清理整治东江干流临江 10 家采石场，关闭了 9 家无证采石场。

　　（2）新丰江水库集雨区水土保持现状分析评价。

　　1）集雨区基本情况与生态功能定位。主要包括韶关市新丰县、河源市源城区西部、东源县和连平县除灯塔盆地其他部分，总面积约 5774.73km²，地形地貌以山地丘陵为主，主要水面为新丰江水库，面积约 370km²。区域植被类型以南亚热带季风常绿阔叶林为主，呈现向中亚热带常绿阔叶林的过渡性植被类型特征，北部油溪镇、轿子峰一带还保存有约两万亩的原始森林。该区域覆盖了河源市境内新丰江水库的全部汇水区，同时是东江东源段西岸的水源涵养与水土保持区，因此该区域主导生态功能定位为水源涵养。

2）主要生态问题。体现在：①该区域以山地丘陵为主，地表崎岖，山地丘陵面积占90％以上，水土流失风险高。区域内坡地耕作造成的水土流失比较严重，属于河源市水土流失比较集中的区域。②区域内矿产资源比较丰富，萤石、铁矿、铜、锡、钨、铅等矿产资源分布广泛，山区采矿造成的地表植被破坏、水土流失、矿渣堆积与环境污染比较严重。③山区是林地集中区，也是林业生产基地的主要分布局，每年森林砍伐 5 万 m³ 以上，毛竹砍伐 10 万根以上，对林区生态环境保护造成威胁。④森林覆盖率较高，但林相结构较差。水源涵养区森林覆盖率较高，但林相结构较差，生态公益林比例低，林相结构不合理，纯林多、混交林少，针叶林多、阔叶林少，人工林多、天然林少，树种单一，林相单层；林龄结构不合理，主要是中幼林面积的比例较大，森林林龄构成以幼龄林和中龄林为主。⑤大规模的速生丰产林建设对区域景观和物种多样性造成一定的不利影响，同时速生丰产林建设的化肥和农药的施用对区域的环境也造成污染，对区域水源保护功能造成一定的威胁。

3）措施对策。针对以上问题，区域采取了以下对策进行调控：①系统规划、合理布局，首先将生物多样性丰富地区和水源地、水源涵养区纳入严格保护范围，避免速生丰产林经营对这些区域造成污染和破坏。②转变农业经营方式，控制坡地耕作，完善农田水利设施，实施农业面源污染控制，减少水土流失。③科学引导矿产资源开发，禁止在生物多样性丰富区和水源保护区、水源涵养区内采矿，系统整治矿山环境，加强矿山废弃地的生态恢复，加强矿山开采的生态监管。④通过改善水源涵养林质量，低质人工林林相改造与天然植被定向恢复，加强水土流失治理，实施统一监管等措施，落实水源涵养区的保护与建设，提高河源市水源地及其水源涵养区的环境质量。⑤加强产业引导，实施优惠政策、促进区域生态农业、生态旅游业的发展，以减轻对区域生态环境的压力。

4）实施成果。河源市水库型饮用水源地现状水质较好，结合河源市社会经济实际，河源市饮用水水源保护区生态修复与建设工程主要包括河岸生态防护工程和湖库水源地周边隔离工程。通过对河岸的整治、基底的修复，种植适宜的水生、陆生植物，构成绿化隔离带，维护河流良性生态系统；同时兼顾沿岸景观的美化。根据《珠江流域水污染防治规划》和《河源市环境保护十一五规划》，对饮用水源保护区有影响的河道净化与生态修复重点工程包括和平河综合整治，总投资 2000 万元，"十一五"期间投资 1000 万元；新丰江南北沿岸综合整治工程，总投资 2000 万元；龙川老隆镇两渡河综合整治工程，总投资500 万元。河源市"十一五"期间生态修复与建设工程总投资 3500 万元。

按照"严管林、慎用钱、质优先"的要求，河源市重点做好了东江干流及其一级支流新丰江水库和枫树坝水库的水源涵养林和水土保持林的建设，到 2005 年年底，全市共完成造林作业面积 48.37 万亩，其中人工造林 13.59 万亩，直播 0.16 万亩，迹地更新18.68 万亩，低产林改造 15.76 万亩。

因城市建设与开发需要，对原有植被造成一定的破坏，水土流失区域有扩大趋势，为改变这种局面，河源市在 2003 年制定了《河源市采石场整治和复绿工作方案》。在方案中，风景名胜自然保护区，地表水资源保护区，耕地、生态公益林区，滑坡、泥石流易发区一律划为禁采区；同时，全市采石场的数量由 2003 年的 109 家减少到 2006 年 60 家以内。

11.4.2　项目实施对水土流失的影响评价

1. 项目实施对管线途经区域的水土流失影响评价

新丰江水库直饮水工程的施工建设过程中，由于扰动、开挖原地貌，使原地表土壤、植被遭到破坏，增加了裸露面积，表土的抗蚀能力减弱，加剧了水土流失，将对管道沿线的工农业生产和生态环境产生影响；由于施工占地、工程开挖、回填及弃碴堆放，将产生新增水土流失。

项目区影响水土流失的因素包括自然因素和人为因素。自然因素包括地形地貌、地质、降雨、台风、土壤、植被等；人为因素包括土石方开挖、回填等。就本工程而言，各单项工程的建设过程将带来土地占用、扰动等对工程范围内的植被、土壤和地形、地貌等均有不同程度的影响，不可避免地造成一定程度的水土流失。因此根据项目的工程布局和施工特点，弄清开挖扰动地表面积、损坏水土保持设施的程度和面积，客观而准确地对建设工程中可能造成的水土流失形式、原因、程度、危害和水土流失量进行分析，对制定水土流失方案以及工程水土流失防治具有重要的意义。除了做好防治范围内的原有水土流失治理外，主要是预防、减少和控制人为因素造成的水土流失。

本工程建设过程中各单项工程的土地占用、扰动等均可能造成水土流失。各单项工程施工过程的水土流失影响分析见表 11 – 25。

表 11 – 25　　　　　　　　　　　施工过程的水土流失影响分析

项目内容	施工内容	水土流失影响分析
厂区	占用土地，场地开挖	土壤侵蚀主要发生在土石方开挖、回填，场地平整侵蚀类型以沟蚀、面蚀等水力侵蚀为主
引水隧洞进、出口	占用土地	土壤侵蚀主要发生在开挖面积，侵蚀类型以细沟侵蚀等水力侵蚀为主
输水管道	占用土地，场地平整	土壤侵蚀主要发生在平整表面，侵蚀类型以细沟侵蚀等水力侵蚀为主，场地平整形成的人工裸露面易受水流冲刷而产生土壤侵蚀
输水隧洞进、出口	占用土地	土壤侵蚀主要发生在开挖面积，侵蚀类型以细沟侵蚀等水力侵蚀为主
进场道路	占用土地，场地平整	土壤侵蚀主要发生在平整表面，侵蚀类型以细沟侵蚀等水力侵蚀为主，场地平整形成的人工裸露面易受水流冲刷而产生土壤侵蚀
弃渣场	占用土地，场地平整	土壤侵蚀主要发生在平整表面，侵蚀类型以细沟侵蚀等水力侵蚀为主，场地平整形成的人工裸露面易受水流冲刷而产生土壤侵蚀
临时设施占地区	施工结束后，临时建筑物拆除，占地区裸露	施工期间有临时建筑遮蔽，产生的土壤侵蚀相对较小；施工结束后，随着建筑物的拆除，裸露的地表在外营力的作用下将产生一定的水土流失

从表 11-25 分析可知，施工期工程的场地平整等施工环节均存在损坏或压埋原有水土保持设施现象，对原有水土保持设施产生不同程度的破坏，可能降低其水土保持功能，发生冲刷、垮塌现象，增加新的水土流失。工程建成后，主体工程区所占用的土地经硬化处理或绿化，因工程建设而造成的水土流失影响将逐步消失，水土流失将得到有效控制。

通过初步分析，得出如下结论和建议：

（1）新丰江水库直引水项目占地区没有重要的水土保持固定设施和监测站点，没有易引起严重水土流失和生态恶化的泥石流易发区等，不含国家划定的水土流失重点预防保护区。

（2）在满足技术标准的情况下，应充分利用地形，做到减少土石方的开挖，并将部分弃渣外运，减少了弃渣场的设置和土地占用。

（3）施工期间，应尽量减轻对天然地表的破坏，加强废弃物管理；施工结束后，及时清理临时设施占地，尽快布设植物措施。

（4）各施工区在施工期的工程土石方开挖、土地占用等施工环节均存在损坏或压埋原有植被现象，对原有水土保持设施产生不同程度的破坏，可能降低其水土保持功能，发生冲刷、垮塌等问题，增加新的水土流失，应落实施工期的临时防护措施。

2. 项目实施对新丰江水库集雨区的水土流失影响评价

项目在新丰江水库集雨区内没有工程施工，无水土流失影响；据初步测算，新丰江直饮水项目从万绿湖年引水 5 亿 m^3 左右，可全部解决广州、惠州、深圳、东莞等城市居民的直饮水问题，占水库总蓄水量比例小，仅占新丰江水库库容的 3.6% 和年均进库水量的 7.3%，没有改变新丰江水库现有任何功能，不会对集雨区生态系统产生重要影响，也不会间接产生水土流失影响，也不会影响东江下游灌溉、航运、压咸、供水等综合效益。

直饮水工程建成后，新丰江的水质保护是重要而关键的问题。加强新丰江上游流域的绿化造林工作，在新丰江水源汇水区上游建立水源涵养生态功能保护区。通过改善水源涵养林质量，加强水土流失治理，实施农业面源污染控制，限制和搬迁上游污染企业，完善城镇与农村生活污水收集处理，实施统一监管等措施，落实水源涵养区的保护与建设，可有效地控制水土流失，减少面污染源，改善水环境质量，并形成良性循环。

通过对本工程水土流失影响的分析，结合项目的施工特点，确定水土流失防治分区。采取工程措施、植物措施和临时措施相结合的方法，制定较为周密的水土流失防治体系。方案实施后，可减少防治责任范围内的水土流失，改善项目区周边的环境，具有一定的生态效益、经济效益和社会效益，可以恢复建设区域的生态环境。从水土保持角度考虑，工程没有立项的限制性因素，是可行的。

11.4.3　水土保持下一步工作建议

1. 工程区水土保持下一步工作建议

（1）项目可研阶段应编报水土保持方案报告书。根据《中华人民共和国水土保持法》及其实施条例以及开发建设项目水土保持方案相关的管理办法和规定，在建设期间会造成地面扰动、破坏植被及水土保持设施、引起水土流失的开发建设工程项目都必须编制水土保持方案，并经水行政主管部门审批后方可立项。本项目作为新丰江水库直饮水输水管网布置与施工项目，虽然项目规划会尽可能减少环境破坏，但这些管线布置工程在建设期间不可避免地会涉及土石方挖、填作业等，造成原地貌、植被一定幅度的人为扰动和破坏，在南方这种降雨量大、暴雨较多的地区，如果不注意和重视建设期间的水土流失防护问题并采取有效的防护措施，就会引发比较严重的开发建设项目人为水土流失。

因此，非常有必要针对本项目的特点编制水土保持方案，在对主体工程进行水土保持分析评价的基础上，根据"预防为主，保护优先"的防治方针和"因地制宜、因害设防、防治结合、全面布局、科学配置"的防治思路，设计各种工程、植物、临时和综合防护措施，减轻或防止本项目实施过程中发生严重水土流失，维护或改善项目区的生态环境，贯彻落实"谁开发、谁保护，谁造成水土流失，谁负责治理"的法律规定和水土保持工程与主体工程同时设计、同时施工和同时竣工验收并投入使用的"三同时"原则，在保证本项目顺利建设的同时获得良好的社会和生态环境效益。

（2）项目实施过程中应落实各种水土保持措施。水土保持措施实施要根据水土保持"三同时"制度，水土保持方案应与主体工程同步实施。拦挡工程须先行，护坡工程同时施工，植物措施可比主体工程略为滞后，但滞后不得超过一年，可采用分期实施、分期验收的方式，根据防治水土流失的轻重缓急，建设项目的进度安排，灵活配置水土保持措施，尽早发挥水土保持措施的作用。

项目实施过程中建议采取的水土保持措施如下：

1）施工作业带区防护措施。施工作业带防治区包括管线作业带和管线穿越工程，是扰动地表面积最大、产生水土流失量最多、造成水土流失危害最严重的区域。本项目输水管线干线所经区域地貌类型为平原区、丘陵区、土地区，施工条件较复杂。

山区管线水工保护。a. 垂直等高线水工保护。垂直等高线水工保护形式主要有以下几种：①截水墙：根据地形、地质情况、冲沟及山哑口汇流情况等确定截水墙材料、截水墙断面、截水墙设置的间距、截水墙设置的宽度等。②护坡：坡度小于 45°的梯田、陡坎、山坡采用干砌片石、浆砌片石或预制混凝土框格等形式护坡。③挡土墙：坡度大于45°的梯田、陡坎采用挡土墙结构防护，根据材料情况可选用重力式挡土墙或灰土草袋挡土墙等。④植物防护：可采用植草、灌木、植生带防护等方式。⑤其他：若是岩石陡坡、陡坎，可采用堡坎、现浇混凝土、锚杆加混凝土浇筑等方式防护。b. 综合防护：对于特殊地形地段可综合采用上述两种或两种以上方式。c. 平行等高线水工保护。根据测量、地质资料、管线埋设情况及现场踏勘情况，对山坡、陡坎等平行等高线进行水工保护设计，绘制典型断面图。平行等高线水工保护形式主要有以下几种：对于需要削坡开挖施工作业带的岩质不好的或土质边坡，开挖边坡采用浆砌片石护坡、护面墙、挡土墙、喷射混凝土、锚杆喷射混凝土等方式支护，开挖边坡上设浆砌片石截水沟，作业带下坡侧设挡土墙。

2）管线河流穿跨越工程防护。管线河流穿跨越工程防护的主要措施包括：①护坡。坡度小于 45°的岸坡，可采用干砌片石、浆砌片石或预制混凝土框格等形式护坡。②挡土墙。坡度大于 45°的岸坡，可采用重力式挡土墙，若岸坡不稳定可采用其他形式挡土墙。③丁坝。对于管线穿越处、岸坡可能存在冲刷处，可采用埋深管线或在其上游设置丁坝挑流等方式防护。管沟采用浆砌片石或挡土墙防护。④铅丝石笼护坡。对于水深较深、砌石结构难以施工的，可采用铅丝石笼防护。⑤其他。若是岩石岸坡，可采用现浇混凝土等方式防护。⑥管线沿河底敷设。岩石河床：采用现浇混凝土或卵石混凝土支护；土质河床：应埋设在最大冲刷线以下，可在表层抛大块石或卵石等进行防护。

3）伴行道路防护措施。主要包括：①排水工程。在管道与道路并行的山区段，主体工程设计管道与伴行路排水和防洪设计，减少对环境和水土保持的负面影响。②坡面防护工程。山区段管线，对于开挖边坡和填方边坡采用浆砌片石等方式进行坡面防护。③路面硬化。在站内及伴行道路进行路面硬化。

4）弃渣场防护措施。主要包括浆砌片石挡渣墙、渣场顶部设截排水沟、渣场上进行植草绿化。

上述水土保持措施实施后，能较好地防治管道沿线因项目实施产生的人为水土流失，改善周边生态环境，减轻项目实施过程中对管线途径区域的水土流失影响和危害。

（3）项目实施过程中应委托开展水土保持监测。按照《中华人民共和国水土保持法》的要求，依据《水土保持生态环境监测网络管理办法》的规定和《水土保持监测技术规程》的技术标准，开发建设项目必须做好水土保持监测工作。一方面，通过对防护措施实施前后水土流失特点及各项水土保持措施防治效果的监测，发现水保方案的不足，及时修正和增补水保防治措施；另一方面，通过对开发建设项目建设过程中各主要工程地形单元水土流失特征的监测，研究工程建设中土壤侵蚀发生规律，为以后同类建设项目的水保工作贮备资料和提供依据。

本工程水土保持主要监测目的是及时掌握工程区水土流失情况，了解工程区各项水土保持措施的实施效果，确保工程采取的水土保持措施正常发挥作用，为水土保持方案的实施服务。主要任务是对各水土流失部位的水土流失量进行调查监测，观测水土保持措施实施的效果，并做相应的监测记录。

根据《水土保持监测技术规程》（SL 277—2002），结合本项目建设特点、水土流失特征，确定如下监测原则：①全面调查监测与重点观测相结合；②以水土流失严重时段、部位作为监测重点；③监测内容与防治分区相结合的原则；④全面反映六项水土保持防治目标的落实情况；⑤监测点位的选择具有代表性，"一点多用、前后对比、代表全面"。

2. 新丰江水库集雨区水土保持下一步工作建议

（1）新丰江水库集雨区水源保护林建设规划及其实施。在新丰江、枫树坝等大中型水库和饮用水水源汇水区上游建立一批水源涵养生态功能保护区。通过改善水源涵养林质量，加强水土流失治理，实施农业面源污染控制，限制和搬迁上游污染企业，完善城镇与农村生活污水收集处理，实施统一监管等措施，落实水源涵养区的保护与建设，提高河源市水源地及其水源涵养区的环境质量。

在规划中贯彻预防为主，全面规划、防治，因地制宜，加强管理，注重效益的方针，在整治方法上，以小流域为单元进行集中治理和连续治理。具体做法如下。

1）面蚀治理（主要是轻度和中度流失）：以营造水土保持林为主，进行林相改造，逐步将单一林相改造为针阔叶混交林，提高水土保持生态和经济效益，在山脚山窝立地条件较好的地方，发展经济果林，增加经济收入。

2）沟状治理（主要是强度流失）：以植物措施为主，因地制宜，适当辅以工程措施，1m以上的深沟，以分水岭为界，从上而下，开设水平沟或谷坊群来固定沟床，达到稳定沟床的目的。

3）低质人工林林相改造与天然植被定向恢复。①低质人工林林相改造：主要从有利于涵养水源的角度出发，对人工桉树纯林、果树纯林等单一林相的改造技术进行研究，包括清林方法、引进目的树种的造林密度、树种组成与配置模式、挖穴与施肥以及植苗与幼林抚育等具体技术。②天然植被定向恢复：从生态学角度和促进天然植被发挥良好的水源保护功能两方面综合考虑，对稀树灌丛植被进行天然植被定向恢复技术研究，包括天然更新、人工诱导、人工诱导天然混合更新等多种定向恢复途径以及通过带状、块状小面积局部整地，引进建群种或共建种，实现天然植被定向恢复等关键技术。天然植被定向恢复，应以加快恢复森林、形成稳定的森林植物群落，以较小的投入获得最大的林地生产力、保持森林的永续利用和多种效益为根本原则。

（2）新丰江水库集雨区崩岗治理规划及其实施。

1）崩岗治理总则。①针对崩岗的特点与发展规律，应采取预防与治理并重的方针，对可能产生崩岗的荒坡，应采取预防保护措施；对已产生的崩岗，应采取综合治理措施。②预防措施应符合以下要求：对风化花岗岩山坡，严禁挖草根、铲草皮，破坏地面植被，并应通过封育尽快恢复地面植被；对坡面的天然水路网，应及时兴修截水沟，排水沟和蓄水池等小型蓄排工程，拦蓄、分散地表径流，防止下泄进入崩口导致的崩岗发生和发展。③崩岗治理应符合以下要求：将每个崩口视为一个集水区，因地制宜，采取综合治理措施；指标与治本结合，既要控制崩口下泄的洪水、泥沙对下游农田的危害，又有制止崩岗发展；治理与发展结合，利用崩口内外的土地资源，发展竹、茶、林、果等经济植物。

2）崩岗治理规划。①崩岗治理规划：在崩岗发育地区，应以行政区划（县、乡、村）或自然区划（中小流域）为单位，在水土流失调查中进行崩岗专项调查，查清规划范围内崩岗数量、大小、发展及危害情况等；在水土保持规划中，应编制崩岗治理专项规划，提出具体的治理措施，并根据危害严重程度和治理紧迫性，排列治理先后顺序；对可能发生崩岗的荒坡，应在水土保持规划中提出具体的预防措施，包括保护、恢复地表植被和拦蓄、分散地表径流措施等。②崩口治理规划：崩口上游汇水区，应根据不同地形和坡度，采取截排水措施，阻止坡面径流进入崩口；崩口内的崩壁，应首先削坡修阶，稳定边坡，再种树种草，巩固崩壁；崩岗底部治理，应从上到下布设土谷坊群，拦截洪水泥沙，并在崩岗口修建符合设计防洪标准的拦沙坝。

3）崩岗治理措施。崩岗治理（主要是剧烈流失）：以工程措施为重点，紧密结合植物措施，做到以工程养植物、以植物保工程。治理崩岗一般采取"上拦下堵"的方法。崩岗谷口深度大、宽度小，径流集中，兴建石谷坊；崩岗谷口深度小、宽度大，径流分散，兴建土谷坊；集雨面积较大，一般配上石砌溢洪道。除"上拦下堵"外，也可以在山顶和崩壁部分进行削坡开级做成台阶，再在台阶上和崩岗周围、谷坊内外造林种草，绿化围封口台阶化是制止崩岗侵蚀的一种行之有效办法。

在水土流失比较严重或崩岗比较集中的山坝出口处，兴建拦沙坝，拦截坝内全部或大部分黄泥沙水，迅速制止黄泥沙水危害农田，当年发挥效益。同时争取时间在崩岗内做好水土保持工作，在有条件地方，还可用来蓄水灌溉。当崩岗内水土流失已被基本控制时，可以对坝内的沙渍地进行开发利用，经过整治和改良土壤，可以作为农地，发展各项生产，增加经济收入。

（3）新丰江水库集雨区生态湿地建设与保护规划及其实施。水库涨落带、滩涂（库滩地）、河沟入库口处及库岸边湿地均为季节性或常年积水地段（包括水域），都属于湿地范畴。裸露或半裸露的涨落带和库滩地斜坡面受冲蚀和淘蚀严重，不但污染水质，还会进一步产生塌岸，导致库岸扩展、淤积库容；同时，由于裸露、半裸露的涨落带和库滩地一年之中大部分时间裸露水面，严重破坏青山绿水的景观。

新丰江水库消落带水土保持采用工程措施和生物措施对水库消落带裸露地表进行防护，主要针对水库涨落带和滩涂（库滩地）的特点，从减轻侵蚀、拦挡泥沙、过滤面源污染物的角度出发，开展适生植物的筛选及其营造技术和典型减蚀拦淤植物带配置模式的研究，以及现有湿地保护和人工湿地培育及生态治污技术的研究。根据广州地理研究所和广东内伶仃福田国家级自然保护区管理局的多年试验研究表明，涨落带适生植物李氏禾与红树林品种——红花树具有较好的耐水淹速生特性，可将上述两种植物配置在涨落带的下部，坡上部再栽植其他耐水湿的乔木树种，使之形成乔、灌（红花树）、草（李氏禾）带状混交的涨落带滩涂防蚀林带。

第12章 对社会经济的影响

12.1 项目对河源市经济的带动作用

12.1.1 新丰江直引水项目河源市的重要意义

由于河源所处的特殊地理位置及其所担负的神圣使命，使河源的发展必须以环保为前提。尽管河源存在明显的资源优势、区位优势、政策优势以及承接产业转移的有利的国际、国内环境，但受制于环保要求，致使河源能够选择的产业受到制约，工业发展相对滞后，经济总量规模小，人均收入总体水平较低，与珠三角等经济发达地区存在较大的区域差距。由于境内两大水库的建设，形成大规模移民与库区内贫民，加剧了境内的城乡差距。不断扩大的城乡差距、区域差距造成了河源市与广东经济发达地区间的贫富差距，为社会的不和谐埋下了隐患。

由于工业不发达，致使河源的地方财政囊中羞涩，入不敷出，在当地的经济社会发展中难有作为。受地方财政的制约，环保投入的资金缺口不断增大，未来的水源地保护也岌岌可危。由于河源市经济发展总量小、水平低，要靠省财政转移支付才能保工资，保运转，环境保护方面投入的财力尤其有限，特别是在水污染治理资金方面，缺口较大。如市区生活污水处理厂，日处理 8 万 t 计划投资 1.72 亿元，从 1992 年开始筹建，由于资金不到位，直到 2004 年 8 月才建成日处理 4 万 t 首期工程，目前因资金影响，管网工程建设进展缓慢，困难重重。按照《广东省东江水质水系保护条例》和《广东省"十五""十一五"环境保护规划》的要求，河源市生活污水处理率要在 2010 年达到 65% 以上，市区和各县城要分别建立一座生活污水处理厂，需要投资 5 亿多元。加上东江沿岸 1 万人口以上城镇的生活污水处理工程，总投资需 9 亿多元。如此大的投入，靠河源的财政是难以完成的。此外，环保资金投入不足还导致了环境执法取证工具、污染监测技术装备落后、人员编制严重不足等问题，快速反应能力无法适应新形势下环保执法的需求。当地的教育投入少，致使职业与高等教育水平较低，规模较小，不能胜任未来产业发展对人力资源与自主创新的要求。当地大量的移民与库区内贫民的生活、生产、入学、就业等问题的解决急需大量资金。进一步引进产业，发展工业，需要投入大量资金不断完善基础设施。所有这些方面都需要地方财政的大力支持。因此，加大招商引资力度，进一步加快工业化步伐，增加财政收入，提高社会经济水平，成为河源市人民和各级政府的迫切要求。

根据河源市工业发展的"十一五"规划提出的坚持走"园区式、低污染、好效益、技术含量较高、带动能力较强和投入产出率较高"，具有河源特色的新型工业化之路，严格控制污染性工业发展的指导思想，河源要想通过承接国际与珠三角产业转移，振兴工业，实现经济的快速增长明显受到制约。根据国际与区域产业转移的规律，对外转移的产业大多具有污染重、附加值低的特点。因此，在保护环境的前提下，坚持产业发展与环保相协调的一个充分必要条件就是增强自主创新能力，实现产业结构升级转型。而产业创新能力又要靠大量高素质的人力资源。人力资源的获得有两条途径：一是投资教育，培育当地的高等院校与科研院所，提高当地的创新潜力；二是引进外来人才。由于当地经济一直不发达，地方财政作用有限，当地的高等院校与科研院所不发育❶，引进外来人才的经济支撑力度不够，致使人才难以引进，即便引进也很难留住❷。

发展与环保的矛盾虽然可协调，但二者的相互协调需要付出巨大的成本与风险，而这也正是困扰河源的难题，是导致其经济发展至今相对滞后的原因。由于许多产业开发项目存在环境风险，当发展与环保不能兼容时，河源只能放弃发展服从环保。因此，对于河源来说，当务之急就是找到既能有效保护环境，又可充分利用当地的资源优势，实现环保与经济发展相互促进的项目。根据相关环境影响评价，新丰江水库直饮水工程的上马对河源市不构成项目开发的环保风险，通过该项目建设，不仅可以实现当地的绝对优势资源——优质水资源的市场价值，为广大受水地区的百姓带来福音，解决下游的水资源危机，又可凭借该项目的长期收益，实现"以水养水"，促进上游水资源保护与当地经济社会的长期可持续发展。此外在当前全球经济危机，经济普遍低迷的情况下，直饮水项目的上马对加大投资力度，扩大内需也具有重要意义。

12.1.2 项目收益对河源市经济的拉动作用

根据"新丰江水库直饮水项目技术经济可行性研究"专题的研究，一期工程从2012年进入试运营期，此后的28年内（2012—2039年），售水收入总计为6996.80亿元，可供分配利润总计为2616.31亿元，年均售水收入与可供分配利润分别为249.89亿元、93.44亿元。二期工程从2020年进入试运营期，此后28年内（2020—2047年），售水收入总计为2401.6亿元，可供分配利润总计为823.4亿元，年均售水收入与可供分配利润分别为85.77亿元、29.41亿元。在2020—2039年，一期、二期工程同时供水的年份，年均售水收入与可供分配利润分别为335.66亿元、122.85亿元。

由于项目各参与方之间的利润分配未定，我们以1988—2007年河源市GDP（当年价）的平均增长速度14.9%估计2012年以后的GDP值，通过各年售水收入、可分配利润占相应年份估计GDP的百分比观察该项目对河源经济总量的影响与拉动趋势（表12-1）。

表12-1 2012—2033年1期工程售水收入、可供分配利润与河源市GDP估计值

项　　目	2012年	2013年	2014年	2015年	2016年	2017年	2018年	2019年
河源市GDP估计值/亿元	657.04	754.94	867.43	996.67	1145.18	1315.81	1511.87	1737.13
年售水收入/亿元	6.65	9.31	11.98	13.31	31.66	50.01	68.36	86.71
年售水收入/河源市GDP估计值/%	1.01	1.23	1.38	1.34	2.76	3.80	4.52	4.99
可供分配利润/亿元	0.00	0.00	0.00	0.00	0.00	0.09	8.61	17.19
可供分配利润/河源市GDP估计值/%	0.00	0.00	0.00	0.00	0.00	0.57	0.99

❶ 2007年，河源市只有1所普通高等学校，在校学生7232人，只占广东省的0.64%；中等职业技术学校15所，16420万人，占广东省1.81%；国有独立科学研究开发机构15个，科技经费支出3806万元。

❷ 根据河源市人事局的统计，1988—2007年，该市共引进各类人才7486人，到2007年人才流失总计3465人。

续表

项　目	2020 年	2021 年	2022 年	2023 年	2030 年	2031 年	2032 年	2033 年
河源市 GDP 估计值/亿元	1995.96	2293.36	2635.07	3027.69	8004.82	9197.54	10568.0	12142.6
年售水收入/亿元	168.09	185.37	202.64	219.92	237.19	254.47	271.74	289.02
年售水收入/河源市 GDP 估计值/%	8.42	8.08	7.69	7.26	2.96	2.77	2.57	2.38
可供分配利润/亿元	52.40	60.67	69.02	77.45	85.97	94.08	102.26	110.50
可供分配利润/河源市 GDP 估计值/%	2.63	2.65	2.62	2.56	1.07	1.02	0.97	0.91

根据表 12-1 数据，在一期工程 30 年的计算期中，年售水收入占 GDP 估计值的比重在 2020 年达到最高（8.42%），此后呈现逐年下降趋势；可供分配利润占 GDP 估计值的比重在 2021 年达到最高（2.65%），此后呈现逐年下降趋势。

在 2020 年以后，一期、二期工程同时开始供水，见表 12-2，一期、二期年售水收入占 GDP 估计值的比重在 2021 年达到最高，为 10.40%，此后呈现逐年下降趋势；一期、二期可供分配利润占 GDP 估计值的最高比重为 3.30%，出现在 2023 年，此后逐年下降。

表 12-2　　　2020—2025 年项目售水收入、可供分配利润与河源市 GDP 估计值

项　目	2020 年	2021 年	2022 年	2023 年	2024 年	2030 年	2031 年	2032 年
河源市 GDP 估计值/亿元	1995.96	2293.36	2635.07	3027.69	3478.82	8004.82	9197.54	10568.0
一期、二期年售水收入/亿元	206.09	238.57	271.04	295.92	313.19	521.05	521.05	521.05
一期、二期年售水收入/河源市 GDP 估计值/%	10.33	10.40	10.29	9.77	9.00	6.51	5.67	4.93
一期、二期可供分配利润/亿元	50.33	68.36	86.50	100.02	108.91	203.26	203.26	203.26
一期、二期可供分配利润/河源市 GDP 估计值/%	2.52	2.98	3.28	3.30	3.13	2.54	2.21	1.92

一期、二期工程都在 2020—2023 年期间对河源市的 GDP 形成较大的拉动作用（表 8-5 和表 8-6），由于一期工程的供水量大、投产早，其售水收入与可供分配利润相对二期工程具有明显的规模优势，因此一期工程对河源市 GDP 的贡献要明显大于二期工程。在 2030 年以后，随着河源市经济规模的持续快速增长，再加上二期工程供水量相对较少，固定资产投入相对较大，供水收入与可供分配利润相对较小等原因，导致两期工程同时供水的售水收入与可供分配利润占 GDP 估计值的比重不升反降，这说明工程及早建设投产对河源市的经济拉动作用将更为明显。如果在现有时间安排的基础上，再提早一期工程的投产时间，缩短二期工程与一期工程之间的时间差，则两期工程所产生的收益对河源市的经济拉动作用将更为显著，更有利于缓解河源市经济发展起步阶段的资金约束。

12.1.3　对河源市财政收入的贡献

本项目中对河源市财政收入产生影响的科目主要包括：源水与水资源费、所得税、销售税金及附加。源水与水资源费列入项目的成本，但却是河源市水源地保护财政补偿投入

的重要来源。在 2012—2047 年期间一期、二期工程总计可贡献源水与水资源费 2989.51 亿元，年均 83.04 亿元；所得税总计 1348.90 亿元，年均 37.47 亿元；销售税金及附加总计 122.18 亿元，年均 3.39 亿元。

以 1995—2007 年期间河源市国税和地税总收入、国税收入、地税收入的平均增长率 25.27%、22.75%、29.69%分别估计 2012 年以后的国税、地税总收入、国税收入、地税收入。根据相关税收规定，项目的销售税金及附加记入地税收入，所得税记入国税收入。水源与水资源费作为水源地财政补偿的来源可视为地税的主要收入。

2012—2019 年期间，一期工程的销售税金及附加占河源市地税估计值的比重在 2018 年达到最高，为 0.31%。一期、二期工程的销售税金及附加的加总值占河源市地税估计值的比重在 2020 年达到最高，为 0.55%；一期、二期工程所得税之和占河源市国税估计值的比重在 2022 年达到最高，为 11.09%，此后逐年下降；一期、二期工程的销售税金及附加与所得税之和占河源市国、地税总收入估计值的比重在 2021 年达到最高，为 4.40%，此后逐年下降；一期工程的源水及水资源费占河源市地税估计值的比重在 2018 年达到最高，为 7.53%。一期、二期工程的源水及水资源费加总占河源市地税估计值的比重在 2020 年最高，为 15.94%；一期、二期工程的销售税金及附加与源水及水资源费的加总占河源市地税估计值的比重也在 2020 年达到最高，为 16.5%，此后逐年下降（表 12-3）。

由以上分析可知，一期、二期工程影响河源市财政收入的三个科目都在二期工程投产的前两年，形成对河源市财政的最大贡献。在三个科目中，源水及水资源费对河源市的地税贡献度最大，所得税对河源市国税的贡献居于第二位，由于销售税金及附加的规模小，其税收贡献也最小。一期工程相对二期工程的取水量大，售水收入与可分配利润规模大，相应地其源水及水资源费、所得税规模都较二期工程多，因此，一期工程对河源市的税收贡献大于二期工程。在项目运营的早期，由于河源市的地税规模较小，源水与水资源费在二期工程投资的第一年（2020 年）对地税的贡献就可达到最大。根据对河源市财政局的调研，源水与水资源费将全部或绝大部分返还水源地，用以解决水源地环保资金缺口以及移民问题，因此，可以预见，该项目的运营对解决河源市地方环保资金缺口及移民问题将起到较大作用。

根据相关政策，从 2006 年 7 月 1 日起，河源市每年可获得广东省与国家后期移民扶持资金总计 2.77 亿元左右❶。如果这一资金规模在未来 20 年不变，源水及水资源费在 2019 年即为移民扶持资金的 9.88 倍，随着源水及水资源费的逐年增加，两者的倍数逐步扩大，2025 年已达 37.68 倍。如果只用源水及水资源费的 50%来解决移民问题，则移民扶持资金规模将由 2012 年的 3.82 亿元增加到 2025 年的 54.95 亿元，如果增加的移民扶持资金转变以前的利用方式，由授人以"鱼"转为授人以"渔"，加大对移民的教育培训投入，增加其就业能力与机会，则移民遗留问题有望在不久的将来得以彻底解决。

总体来看，项目的财政贡献度将非常显著，在国家与广东省财政转移政策的继续支持

---

❶ 国家对水库移民自 2006 年 7 月 1 日起连续扶持 20 年，每人补助 600 元/年。

表 12 - 3　2012—2019 年河源市税收估计值与项目相关数据

项 目	2012 年	2013 年	2014 年	2015 年	2016 年	2017 年	2018 年	2019 年	2020 年	2021 年	2022 年	2023 年	2024 年	2025 年	2026 年	2027 年
河源市国、地税收入估计值/亿元	90.94	113.68	142.10	177.62	222.03	277.53	346.92	433.65	543.23	680.51	852.47	1067.89	1337.75	1675.79	2099.27	2629.75
河源市国税估计值/亿元	38.85	47.79	58.78	72.30	88.93	109.38	134.54	165.48	203.13	249.34	306.06	375.69	461.16	566.07	694.85	852.93
河源市地税估计值/亿元	59.41	77.23	100.40	130.52	169.67	220.57	286.75	372.77	483.45	626.98	813.13	1054.55	1367.65	1773.70	2300.31	2983.27
销售税金及附加/亿元	0.09	0.12	0.16	0.17	0.41	0.65	0.89	1.13	2.68	3.10	3.52	3.85	4.07	4.30	4.52	4.75
销售税金及附加/河源市国税收入估计值/%	0.15	0.16	0.16	0.13	0.24	0.29	0.31	0.30	0.55	0.49	0.43	0.37	0.30	0.24	0.20	0.16
所得税/亿元	0.00	0.00	0.00	0.00	0.00	0.04	3.38	6.74	19.74	26.81	33.93	39.22	42.71	46.05	49.43	52.86
所得税/河源市国税估计值/%	0.00	0.00	0.00	0.00	0.00	0.04	2.51	4.07	9.72	10.75	11.09	10.44	9.26	8.14	7.11	6.20
(销售税金及附加+所得税)/河源市国、地税收入估计值/%	0.01	0.01	0.01	0.01	0.02	0.025	1.23	1.81	4.13	4.40	4.39	4.03	3.50	3.00	2.57	2.19
源水及水资源费/亿元	2.10	2.94	3.78	4.20	10.00	15.79	21.59	27.38	77.08	82.54	87.99	93.45	98.90	104.36	109.81	115.27
源水及水资源费/河源市地税估计值/%	3.53	3.81	3.76	3.22	5.89	7.16	7.53	7.35	15.94	13.16	10.82	8.86	7.23	5.88	4.77	3.86
源水及水资源费/移民扶持基金/%	0.76	1.06	1.36	1.52	3.61	5.70	7.79	9.88	27.83	29.80	31.76	33.74	35.70	37.68	—	—
(销售税金及附加+源水及水资源费)/河源市地税估计值/%	3.68	3.96	3.92	3.35	6.14	7.45	7.84	7.65	16.50	13.66	11.25	9.23	7.53	6.13	4.97	4.02

注　2020 年起各项数据为一期、二期工程的加总。根据国家相关政策，河源市在 2006—2025 年期间将获得国家 1.37 元移民扶持资金。如果省级扶持资金在此期间保持规模不变，则河源市获得的移民扶持资金在 2006—2025 年期间将保持 2.77 亿元的规模。

下，项目所形成的财政贡献将有利于彻底解决移民遗留问题与环保资金缺口；有利于加强基础设施建设，改善投资环境；有利于加大教育投资力度，储备人力资源及提高人口素质。项目的早期财政贡献明显大于后期，因此项目投产越早，对解决河源市财政缺口的作用越明显。

12.1.4　产业关联与就业效益

本项目在建设与施工过程中，涉及隧洞开凿、土石方挖掘、爆破与回填、管线敷设、水厂建设、生产与管理等多道环节，会带动与项目相关的前后向产业发展，如建筑施工业、管线生产与销售业、大型施工机具的租赁（生产、销售）业、净水生产与销售业乃至餐饮、零售等服务业。尽管项目建设可能会通过招标的方式选择建设与施工单位，但对河源市本地的相关行业也会产生较大的带动作用，促进当地建筑建材与相关施工机具的生产与销售，带动当地餐饮、零售等第三产业的发展。一期、二期供水工程静态总投资为470.89亿元，通过投资的乘数效应会有力地促进河源市乃至广东省的经济增长，从而实现在经济低迷期通过扩大内需带动河源市乃至广东省经济发展的目的。

项目本身的建设与施工及其产业关联效应，相应地会产生直接与间接就业效应。本项目一期、二期供水工程中所建立的3个净水厂直接产生240个就业岗位，随着项目建成投入使用，有可能还要产生新的岗位需求。项目建设过程中，由于隧洞开凿、土石方挖掘、回填、爆破、管线敷设、安装与调试过程中，会产生大量的劳动力需求，直接创造就业岗位。由于项目的建设对建筑建材、管线、施工机具等的需求，会间接促进这些行业产量增加，从而产生用工需求。施工队伍的进驻会导致对当地零售、餐饮业的大量需求，从而间接促进这两个行业的用工需求增加。此外，随着直饮水的下游市场拓展，用户咨询、管线维修等售后服务也会间接产生大量用工需求。

12.1.5　项目的总资产贡献率与社会贡献率

本报告利用以下两个公式计算项目的总资产贡献率与社会贡献率：

$$项目总资产贡献率 = \frac{一期、二期工程的可供分配利润总额 + 税金总额 + 利息支出总额}{一期、二期供水工程静态总投资}$$

$$社会贡献率 = \frac{工资及福利费总额 + 利息支出总额 + 税金总额 + 所得税后利润}{一期、二期供水工程静态总投资}$$

根据"新丰江水库直饮水项目技术经济可行性研究"专题提供的数据，一期、二期供水工程静态总投资为470.89亿元，经计算得出项目的总资产贡献率为1088%，反映出该项目资金占用的经济效益很高，项目运用全部资产的收益能力较强。社会贡献率为1202%，反映出该项目不仅经济效益好，收益能力强，而且为国家贡献了大量税收、利息与上缴利润，并促进了就业与社会福利的增加。

综上所述，建设新丰江水库直饮水项目，合理开发利用河源市优质水资源，不仅可以增加财政收入，解决长期以来遗留的移民问题，加大教育投入力度，改善河源市经济发展起步阶段的投资"瓶颈"、而且资源环境也能得到有效保护，从而实现河源经济社会与资源环境的全面协调发展。

12.2　对受水城市现有供水布局及
供水方式的影响评价

12.2.1　对城市现有及规划供水布局的影响

根据河源市与各受水城市之间的框架协议：河源市政府作为主输水管道开发建设工程的实施主体。主输水管网进入受水城市后，其内部输水管网可由各城市自行建设，也可通过招投标确定投资主体，从而确保供水安全。直饮水在市区的经营仍由所在城市自来水公司操作。

深圳作为中国七大缺水城市之一，最突出的问题是水源性缺水，辖区内主要河流均受到不同程度的污染，人均水资源量及人均用水量较低。深圳市有 3 个水源，水厂网络健全，各水源之间串联成网络，新丰江直饮水引入深圳市后，将进一步优化供水网络，通过"分质供水、优水优用"的原则优化内部的水资源配置。使用直饮水后，其自来水，桶装用水量降低，也缓解了当地供水压力，减少了供水量。同时，增加的水源可以作为深圳市的应急水源，在突发污染事件下可解决深圳的供水安全。

东莞市的供水格局以东江为主要水源，供水系统由水厂、水库群联网、蓄水工程、引水工程、挡潮拒咸工程、地下水和污水回用等部分组成。根据东莞市供水规划，东莞的污水回用量将越来越大，而新丰江直饮水将引进优质水源，为东莞提供可直接饮用的水源，实现分质供水，提高东莞的水资源使用效率。减少了原标准自来水的供应压力，同时，增加的水源可以作为东莞市的应急水源，在突发污染事件下可解决东莞的供水安全。

目前，广州市规划通过西江引水工程用于调整广州市中心区西部三座水厂（江村、石门和西村水厂）与石溪水厂水源，同时补充东部及南部水源的不足，但工程会引起西、北江咸界线的一定上移，项目取水还会造成珠海、澳门主力泵站取水口氯化物日均超标时间的增加。新丰江直饮水工程增加广州市水源，优化广州供水布局，远期广州市区可以以东江、西江水作为直饮水水源，通过水资源的优化配置，控制咸界线上移。减少了原标准自来水的供应压力，同时，增加的水源可以作为广州市的应急水源，在突发污染事件下可解决广州的供水安全。

12.2.2　对城市管网的影响

根据各受水城市管网现状及改造规划：深圳、东莞的管网改造工作才刚刚开始；广州市在 21 世纪初进行管网改造，现已基本结束。新丰江直饮水工程分两期实施：一期工程以深圳、东莞为供水对象；二期工程在 2020 年增加广州为新的供水对象。因此，直饮水一期工程的管网铺设可以与深圳、东莞管网改造相结合，优化铺设路线，减少工程量；在 2020 年，随着现有水管使用年限的增加，广州市管网将逐渐老化，可将直饮水管道铺设与广州市管网改造相结合。

目前，广州有 100 万 t 的直饮水工程、深圳 60 万 t 直饮水工程已投入使用。因此，新丰江直饮水工程可利用城市部分已有的直饮水管道，并结合城市供水管网改造工作，将有利于节约有限的淡水资源，提高供水效率。如按 2003 年深圳自来水供水总量计，深圳供水损失率每降低一个百分点，将节约用水近 1500 万 t。同时，管网改造工作也是珠三角城市加快与国际接轨、实现自来水直饮，保障饮水水质的一项重要举措。

居民住宅内部的供水设施改造，主要通过"一户一表"改造等途径进行。虽然新的供水管网的铺设会给城市居民带来暂时的不便，但这一为民造福工程将给广大用户带来长远的好处和实惠，就如煤气管道、宽带互联网的铺设一样，是会得到群众的理解和支持的。

力求通过该工程示范，带动全国水行业的供水技术革新，整体提升城市饮水水质。

12.2.3 对居民饮水方式的影响

由于城市自来水水源受到污染和自来水在输送过程中的二次污染，使得水质有所降低，产品质量和卫生标准得不到保证。烧开水是沿用了几千年的传统饮水方式，但随着工业的发展和水源污染的复杂化，将水烧开已经不能完全杀灭水中的有害物质，尤其是污染物，对人体健康形成严重威胁；而保温瓶的水垢内含有很多对人体有害的重金属。另外，烧开水这种方式已不适合节奏快、追求方便的现代人生活方式，也逐渐退出历史舞台。送水要订票、打电话，常常为等一桶水而浪费一天的宝贵时间，给生活造成了很大的不便。管道直饮水即开即饮，随时享用新鲜健康的直饮水。管道直饮水在去除有害物质的同时，保存了对人体有益的微量元素和矿物质，是更健康的饮水方式。

新丰江水库现状条件下可供水量调节计算成果表

附表 1

单位：亿 m³

频率	项目	4月	5月	6月	7月	8月	9月	10月	11月	12月	1月	2月	3月	年度合计
50%	来水量	6.30	3.25	11.35	8.21	12.93	3.90	3.85	1.48	1.10	1.04	1.25	3.39	58.04
	损失量	0.24	0.28	0.28	0.35	0.39	0.40	0.41	0.36	0.32	0.29	0.24	0.23	3.78
	下泄流量	3.94	3.94	5.75	4.29	12.54	3.94	3.94	3.94	3.94	3.94	3.94	3.94	58.03
	可供水量	3.94	3.94	5.75	4.29	12.54	3.94	3.94	3.94	3.94	3.94	3.94	3.94	58.03
	弃水	0.00	0.00	0.00	0.00	0.00	0.00	0.00	0.00	0.00	0.00	0.00	0.00	0.00
	缺水	0.00	0.00	0.00	0.00	0.00	0.00	0.00	0.00	0.00	0.00	0.00	0.00	0.00
75%	来水量	6.51	9.95	4.37	5.13	4.34	4.78	1.82	2.09	1.07	3.77	1.73	1.36	46.93
	损失量	0.25	0.30	0.33	0.43	0.47	0.47	0.49	0.42	0.36	0.32	0.25	0.26	4.35
	下泄流量	3.94	3.94	3.94	3.94	3.94	3.94	3.94	3.94	3.94	3.94	3.94	3.94	47.28
	可供水量	3.94	3.94	3.94	3.94	3.94	3.94	3.94	3.94	3.94	3.94	3.94	3.94	47.28
	弃水	0.00	0.00	0.00	0.00	0.00	0.00	0.00	0.00	0.00	0.00	0.00	0.00	0.00
	缺水	0.00	0.00	0.00	0.00	0.00	0.00	0.00	0.00	0.00	0.00	0.00	0.00	0.00
90%	来水量	6.91	4.65	8.83	3.47	3.60	3.26	1.54	1.37	0.73	0.84	1.18	1.32	37.68
	损失量	0.30	0.31	0.27	0.54	0.62	0.72	0.74	0.53	0.46	0.45	0.38	0.29	5.59
	下泄流量	3.94	3.94	3.94	3.94	3.94	3.94	3.94	3.94	3.94	3.94	3.94	3.94	47.28
	可供水量	3.94	3.94	3.94	3.94	3.94	3.94	3.94	3.94	3.94	3.94	3.94	3.94	47.28
	弃水	0.00	0.00	0.00	0.00	0.00	0.00	0.00	0.00	0.00	0.00	0.00	0.00	0.00
	缺水	0.00	0.00	0.00	0.00	0.00	0.00	0.00	0.00	0.00	0.00	0.00	0.00	0.00
95%	来水量	5.07	5.33	3.36	4.89	4.44	3.39	1.06	0.91	0.68	0.60	1.02	3.47	34.21
	损失量	0.35	0.44	0.45	0.59	0.63	0.77	0.67	0.55	0.41	0.33	0.24	0.18	5.62
	下泄流量	3.94	3.94	3.94	3.94	3.94	3.94	3.94	3.94	3.94	3.94	1.26	3.29	43.94
	可供水量	3.94	3.94	3.94	3.94	3.94	3.94	3.94	3.94	3.94	3.94	1.26	3.29	43.94
	弃水	0.00	0.00	0.00	0.00	0.00	0.00	0.00	0.00	0.00	0.00	0.00	0.00	0.00
	缺水	0.00	0.00	0.00	0.00	0.00	0.00	0.00	0.00	0.00	0.00	2.68	0.65	3.34

注　可供水量＝下泄流量。

附表 2　　新丰江水库近期水平年（2012 年）可供水量调节计算成果表

单位：亿 m³

频率	项目	4 月	5 月	6 月	7 月	8 月	9 月	10 月	11 月	12 月	1 月	2 月	3 月	年度合计
50%	来水量	6.30	3.25	11.35	8.21	12.93	3.90	3.85	1.48	1.10	1.04	1.25	3.39	58.04
	损失量	0.24	0.28	0.28	0.35	0.39	0.40	0.41	0.36	0.32	0.29	0.23	0.23	3.78
	下泄流量	3.94	3.94	5.52	4.26	12.51	3.94	3.94	3.94	3.94	3.94	3.94	3.94	57.76
	直饮水	0.02	0.02	0.02	0.02	0.02	0.02	0.02	0.02	0.02	0.02	0.02	0.02	0.28
	可供水量	3.96	3.96	5.55	4.29	12.54	3.96	3.96	3.96	3.96	3.96	3.96	3.96	58.04
	弃水	0.00	0.00	0.00	0.00	0.00	0.00	0.00	0.00	0.00	0.00	0.00	0.00	0.00
	缺水	0.00	0.00	0.00	0.00	0.00	0.00	0.00	0.00	0.00	0.00	0.00	0.00	0.00
75%	来水量	6.51	9.95	4.37	5.13	4.34	4.78	1.82	2.09	1.07	3.77	1.73	1.36	46.93
	损失量	0.25	0.30	0.33	0.43	0.47	0.47	0.48	0.42	0.36	0.32	0.25	0.26	4.34
	下泄流量	3.94	3.94	3.94	3.94	3.94	3.94	3.94	3.94	3.94	3.94	3.94	3.94	47.28
	直饮水	0.02	0.02	0.02	0.02	0.02	0.02	0.02	0.02	0.02	0.02	0.02	0.02	0.28
	可供水量	3.96	3.96	3.96	3.96	3.96	3.96	3.96	3.96	3.96	3.96	3.96	3.96	47.56
	弃水	0.00	0.00	0.00	0.00	0.00	0.00	0.00	0.00	0.00	0.00	0.00	0.00	0.00
	缺水	0.00	0.00	0.00	0.00	0.00	0.00	0.00	0.00	0.00	0.00	0.00	0.00	0.00
90%	来水量	6.91	4.65	8.83	3.47	3.60	3.26	1.54	1.37	0.73	0.84	1.18	1.32	37.68
	损失量	0.30	0.31	0.26	0.54	0.62	0.72	0.73	0.53	0.45	0.45	0.38	0.29	5.58
	下泄流量	3.94	3.94	3.94	3.94	3.94	3.94	3.94	3.94	3.94	3.94	3.94	3.94	47.28
	直饮水	0.02	0.02	0.02	0.02	0.02	0.02	0.02	0.02	0.02	0.02	0.02	0.02	0.28
	可供水量	3.96	3.96	3.96	3.96	3.96	3.96	3.96	3.96	3.96	3.96	3.96	3.96	47.56
	弃水	0.00	0.00	0.00	0.00	0.00	0.00	0.00	0.00	0.00	0.00	0.00	0.00	0.00
	缺水	0.00	0.00	0.00	0.00	0.00	0.00	0.00	0.00	0.00	0.00	0.00	0.00	0.00
95%	来水量	5.07	5.33	3.36	4.89	4.44	3.39	1.06	0.91	0.68	0.60	1.02	3.47	34.21
	损失量	0.35	0.44	0.45	0.59	0.63	0.77	0.67	0.55	0.40	0.33	0.24	0.18	5.61
	下泄流量	3.94	3.94	3.94	3.94	3.94	3.94	3.94	3.94	3.94	3.52	0.78	3.29	43.04
	直饮水	0.02	0.02	0.02	0.02	0.02	0.02	0.02	0.02	0.02	0.00	0.00	0.00	0.21
	可供水量	3.96	3.96	3.96	3.96	3.96	3.96	3.96	3.96	3.96	3.52	0.78	3.29	43.25
	弃水	0.00	0.00	0.00	0.00	0.00	0.00	0.00	0.00	0.00	0.00	0.00	0.00	0.00
	缺水	0.00	0.00	0.00	0.00	0.00	0.00	0.00	0.00	0.00	0.44	3.19	0.68	4.31

注　可供水量＝下泄流量＋直饮水量。

附表3　新丰江水库中期水平年（2020年）可供水量调节计算成果表

单位：亿 m³

频率	项目	4月	5月	6月	7月	8月	9月	10月	11月	12月	1月	2月	3月	年度合计
50%	来水量	6.30	3.25	11.35	8.21	12.93	3.90	3.85	1.48	1.10	1.04	1.25	3.39	58.04
	损失量	0.24	0.27	0.28	0.35	0.39	0.40	0.41	0.36	0.32	0.29	0.23	0.23	3.76
	下泄流量	3.94	3.94	3.94	3.94	11.51	3.94	3.94	3.94	3.94	3.94	3.94	3.94	54.84
	直饮水	0.27	0.27	0.27	0.27	0.27	0.27	0.27	0.27	0.27	0.27	0.27	0.27	3.21
	可供水量	4.21	4.21	4.21	4.21	11.77	4.21	4.21	4.21	4.21	4.21	4.21	4.21	58.05
	弃水	0.00	0.00	0.00	0.00	0.00	0.00	0.00	0.00	0.00	0.00	0.00	0.00	0.00
	缺水	0.00	0.00	0.00	0.00	0.00	0.00	0.00	0.00	0.00	0.00	0.00	0.00	0.00
75%	来水量	6.51	9.95	4.37	5.13	4.34	4.78	1.82	2.09	1.07	3.77	1.73	1.36	46.93
	损失量	0.25	0.30	0.33	0.43	0.47	0.46	0.48	0.41	0.35	0.31	0.25	0.25	4.28
	下泄流量	3.94	3.94	3.94	3.94	3.94	3.94	3.94	3.94	3.94	3.94	3.94	3.94	47.28
	直饮水	0.27	0.27	0.27	0.27	0.27	0.27	0.27	0.27	0.27	0.27	0.27	0.27	3.21
	可供水量	4.21	4.21	4.21	4.21	4.21	4.21	4.21	4.21	4.21	4.21	4.21	4.21	50.49
	弃水	0.00	0.00	0.00	0.00	0.00	0.00	0.00	0.00	0.00	0.00	0.00	0.00	0.00
	缺水	0.00	0.00	0.00	0.00	0.00	0.00	0.00	0.00	0.00	0.00	0.00	0.00	0.00
90%	来水量	6.91	4.65	8.83	3.47	3.60	3.26	1.54	1.37	0.73	0.84	1.18	1.32	37.68
	损失量	0.29	0.29	0.25	0.52	0.60	0.70	0.72	0.52	0.44	0.43	0.36	0.27	5.40
	下泄流量	3.94	3.94	3.94	3.94	3.94	3.94	3.94	3.94	3.94	3.94	3.94	3.94	47.28
	直饮水	0.27	0.27	0.27	0.27	0.27	0.27	0.27	0.27	0.27	0.27	0.27	0.27	3.21
	可供水量	4.21	4.21	4.21	4.21	4.21	4.21	4.21	4.21	4.21	4.21	4.21	4.21	50.49
	弃水	0.00	0.00	0.00	0.00	0.00	0.00	0.00	0.00	0.00	0.00	0.00	0.00	0.00
	缺水	0.00	0.00	0.00	0.00	0.00	0.00	0.00	0.00	0.00	0.00	0.00	0.00	0.00
95%	来水量	5.07	5.33	3.36	4.89	4.44	3.39	1.06	0.91	0.68	0.60	1.02	3.47	34.21
	损失量	0.33	0.43	0.43	0.57	0.61	0.75	0.65	0.53	0.39	0.33	0.24	0.18	5.45
	下泄流量	3.94	3.94	3.94	3.94	3.94	3.94	1.76	0.38	0.28	0.27	0.78	3.29	30.40
	直饮水	0.27	0.27	0.27	0.27	0.27	0.27	0.00	0.00	0.00	0.00	0.00	0.00	1.60
	可供水量	4.21	4.21	4.21	4.21	4.21	4.21	1.76	0.38	0.28	0.27	0.78	3.29	32.00
	弃水	0.00	0.00	0.00	0.00	0.00	0.00	0.00	0.00	0.00	0.00	0.00	0.00	0.00
	缺水	0.00	0.00	0.00	0.00	0.00	0.00	2.44	3.83	3.93	3.93	3.43	0.92	18.49

注　可供水量＝下泄流量＋直饮水量。

附表 4　新丰江水库远期水平年（2030 年）可供水量调节计算成果表

单位：亿 m³

频率	项目	4月	5月	6月	7月	8月	9月	10月	11月	12月	1月	2月	3月	年度合计
50%	来水量	6.30	3.25	11.35	8.21	12.93	3.90	3.85	1.48	1.10	1.04	1.25	3.39	58.04
	损失量	0.23	0.27	0.28	0.35	0.38	0.40	0.41	0.36	0.32	0.29	0.23	0.23	3.74
	下泄流量	3.94	3.94	3.94	3.94	8.92	3.94	3.94	3.94	3.94	3.94	3.94	3.94	52.26
	直饮水	0.46	0.46	0.46	0.46	0.46	0.46	0.46	0.46	0.46	0.46	0.46	0.46	5.48
	可供水量	4.40	4.40	4.40	4.40	9.38	4.40	4.40	4.40	4.40	4.40	4.40	4.40	57.74
	弃水	0.00	0.00	0.00	0.00	0.00	0.00	0.00	0.00	0.00	0.00	0.00	0.00	0.00
	缺水	0.00	0.00	0.00	0.00	0.00	0.00	0.00	0.00	0.00	0.00	0.00	0.00	0.00
75%	来水量	6.51	9.95	4.37	5.13	4.34	4.78	1.82	2.09	1.07	3.77	1.73	1.36	46.93
	损失量	0.24	0.30	0.32	0.42	0.47	0.46	0.47	0.41	0.35	0.31	0.24	0.24	4.23
	下泄流量	3.94	3.94	3.94	3.94	3.94	3.94	3.94	3.94	3.94	3.94	3.94	3.94	47.28
	直饮水	0.46	0.46	0.46	0.46	0.46	0.46	0.46	0.46	0.46	0.46	0.46	0.46	5.48
	可供水量	4.40	4.40	4.40	4.40	4.40	4.40	4.40	4.40	4.40	4.40	4.40	4.40	52.76
	弃水	0.00	0.00	0.00	0.00	0.00	0.00	0.00	0.00	0.00	0.00	0.00	0.00	0.00
	缺水	0.00	0.00	0.00	0.00	0.00	0.00	0.00	0.00	0.00	0.00	0.00	0.00	0.00
90%	来水量	6.91	4.65	8.83	3.47	3.60	3.26	1.54	1.37	0.73	0.84	1.18	1.32	37.68
	损失量	0.27	0.28	0.23	0.51	0.59	0.69	0.70	0.50	0.42	0.42	0.35	0.26	5.21
	下泄流量	3.94	3.94	3.94	3.94	3.94	3.94	3.94	3.94	3.94	2.12	0.83	1.06	39.46
	直饮水	0.46	0.46	0.46	0.46	0.46	0.46	0.46	0.46	0.46	0.00	0.00	0.00	4.11
	可供水量	4.40	4.40	4.40	4.40	4.40	4.40	4.40	4.40	4.40	2.12	0.83	1.06	43.58
	弃水	0.00	0.00	0.00	0.00	0.00	0.00	0.00	0.00	0.00	0.00	0.00	0.00	0.00
	缺水	0.00	0.00	0.00	0.00	0.00	0.00	0.00	0.00	0.00	2.28	3.57	3.34	9.18
95%	来水量	5.07	5.33	3.36	4.89	4.44	3.39	1.06	0.91	0.68	0.60	1.02	3.47	34.21
	损失量	0.33	0.42	0.42	0.57	0.61	0.75	0.65	0.53	0.39	0.33	0.24	0.18	5.42
	下泄流量	3.94	3.94	3.80	3.94	3.83	2.64	0.41	0.38	0.28	0.27	0.78	3.29	27.50
	直饮水	0.46	0.46	0.46	0.46	0.00	0.00	0.00	0.00	0.00	0.00	0.00	0.00	1.29
	可供水量	4.40	4.40	3.80	4.32	3.83	2.64	0.41	0.38	0.28	0.27	0.78	3.29	28.79
	弃水	0.00	0.00	0.00	0.00	0.00	0.00	0.00	0.00	0.00	0.00	0.00	0.00	0.00
	缺水	0.00	0.00	0.60	0.08	0.57	1.76	3.98	4.02	4.12	4.12	3.62	1.11	23.97

注　可供水量＝下泄流量＋直饮水量。

附表5 新丰江水库、枫树坝水库现状条件下两库调节计算成果表

单位：亿 m³

频率	项 目	4月	5月	6月	7月	8月	9月	10月	11月	12月	1月	2月	3月	年度合计
50%	新丰江可供水量	3.94	3.94	5.28	4.22	12.45	3.94	3.94	3.94	3.94	3.94	3.94	3.94	57.42
	枫树坝可供水量	3.07	2.54	8.09	8.59	8.59	2.26	1.68	1.26	1.00	1.71	1.19	3.93	43.91
	新丰江借出	0.00	0.00	0.00	0.00	0.00	0.00	0.00	0.00	0.00	0.00	0.00	0.00	0.00
	枫树坝借出	0.00	0.00	0.00	0.00	0.00	0.00	0.00	0.00	0.00	0.00	0.00	0.00	0.00
	联合控制断面下泄量	9.38	8.84	15.74	15.42	23.60	8.57	7.99	7.57	7.30	8.01	7.49	10.23	130.13
	控制断面缺量	0.00	0.00	0.00	0.00	0.00	0.00	0.00	0.00	0.00	0.00	0.00	0.00	0.00
75%	新丰江可供水量	3.94	3.94	3.94	3.94	3.94	3.94	3.94	3.94	3.94	3.94	3.94	3.94	47.28
	枫树坝可供水量	5.88	7.15	3.69	2.18	1.83	2.72	0.79	0.93	1.00	3.80	1.60	1.96	33.54
	新丰江借出	0.00	0.00	0.00	0.00	0.00	0.00	0.00	0.00	0.00	0.00	0.00	0.00	0.00
	枫树坝借出	0.00	0.00	0.00	0.00	0.00	0.00	0.00	0.00	0.00	0.00	0.00	0.00	0.00
	联合控制断面下泄量	0.00	0.00	0.00	0.00	0.00	0.00	0.00	0.00	0.00	0.00	0.00	0.00	0.00
	控制断面缺量	0.00	0.00	0.00	0.00	0.00	0.00	0.00	0.00	0.00	0.00	0.00	0.00	0.00
90%	新丰江可供水量	3.94	3.94	3.94	3.94	3.94	3.94	3.94	3.94	3.94	3.94	3.94	3.94	47.28
	枫树坝可供水量	5.09	7.73	5.60	1.76	1.12	0.79	0.79	0.79	0.79	0.79	0.79	1.54	27.57
	新丰江借出	0.00	0.00	0.00	0.00	0.00	0.00	0.00	0.00	0.00	0.00	0.00	0.00	0.00
	枫树坝借出	0.00	0.00	0.00	0.00	0.00	0.00	0.00	0.00	0.00	0.00	0.00	0.00	0.00
	联合控制断面下泄量	11.39	14.04	11.91	8.06	7.43	7.09	7.09	7.09	7.09	7.09	7.09	7.84	103.22
	控制断面缺量	0.00	0.00	0.00	0.00	0.00	0.00	0.00	0.00	0.00	0.00	0.00	0.00	0.00
95%	新丰江可供水量	3.94	3.94	3.94	3.94	3.94	3.94	3.94	3.94	3.94	3.94	3.94	3.94	47.28
	枫树坝可供水量	4.33	4.19	2.61	2.41	1.17	0.98	0.79	0.79	0.79	0.79	0.79	2.28	21.91
	新丰江借出	0.00	0.00	0.00	0.00	0.00	0.00	0.00	0.00	0.00	0.00	0.00	0.00	0.00
	枫树坝借出	0.00	0.00	0.00	0.00	0.00	0.00	0.00	0.00	0.00	0.00	0.00	0.00	0.00
	联合控制断面下泄量	10.63	10.50	8.92	8.72	7.47	7.28	7.09	7.09	7.09	7.09	7.09	8.59	97.56
	控制断面缺量	0.00	0.00	0.00	0.00	0.00	0.00	0.00	0.00	0.00	0.00	0.00	0.00	0.00

附表6　新丰江水库、枫树坝水库近期水平年（2012年）调节计算成果表

单位：亿 m³

频率	项目	4月	5月	6月	7月	8月	9月	10月	11月	12月	1月	2月	3月	年度合计
50%	新丰江可供水量	3.96	3.96	5.08	4.22	12.45	3.96	3.96	3.96	3.96	3.96	3.96	3.96	57.42
	枫树坝可供水量	3.07	2.54	8.09	8.59	8.59	2.26	1.68	1.26	1.00	1.71	1.19	3.93	43.91
	新丰江借出	0.00	0.00	0.00	0.00	0.00	0.00	0.00	0.00	0.00	0.00	0.00	0.00	0.00
	枫树坝借出	0.00	0.00	0.00	0.00	0.00	0.00	0.00	0.00	0.00	0.00	0.00	0.00	0.00
	直饮水调节量	0.02	0.02	0.02	0.02	0.02	0.02	0.02	0.02	0.02	0.02	0.02	0.02	0.28
	直饮水缺量	0.00	0.00	0.00	0.00	0.00	0.00	0.00	0.00	0.00	0.00	0.00	0.00	0.00
	联合控制断面下泄量	9.38	8.84	15.51	15.39	23.58	8.57	7.99	7.57	7.30	8.01	7.49	10.23	129.86
	控制断面缺量	0.00	0.00	0.00	0.00	0.00	0.00	0.00	0.00	0.00	0.00	0.00	0.00	0.00
75%	新丰江可供水量	3.96	3.96	3.96	3.96	3.96	3.96	3.96	3.96	3.96	3.96	3.96	3.96	47.56
	枫树坝可供水量	5.88	7.15	3.69	2.18	1.83	2.72	0.79	0.93	1.00	3.80	1.60	1.96	33.54
	新丰江借出	0.00	0.00	0.00	0.00	0.00	0.00	0.00	0.00	0.00	0.00	0.00	0.00	0.00
	枫树坝借出	0.00	0.00	0.00	0.00	0.00	0.00	0.00	0.00	0.00	0.00	0.00	0.00	0.00
	直饮水调节量	0.02	0.02	0.02	0.02	0.02	0.02	0.02	0.02	0.02	0.02	0.02	0.02	0.28
	直饮水缺量	0.00	0.00	0.00	0.00	0.00	0.00	0.00	0.00	0.00	0.00	0.00	0.00	0.00
	联合控制断面下泄量	12.18	13.46	10.00	8.49	8.14	9.03	7.09	7.23	7.30	10.11	7.90	8.27	109.19
	控制断面缺量	0.00	0.00	0.00	0.00	0.00	0.00	0.00	0.00	0.00	0.00	0.00	0.00	0.00
90%	新丰江可供水量	3.96	3.96	3.96	3.96	3.96	3.96	3.96	3.96	3.96	3.96	3.96	3.96	47.56
	枫树坝可供水量	5.09	7.73	5.60	1.76	1.12	0.79	0.79	0.79	0.79	0.79	0.79	1.54	27.57
	新丰江借出	0.00	0.00	0.00	0.00	0.00	0.00	0.00	0.00	0.00	0.00	0.00	0.00	0.00
	枫树坝借出	0.00	0.00	0.00	0.00	0.00	0.00	0.00	0.00	0.00	0.00	0.00	0.00	0.00
	直饮水调节量	0.02	0.02	0.02	0.02	0.02	0.02	0.02	0.02	0.02	0.02	0.02	0.02	0.28
	直饮水缺量	0.00	0.00	0.00	0.00	0.00	0.00	0.00	0.00	0.00	0.00	0.00	0.00	0.00
	联合控制断面下泄量	11.39	14.04	11.91	8.06	7.43	7.09	7.09	7.23	7.09	7.09	7.09	7.84	103.22
	控制断面缺量	0.00	0.00	0.00	0.00	0.00	0.00	0.00	0.00	0.00	0.00	0.00	0.00	0.00
95%	新丰江可供水量	3.96	3.96	3.96	3.96	3.96	3.96	3.96	3.96	3.96	3.96	3.96	3.96	47.56
	枫树坝可供水量	4.33	4.19	2.61	2.41	1.17	0.98	0.79	0.79	0.79	0.79	0.79	2.28	21.91
	新丰江借出	0.00	0.00	0.00	0.00	0.00	0.00	0.00	0.00	0.00	0.00	0.00	0.00	0.00
	枫树坝借出	0.00	0.00	0.00	0.00	0.00	0.00	0.00	0.00	0.00	0.00	0.00	0.00	0.00
	直饮水调节量	0.02	0.02	0.02	0.02	0.02	0.02	0.02	0.02	0.02	0.02	0.02	0.02	0.28
	直饮水缺量	0.00	0.00	0.00	0.00	0.00	0.00	0.00	0.00	0.00	0.00	0.00	0.00	0.00
	联合控制断面下泄量	10.63	10.50	8.92	8.72	7.47	7.28	7.09	7.09	7.09	7.09	7.09	8.59	97.56
	控制断面缺量	0.00	0.00	0.00	0.00	0.00	0.00	0.00	0.00	0.00	0.00	0.00	0.00	0.00

附表 7　新丰江水库、枫树坝水库中期水平年（2020 年）调节计算成果表

单位：亿 m³

频率	项目	4月	5月	6月	7月	8月	9月	10月	11月	12月	1月	2月	3月	年度合计
50%	新丰江可供水量	4.21	4.21	4.21	4.21	11.16	4.21	4.21	4.21	4.21	4.21	4.21	4.21	57.44
	枫树坝可供水量	3.07	2.54	8.09	8.59	8.59	2.26	1.68	1.26	1.00	1.71	1.19	3.93	43.91
	新丰江借出	0.00	0.00	0.00	0.00	0.00	0.00	0.00	0.00	0.00	0.00	0.00	0.00	0.00
	枫树坝借出	0.00	0.00	0.00	0.00	0.00	0.00	0.00	0.00	0.00	0.00	0.00	0.00	0.00
	直饮水调节量	0.27	0.27	0.27	0.27	0.27	0.27	0.27	0.27	0.27	0.27	0.27	0.27	3.21
	直饮水缺量	0.00	0.00	0.00	0.00	0.00	0.00	0.00	0.00	0.00	0.00	0.00	0.00	0.00
	联合控制断面下泄量	9.38	8.84	14.40	15.14	22.04	8.57	7.99	7.57	7.30	8.01	7.49	10.23	126.95
	控制断面缺量	0.00	0.00	0.00	0.00	0.00	0.00	0.00	0.00	0.00	0.00	0.00	0.00	0.00
75%	新丰江可供水量	4.21	4.21	4.21	4.21	4.21	4.21	4.21	4.21	4.21	4.21	4.21	4.21	50.49
	枫树坝可供水量	5.88	7.15	3.69	2.18	1.83	2.72	0.79	0.93	1.00	3.80	1.60	1.96	33.54
	新丰江借出	0.00	0.00	0.00	0.00	0.00	0.00	0.00	0.00	0.00	0.00	0.00	0.00	0.00
	枫树坝借出	0.00	0.00	0.00	0.00	0.00	0.00	0.00	0.00	0.00	0.00	0.00	0.00	0.00
	直饮水调节量	0.27	0.27	0.27	0.27	0.27	0.27	0.27	0.27	0.27	0.27	0.27	0.27	3.21
	直饮水缺量	0.00	0.00	0.00	0.00	0.00	0.00	0.00	0.00	0.00	0.00	0.00	0.00	0.00
	联合控制断面下泄量	12.18	13.46	10.00	8.49	8.14	9.03	7.09	7.23	7.30	10.11	7.90	8.27	109.19
	控制断面缺量	0.00	0.00	0.00	0.00	0.00	0.00	0.00	0.00	0.00	0.00	0.00	0.00	0.00
90%	新丰江可供水量	4.21	4.21	4.21	4.21	4.21	4.21	4.21	4.21	4.21	4.21	4.21	4.21	50.49
	枫树坝可供水量	5.09	7.73	5.60	1.76	1.12	0.79	0.79	0.79	0.79	0.79	0.79	1.54	27.57
	新丰江借出	0.00	0.00	0.00	0.00	0.00	0.00	0.00	0.00	0.00	0.00	0.00	0.00	0.00
	枫树坝借出	0.00	0.00	0.00	0.00	0.00	0.00	0.00	0.00	0.00	0.00	0.00	0.00	0.00
	直饮水调节量	0.27	0.27	0.27	0.27	0.27	0.27	0.27	0.27	0.27	0.27	0.27	0.27	3.21
	直饮水缺量	0.00	0.00	0.00	0.00	0.00	0.00	0.00	0.00	0.00	0.00	0.00	0.00	0.00
	联合控制断面下泄量	11.39	14.04	11.91	8.06	7.43	7.09	7.09	7.09	7.09	7.09	7.09	7.84	103.22
	控制断面缺量	0.00	0.00	0.00	0.00	0.00	0.00	0.00	0.00	0.00	0.00	0.00	0.00	0.00
95%	新丰江可供水量	4.21	4.21	4.21	4.21	4.21	4.21	4.21	4.21	3.67	0.38	0.85	3.30	41.87
	枫树坝可供水量	4.33	4.19	2.61	2.41	1.17	0.98	0.79	0.79	1.32	4.34	3.88	1.70	28.50
	新丰江借出	0.00	0.00	0.00	0.00	0.00	0.00	0.00	0.00	0.00	0.00	0.00	0.00	0.00
	枫树坝借出	0.00	0.00	0.00	0.00	0.00	0.00	0.00	0.00	0.00	0.00	0.00	0.00	0.00
	直饮水调节量	0.00	0.00	0.00	0.00	0.00	0.00	0.00	0.00	0.53	3.56	3.09	0.91	8.08
	直饮水缺量	0.27	0.27	0.27	0.27	0.27	0.27	0.27	0.27	0.27	0.00	0.00	0.27	2.67
	控制断面调节量	0.00	0.00	0.00	0.00	0.00	0.00	0.00	0.00	0.00	-0.27	-0.27	0.00	-0.53
	联合控制断面下泄量	10.63	10.50	8.92	8.72	7.47	7.28	7.09	7.09	7.09	7.09	7.09	7.09	96.06
	控制断面缺量	0.00	0.00	0.00	0.00	0.00	0.00	0.00	0.00	0.00	0.00	0.00	0.00	0.00

附表8 新丰江水库、枫树坝水库远期水平年（2030年）调节计算成果表

新丰江水库、枫树坝水库远期水平年（2030年）调节计算成果表

单位：亿 m³

频率	项目	4月	5月	6月	7月	8月	9月	10月	11月	12月	1月	2月	3月	年度合计
50%	新丰江可供水量	4.40	4.40	4.40	4.40	8.66	4.40	4.40	4.40	4.40	4.40	4.40	4.40	57.03
	枫树坝可供水量	3.07	2.54	8.09	8.59	8.59	2.26	1.68	1.26	1.00	1.71	1.19	3.93	43.91
	新丰江借出	0.00	0.00	0.00	0.00	0.00	0.00	0.00	0.00	0.00	0.00	0.00	0.00	0.00
	枫树坝借出	0.00	0.00	0.00	0.00	0.00	0.00	0.00	0.00	0.00	0.00	0.00	0.00	0.00
	直饮水调节量	0.46	0.46	0.46	0.46	0.46	0.46	0.46	0.46	0.46	0.46	0.46	0.46	5.48
	直饮水缺量	0.00	0.00	0.00	0.00	0.00	0.00	0.00	0.00	0.00	0.00	0.00	0.00	0.00
	联合控制断面下泄量	9.38	8.84	14.40	15.14	19.36	8.57	7.99	7.57	7.30	8.01	7.49	10.23	124.26
	控制断面缺量	0.00	0.00	0.00	0.00	0.00	0.00	0.00	0.00	0.00	0.00	0.00	0.00	0.00
75%	新丰江可供水量	4.40	4.40	4.40	4.40	4.40	4.40	4.40	4.40	4.40	4.40	4.40	4.40	52.76
	枫树坝可供水量	5.88	7.15	3.69	2.18	1.83	2.72	0.79	0.93	1.00	3.80	1.60	1.96	33.54
	新丰江借出	0.00	0.00	0.00	0.00	0.00	0.00	0.00	0.00	0.00	0.00	0.00	0.00	0.00
	枫树坝借出	0.00	0.00	0.00	0.00	0.00	0.00	0.00	0.00	0.00	0.00	0.00	0.00	0.00
	直饮水调节量	0.46	0.46	0.46	0.46	0.46	0.46	0.46	0.46	0.46	0.46	0.46	0.46	5.48
	直饮水缺量	0.00	0.00	0.00	0.00	0.00	0.00	0.00	0.00	0.00	0.00	0.00	0.00	0.00
	联合控制断面下泄量	12.18	13.46	10.00	8.49	8.14	9.03	7.09	7.23	7.30	10.11	7.90	8.27	109.19
	控制断面缺量	0.00	0.00	0.00	0.00	0.00	0.00	0.00	0.00	0.00	0.00	0.00	0.00	0.00
90%	新丰江可供水量	4.40	4.40	4.40	4.40	4.40	4.40	4.40	4.40	4.40	4.40	4.40	4.40	50.98
	枫树坝可供水量	5.09	7.73	5.60	1.76	1.12	0.79	0.79	0.79	0.79	0.79	0.79	2.62	28.14
	新丰江借出	0.00	0.00	0.00	0.00	0.00	0.00	0.00	0.00	0.00	0.00	0.00	0.00	0.00
	枫树坝借出	0.00	0.00	0.00	0.00	0.00	0.00	0.00	0.00	0.46	0.46	0.46	0.00	1.32
	直饮水调节量	0.46	0.46	0.46	0.46	0.46	0.46	0.46	0.46	0.46	0.46	0.00	0.46	5.02
	直饮水缺量	0.00	0.00	0.00	0.00	0.00	0.00	0.00	0.00	0.00	0.00	-0.46	0.00	-0.46
	联合控制断面下泄量	11.39	14.04	11.91	8.06	7.43	7.09	7.09	7.09	7.09	7.09	7.09	7.09	102.47
	控制断面缺量	0.00	0.00	0.00	0.00	0.00	0.00	0.00	0.00	0.00	0.00	0.00	0.00	0.00
95%	新丰江可供水量	4.40	4.40	4.39	4.40	4.35	3.08	0.74	0.63	0.44	0.38	0.85	3.30	31.36
	枫树坝可供水量	3.76	4.19	2.61	2.41	1.17	1.73	3.99	4.09	4.17	0.18	0.64	1.73	30.68
	新丰江借出	0.00	0.00	0.00	0.00	0.00	0.00	0.00	0.00	0.00	0.00	0.00	0.00	0.00
	枫树坝借出	0.00	0.00	0.00	0.00	0.04	0.95	3.20	3.31	3.38	0.00	0.00	0.95	11.83
	直饮水调节量	0.46	0.46	0.46	0.46	0.46	0.09	0.00	0.00	0.00	0.00	0.00	0.31	2.68
	直饮水缺量	0.00	0.00	0.00	0.00	0.00	-0.37	-0.46	-0.46	-0.46	-0.46	-0.46	-0.15	-2.81
	联合控制断面下泄量	10.06	10.50	8.90	8.72	7.43	7.09	7.09	7.09	6.97	2.93	3.86	7.09	87.73
	控制断面缺量	0.00	0.00	0.00	0.00	0.00	0.00	0.00	0.00	-0.12	-4.16	-3.23	0.00	-7.51

参 考 文 献

［1］ 黄永基，永滇珍．区域水资源供需分析方法［M］．南京：河海大学出版社，1990.

［2］ 任伯帜，熊正为．水资源利用与保护［M］．北京：机械工业出版社，2007.

［3］ 周年生，李彦东．流域环境管理规划方法与实践［M］．北京：中国水利水电出版社，2000.

［4］ 王浩，秦大庸，王建华．黄淮海流域水资源合理配置［M］．北京：科学出版社，2003.

［5］ 周之豪，施熙灿，等．水利水能规划［M］．北京：中国水利水电出版社，1986.

［6］ 王燕生．工程水文学［M］．北京：中国水利水电出版社，1992.

［7］ 水利部南京水文水资源研究所，北京勘测设计研究院．新丰江水库管道供水工程可行性研究报告
     ［R］.1997.

［8］ 水利部水资源管理司，水利部水资源管理中心．建设项目水资源论证培训教材［M］．北京：中
     国水利水电出版社，2005.

［9］ 洪觉民，陆坤明，何寿平．中国城镇供水技术发展手册［M］．北京：中国建筑工业出版
     社，2006.

［10］ 李福生，侯红雨，赵麦换．黄河宁蒙河段枯水流量演算方法研究［J］．人民黄河，2008，30
     （6）：26-28.

［11］ 包为民．水文预报［M］．北京：中国水利水电出版社，2006.

［12］ 长江水利委员会．水文预报方法（第二版）［M］．北京：水利电力出版社，1993.

［13］ 华东水利学院．水文预报［M］．北京：中国工业出版社，1962.

［14］ Tauxe G W，et al. Mutliobjective dynamic programming with application to a reservoir［J］. Water
     Resource Research，1979，15（6）：1403-1408.

［15］ 王兆印，程东升，段学花，李行伟．东江河流生态评价及其修复方略［J］．水利学报，2007，
     38（10）：1228-1235.